자연에서 인간까지
속임수의 진화

자연에서 인간까지
속임수의 진화

초판 1쇄 발행 2026년 4월 30일
초판 2쇄 발행 2026년 5월 15일
지은이 리싱 선
옮긴이 김아림
펴낸이 오세인 | **펴낸곳** 세종서적(주)
국장 주지현
편집 최정미 | **표지디자인** 유어텍스트 | **본문디자인** 신성기획
마케팅 조소영 | **경영지원** 홍성우
출판등록 1992년 3월 4일 제4-172호
주소 서울시 광진구 천호대로132길 15, 세종 SMS 빌딩 3층
전화 (02)775-7012 | **마케팅** (02)775-7011 | **팩스** (02)319-9014
홈페이지 www.sejongbooks.co.kr | **네이버 포스트** post.naver.com/sejongbooks
페이스북 www.facebook.com/sejongbooks | **원고 모집** sejong.edit@gmail.com
ISBN 979-11-24255-00-1 03400

• 잘못 만들어진 책은 바꾸어드립니다.
• 값은 뒤표지에 있습니다.

자 연 에 서   인 간 까 지
속임수의 진화

리싱 선 지음 | 김아림 옮김

Liars
of
거짓말은 어떻게 생존 전략이 되었는가
Nature

세종

샤인과 오리엔,
앞으로 다가올 그들의 세상을 위해

도판 1　독사의 머리를 모방한 박각시나방 애벌레
© Andreas Kay, In Memoriam : Ecuador Megadiverso(웹페이지),
CC BY-NC-SA 2.0 라이선스, 원본에서 수정하지 않음

도판 2　곤충의 생김새를 모방한 난초과의 꽃과 '교미 중인' 한 말벌
© wislonhk, CC BY-NC-SA 2.0 라이선스, 원본에서 수정하지 않음

도판 3 이끗과 물고기의 1형 수컷(왼쪽), 암컷(가운데), 2형 수컷(오른쪽) © Andrew Howard Bass

도판 4 옆줄무늬도마뱀 수컷의 세 가지 유형 Ⓐ 주황색 Ⓑ 파란색 Ⓒ 노란색

도판 5　태평양청개구리의 회색 개체와 초록색 개체 ⓒ Lixing Sun

도판 6　눈부심 위장의 효과를 보여주는 뱀 착시
ⓒ Dennis S. Hurd, CC BY 2.0 라이선스, 원본에서 수정하지 않음

도판 7　여러 동물의 경고색
Ⓐ 할리퀸노린재 Ⓑ 이스턴
뉴트 Ⓒ 알락나방 Ⓓ 바다민
달팽이 Ⓔ 산호뱀 Ⓕ 애팔래
치아산맥노래기 Ⓖ 할리퀸독
개구리 Ⓗ 무당벌레
Ⓒ Rohas et al. 2018

도판 8　헬리코니우스속 나비의 뮐러 의태 Ⓒ Meyer 2006

도판 9 왕뱀과 산호뱀. 위아래 사진이 각각 어떤 뱀인지 구분할 수 있겠는가?
© Ⓐ 2nd Peter Ⓑ Beaver w/a Toothbrush, CC BY-NC-SA 2.0 라이선스,
두 사진 모두 원본에서 수정하지 않음

도판 10 극락조는 수컷의 다양하고 정교한 장식을 진화시켰다. 이 장식은 수컷에게 핸디캡이다.

도판 11 렘브란트 작, 「명상하는 철학자」
© jean louis mazieres, CC BY–NC–SA 2.0 라이선스, 원본에서 수정하지 않음

도판 12 「살바토르 문디」(레오나르도 다빈치 작품으로 추정됨),
복원 전(가운데)과 복원 후(좌우 양쪽)
© Daniel Arrhakis, CC BY–NC–SA 2.0 라이선스, 원본에서 수정하지 않음

인간은 속임수와 자기기만에서 결코 자유롭지 않지만, 특별히 예외적인 존재도 아니다. 눈을 번쩍 뜨이게 할 만큼 놀라운 이 책은 자연계가 얼마나 정교한 속임수로 가득 차 있는지를 전문적이면서도 명료하게 풀어낸다.

프란스 드 발 영장류학자, 『차이에 관한 생각』 저자

자연에서 발견되는 속임수를 진화적 전략으로 해석한 탁월한 과학 교양서다. 미생물학자의 눈으로 볼 때, 이 책의 통찰은 더욱 깊게 다가온다. 속임수는 소위 고등 동물만의 전유물이 아니다. 세균은 표면 항원을 바꾸어가며 숙주의 면역계를 피해가고, 바이러스 역시 숙주 세포의 신호 체계를 교묘히 이용한다. 저자는 생명체의 감각 체계가 지닌 허점을 파고드는 신호 조작과 의사소통의 왜곡이 어떻게 진화적 군비 경쟁을 촉발해왔는지를 설득력 있게 보여준다. 무엇보다 인상적인 점은 속임수를 단지 파괴적 행위로만 보지 않는 데 있다. 속임수는 새로운 방어 전략을 낳고, 방어는 다시 더 정교한 탐지 체계를 진화시킨다. 그 상호작용 속에서 생명의 복잡성과 다양성은 더욱 증폭된다. 자연을 다각도로 이해하고, 나아가 인간 사회의 거짓과 정보 왜곡 문제를 생물학적 관점에서 성찰하게 하는 책이다.

김응빈 연세대학교 시스템생물학과 교수, 유튜브 「김응빈의 응생물학」 운영자

우리는 자연을 본능적으로 정직한 존재라 여긴다. 하지만 자연 현장에는 속임수와 위장이 끊임없이 펼쳐진다. 이 책은 그 모순을 비난하지 않는다. 오히려 그것이 살아남기 위해 작동하는 가장 솔직한 본능임을 흥미로운 사례로 설명한다. 과학과 인문을 넘나드는 친절한 설명 속에서, 이 책은 우리가 자연에 투사해온 순수함과 진실의 이미지를 조용히 걷어낸다. 어렵지 않지만 가볍지 않은, 생각의 결을 한 단계 깊게 만드는 교양서다.

조정남 영국 더럼대학교 생명과학과 교수

속임수의 드넓은 세계로 떠나는 흥미진진한 여행. 이 방대한 책에서 리싱 선은 박테리아에서 식물, 동물, 인간에 이르기까지 거짓과 기만의 전 영역을 탐구한다. 그는 독자를 속임수의 세계로 이끄는 짜릿한 여정 속에서 새로운 시각을 열어준다.
마크 베코프 심리학 · 생태학자, 『동물의 감정은 왜 중요한가』 저자

리싱 선의 『자연에서 인간까지 속임수의 진화』는 아주 작은 박테리아와 바이러스, 식물, 곤충에서부터 복잡한 포유류와 인간에 이르기까지 생물학적 계층 전체를 아우르는 광범위한 '속임수'의 자연사를 다룬다. 저자는 속임수를 쓰는 자와 이를 방어하려는 자 사이의 진화적 '군비 경쟁'이 생물학적 다양성, 지능, 예술 등 복잡하고 경이로운 혁신을 촉진하는 강력한 촉매제 역할을 했다고 주장한다. 따라서 속임수를 도덕적 타락이 아닌, 피할 수 없는 자연스러운 진화적 생존 전략으로 바라본다. 속임수를 세상에서 완전히 뿌리 뽑는 것은 불가능하므로, 마치 우리 몸의 면역 체계나 병원균에 대처하듯 현실적인 억제책과 사전 예방(백신)을 통해 속임수와 지혜롭게 공존하는 방법을 찾아야 한다는 것이 저자의 결론이다. 이와 유사한 주제를 탐구한 로버트 트리버스는 『우리는 왜 자신을 속이도록 진화했을까?』에서 타인을 속이는 것을 넘어 '자기 자신'을 속이는 무의식적인 과정인 '자기기만self-deception'의 메커니즘을 집중적으로 탐구해 인간의 자기기만이 자신과 타인에게 미치는 파괴적인 비용과 피해를 강조하며, 우리 안의 자기기만 성향과 단호하게 맞서 싸워야 한다고 결론을 내린다. 두 책을 비교해서 읽으면 더욱 흥미로울 것이다.
이형열 페이스북 「과학책 읽는 보통사람들」 대표

"사랑도 팔고 사는 속이고 속는 세상"
한 세대 전 히트한 유행가의 가사가 문득 떠오른다. 노래는 "(이런 세상인) 서울이 싫어, 싫어졌어요"로 끝나지만, 인간 세상뿐 아니라 자연이 속이고 속는 세상이고 그 가장 큰 이유가 사랑의 기원인 짝짓기에 성공하기 위함이라니 어쩌겠는가. 동물과 사람의 수많은 사기 행각을 열거한 뒤 "속임수는 생물학과 문화 양측에서 다양성, 복잡성, 아름다움을 창조하는 데 기여하는 강력한 촉매"라는 저자의 반전에 설득되면서도 왠지 사기를 당한 것 같은 느낌을 지울 수 없다.
강석기 과학 칼럼니스트

자연은 약육강식의 대원칙 아래 단순하고 정직하게 굴러간다고 생각했던 나는 얼마나 시야가 좁았던가……. 한편에서는 정보를 위조하고, 다른 동물의 인지적 허점을 이용하면서 거짓말과 기만에 가득 찬 속임수를 부리며, 다른 편에서는 이러한 속임수에 대응하는 전략을 세운다. 이 끝날 것 같지 않은 숨 막히는 진화의 군비 경쟁을 이 책은 너무도 흥미롭게 보여주고 있다. 그뿐만 아니라 정직함의 성공적인 전략, 속임수와 함께 살아가는 방법까지! 이 책에 나오는 자연 세계의 다양한 사기꾼과 함께 짜릿한 여정을 즐겨보길 바란다.

김대준 방산고등학교 생명과학 교사

자연에는 수많은 거짓말쟁이가 있다. 이 사실을 탁월하게 묘사한 진화생물학 분야의 경이로운 역작…… 매혹적이다. 과학적 엄밀함과 서사의 흡인력을 동시에 갖춘 보기 드문 과학 교양서다.

데이비드 배러시 『월스트리트 저널*The Wall Street Journal*』

이 책은 이해하기 쉽고 통찰력 있는 문체로 자연계의 거짓말과 진화적 압력이 인간 행동에 미치는 영향을 밝힌다. 동물과 인간 사이의 영리한 유사점은 독자에게 의미 있는 통찰을 안겨준다.

『퍼블리셔스 위클리*Publishers Weekly*』

리싱 선은 탁월한 과학적 스토리텔링과 동물계의 매혹적인 사례를 통해 인간 세계의 부정직함과 속임수를 감지하고 해석하는 틀을 제공한다. 그는 명쾌하고 권위 있는 설명, 풍부한 유머로 자연계와 인간 세계를 연결한다. 매혹적이고 흥미로우며 중요한 책이다.

바버라 내터슨-호러위츠 하버드대학교 인간진화생물학부 교수, 『와일드후드』 공저자

다양한 사례를 통해 속임수의 핵심 원리를 명확하게 전달한다.

J. B. 르카 『초이스*Choice*』

속임수의 영역을 탐구하는 흥미진진한 입문서.

토니 믹새넥 『북리스트*Booklist*』

자연계에서 벌어지는 부정행위와 무임승차에 대한 신선하고 재미있는 이야기.
아테나 악티피스 『사기꾼 세포 *The Cheating Cell*』 저자

진지한 과학적 태도와 위트를 함께 담아낸 책.
데이비드 개스코인 『트래블스 위드 버즈 *Travels with Birds*』

지적인 내용을 흥미롭고 이해하기 쉽게 풀어낸 저자의 능력이 돋보인다.
테리 프리드먼 『티치와이어 *Teachwire*』

한국어판 서문

『자연에서 인간까지 속임수의 진화』를 처음 썼을 때만 해도, 이 책이 두 다리를 달고 세계 곳곳을 돌아다니게 되리라고는 상상도 못 했다. 그런데 지금 이 책은 여러 나라의 독자들을 만난 뒤, 기쁜 도약과 함께 한국어판으로 여러분 앞에 서 있다. 한국어판을 통해 여러분을 만나게 되어 더없이 반갑다.

이 책은 내 옷자락을 끈질기게 잡아당기던, 지나치게 호기심 많은 아이 같은 하나의 단순한 질문에서 출발했다. 자연은 왜 속임수를 쓸까? 이 질문에 주의를 기울이기 시작하자, 살아 있는 세계는 사기꾼들로 가득 차 있다는 사실이 보이기 시작했다. 식물은 가짜 신호를 번쩍이며 유혹하고, 새들은 노련한 포커 플레이어처럼 허세를 부리며, 물고기들은 수중에서 연극을 벌인다. 심지어 미생물조차 눈에 보이지 않는 음모를 꾸민다. 자연은 실로 놀라운 상상력을 지닌 존재다.

그러나 이 모든 장난과 기만의 이면에는 하나의 진지한 과학적 진실이 자리하고 있다. 생명체가 속임수를 쓰는 이유는 비도덕적이어서가 아니라, 살아남는 일이 그만큼 어렵기 때문이다. 소심한 딱정벌레에서 화려한 공작에 이르기까지, 모든 생물은 먹이를 얻고, 포식자를 피하며, 짝을 찾고, 자손을 남기려 애쓴다. 이 과정에서 가장 현명한 전략은 힘이나 속도가 아니라, 때로는 교묘한 술수다. 속임수를 하나의 창의적인 생존 전략으로 바라보는 순간, 자연 세계는 공정한 경기를 벌일 생각이 전혀 없는 등장인물들—날개와 털, 지느러미를 지닌—이 총출동하는 탐정극처럼 훨씬 더 매혹적으로 다가온다.

물론 인간 역시 속임수를 쓴다. 그것도 다른 어떤 동물보다 훨씬 정교한 방식으로 말이다. 하지만 인간에게는 또 하나의 특별한 능력이 있다. 우리는 이에 맞서 싸우는 제도와 장치를 만들어낸다. 사회적 규범, 법, 내부고발자, 언론, 과학계의 동료 심사 제도는 모두 우리 안의 사기꾼 본성을 억제하며 협력이 유지되도록 돕는 장치들이다.

이 책의 한국어판을 탄생시키는 데 힘을 보태준 독자 여러분과 번역자, 출판 관계자들에게 깊이 감사드린다. 한국은 풍부한 이야기 전통을 지닌 문화권이며, 이 진화에 대한 이야기들을 여러분과 나눌 수 있어 무척 기쁘다. 자연이라는 거대한 사기극의 무대에 온 것을 환영한다.

2026년 4월
리싱 선

차례

1장

사기꾼은 어디에나 존재한다

그녀는 임신 중이다. 아기를 키우려면 시간과 에너지가 꽤 들지만, 지금은 둘 다 부족하다. 집이 없는 그녀는 공짜로 아기를 돌봐줄 다른 이를 찾을 수밖에 없다. 쉽지는 않지만 그래도 그녀는 방법을 안다. 먼저 조용한 동네에 있는 아늑한 집을 찾아야 한다. 젊은 부인이 사는 집이어야 배려심이 깊고, 갓난아기를 낳은 지 얼마 되지 않아 대리모로 삼기에 완벽하다. 그녀는 몸을 숨긴 채 근처에서 몰래 집을 지켜본다. 새엄마가 될 부인이 먹을 것을 구하러 잠시 자리를 비우는 순간이 바로 기회다. 그녀는 살그머니 집 안으로 들어가 그 집의 아기를 자신의 아기와 바꿔치기한다. 그리고 아무 일도 없었다는 듯, 원래 그 집에 살던 아기를 버린다.

방금 읽은 내용은 냉혹한 살인 사건일까? 그렇지 않다. 사실 암컷 뻐꾸기가 자신의 알을 개개비의 둥지에 몰래 집어넣는 것은 자연계에서 실제로 벌어지는 사건이다. 여기서 뻐꾸기는 분명 속임수를 쓰고 있지만, 이 상황은 『옥스퍼드 영어 사전』이 정의한 "속임수를 쓰다cheat"라는 의미와는 꼭 들어맞지 않는다. 사전에서는 속임수를 "이득을 얻기 위해 부정직하거나 부당하게 행동하는 것"이라고 풀이하기 때문이다. 물론 인간 사회에서의 속임수는 대개 '의도'라는 요소를 포함한다. 그렇지만 더 넓은 생물학적 세계에서는 그러한 의도를 명확히 규명하기 어렵고, 굳이 그럴 필요도 없다. 생물학자들의 관점에서 보면, 어떤 유기체가 다른 유기체를 희생시키면서 자신에게 유리하게 행동한다면 (특히 협력이 기대되는 상황이었다면), 그것은 속임수로 간주된다.[1]

이 책은 속임수라는 행동의 진화와 자연사를 다룬다. 일반적으로 '속임수'라는 단어는 '거짓말', '기만'과 혼용되곤 하지만, 이 단어들은 의미가 같지 않다. 다음 두 장에서 살펴보겠지만, '거짓말'과 '기만'은 생물학적으로 매우 다른 두 가지 과정을 포함한다. 이러한 새로운 통찰을 바탕으로, 이 책에서는 '속임수'라는 개념 안에 '거짓말'과 '기만'을 모두 포괄하고자 한다.[2]

🏃

속임수에 관한 확장된 정의에 따르면, 생물학적 세계 어디에나 사기꾼과 부정행위자가 존재한다. 원숭이들은 교미하려고 상대에게 몰래 다가가며, 주머니쥐는 포식자에게 쫓기면 '죽은 척'하는 것으로 유명하다. 또한 새들은 먹이를 발견하면 경쟁자들을 겁주어 쫓아내려고 거짓 경보음을 내기도 한다. 이 경보음은 원래 포식자가 다가올 때 다른 새들에게 경고하는 신호다. 변장의 귀재인 양서류와 파충류는 자신의 피부색을 주변 색과 비슷하게 바꿔 몸을 숨긴다. 큰가시고기는 알과 새끼를 먹어치우는 동료 물고기들을 둥지에서 일부러 멀리 떨어뜨려 자신의 새끼를 지킨다. 방어 능력이 없는 애벌레는 커다란 가짜 눈 무늬로 자신을 뱀 같은 위험한 동물로 보이게 해 포식자를 속이고 쫓아낸다([도판 1] 참조). 그런가 하면 오징어는 뿜어낸 먹물로 물속에 연막을 쳐서 포식자의 눈을 피해 도망친다. 이처럼 동물 세계에는 속임수와 기만 행동의 사례가 끝도 없다.

뇌나 뉴런 없이도 속임수를 쓰는 생물들의 사례는 더욱 놀랍다. 여러 식물이 그러한 전략을 사용한다. 예를 들어 대부분의 난초는 수분 매개자들이 선호하는 먹이와 비슷한 냄새를 풍긴다. 그중에서도 400여 종의 난초는 더욱 대담한 전략을 진화시켰다. 암컷 곤충의 냄새와 생김새를 모방해 열성적으로 짝짓기 기회를 노리는 수컷 수분 매개자를 기만하고 속이는 것이다([도판 2] 참조). 더욱 놀라운 점은, 이들 식물이 수컷 수분 매개자가 사정하지 못하도록 막아 계속 흥분하도록 유도할 수도 있다는 사실이다. 그러면 만족하지 못한 수컷은 짝짓기할 암컷을 계속 찾아 나설 테고, 그 과정에서 겉모습이 암컷 곤충처럼 보이는 꽃까지 대상으로 삼게 된다. 이 수컷 곤충들은 활발하게 여기저기 교미하고 다니기 때문에 난초의 꽃가루를 퍼뜨리는 데 매우 효과적인 역할을 한다.[3]

균류도 속임수를 쓴다. 땅속에서 자실체fruiting body를 만드는 버섯과 비슷한 종인 송로는 멧돼지의 페로몬을 모방한 안드로스테놀이라는 스테로이드를 방출한다. 멧돼지의 고환에서 생성되는 안드로스테놀은 인간에게는 퀴퀴한 냄새를 풍긴다. 하지만 암컷 멧돼지가 송로의 냄새를 감지하면 그 근원을 찾아 땅을 마구 파헤친다. 자신들이 바라는 멋진 남자 친구와는 전혀 닮지 않은 무엇인가에 이끌리고 있다는 사실은 꿈에도 모른 채 말이다. 결국 암컷들의 열정은 송로의 포자가 널리 퍼져 잘 번식하도록 도울 뿐이다.[4] 균류의 속임수는 그렇게 제 임무를 완수한다.[5]

그런데 속임수를 쓰는 것은 식물이나 균류 같은 복잡한 유기체뿐만이 아니다. 단세포 생물도 속임수를 쓴다. 좋은 예가 딕티오스텔리움 디스코이데움*Dictyostelium discoideum*(줄여서 '딕티'라고도 부른다)이라는 학명으로 알려진 점균류다. 이들은 무리를 짓는 사회적인 아메바이다. 점균류 아메바 세포들은 배고프면 서로 뭉쳐 이동성이 있는 민달팽이 같은 구조를 형성한다. 이 '민달팽이'는 하나의 단위로 이동하다가 적절한 지점을 찾으면 얇은 줄기에 포자를 생산하는, 머리가 달린 자실체로 성장한다. 전체적인 모습은 막대 사탕이나 마라카(라틴 아메리카에서 인기 있는 딸랑이와 비슷한 타악기)를 닮았다([그림 1.1] 참조). 식량이 풍부해지면, 전체 세포의 80퍼센트를 이루는 머리 부분을 구성하는 세포들은 다음 세대가 될 씨앗인 포자를 뿌릴 것이다. 하지만 줄기에 속한 나머지 20퍼센트의 세포는 임무를 마친 뒤 썩어 없어진다. 자실체는 머리를 들어 올려 포자가 더 멀리, 넓게 흩어지도록 돕는데, 이는 민들레가 바람에 실려 솜털 같은 씨앗을 퍼뜨리는 방식과 비슷하다.

여러분이 만약 점균류 세포라면 자실체의 머리와 줄기 중 어디로 가고 싶은가? 당연히 머리일 것이다! 머리 세포만이 유전자를 다음 세대에 전달할 기회를 누리기 때문이다. 줄기 속 세포라면 여러분의 유전자

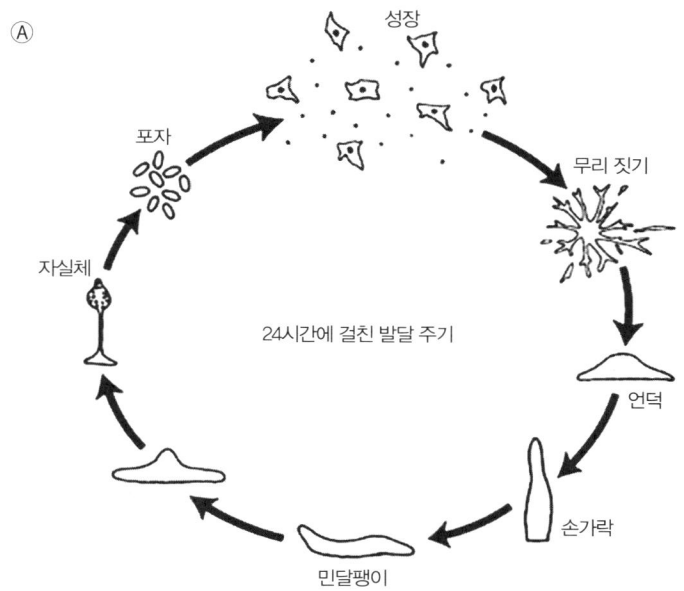

성장

포자

무리 짓기

자실체

24시간에 걸친 발달 주기

언덕

손가락

민달팽이

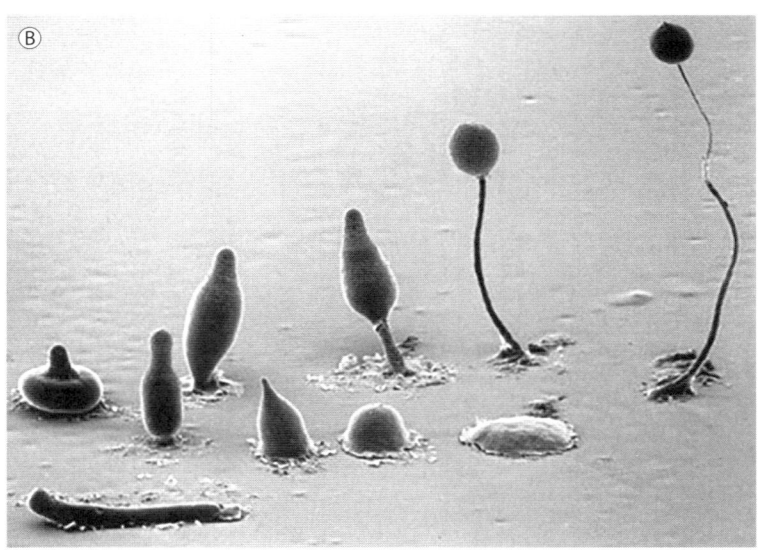

그림 1.1 사회적 점균류 딕티오스텔리움 디스코이데움의 발달 주기(Ⓐ)와 포자 형성 단계(Ⓑ)
ⓒ Myre 2012

는 그야말로 진화의 막다른 길로 치닫는 셈이다. 번식할 기회도 없는 열등한 위치로 밀려나고 싶은 생물이 어디 있을까?

운 좋게도 아메바 세포가 일란성 쌍둥이처럼 서로 유전적 구성이 동일하다면 이런 고민을 할 필요가 없다. 세포가 동일한 유전자 세트를 공유한다면, 다음 세대에 씨앗을 뿌리는 것이 어떤 세포인지는 별로 중요하지 않다. 하지만 자실체가 유전자가 꽤 다른 두 종류 이상의 세포로 이루어진 키메라라면 어떨까? 갈등이 생긴다. 세포들은 다들 불임인 줄기에서 보조 역할을 하기보다는 자손을 퍼뜨릴 수 있는 머리의 일부가 되고자 경쟁할 것이다. 예상대로, 이때 세포들은 머리 역할을 차지하기 위해 속임수를 포함한 온갖 더러운 수단을 동원한다.[6] 몇몇 유형의 세포는 특정 유전자 돌연변이를 이용해, 원래 정해진 비율보다 더 많은 '대표자'를 머리에 보내는 식으로 다른 세포들을 속인다.[7] 선거구를 조작해 정치적인 이득을 얻는 게리맨더링gerrymandering과 유사한 수법이다. 이 세포들은 여기서 그치지 않고 일단 머리에 도달하면, 후발 주자가 다음 세대로 이어질 구명보트에 타지 못하도록 유해한 화학 물질을 생성한다. 최근 연구에 따르면 아메바가 벌이는 이 사기극에는 100개 이상의 돌연변이 유전자가 연루되어 있음이 드러났다.[8]

이제 박테리아의 세계로 눈을 돌릴 차례다. 박테리아도 속임수를 쓸까? 세균이라고도 불리는 박테리아는 아주 작아서 하나의 개체가 큰일을 할 수는 없다. 빛을 방출하는 생물발광bioluminescence이라든지 주변 환경에서 꼭 필요한 물질을 끌어당겨 가두는 것처럼 집단적인 임무를 달성하려면 수많은 박테리아가 공동의 목표를 향해 협력해야 한다. 만리장성을 건설하는 데 수많은 인력이 힘을 합치는 것과 같다. 박테리아가 모여 흙이나 물에 세균막biofilm이라는 얇고 끈적한 층을 형성하는 것도 이런 이유에서다.

　이들의 공동 프로젝트 중 하나는 박테리아가 생존하는 데 중요한 원소인 철을 모으는 것이다. 이때 박테리아는 철이 보통 주변 환경에서 저농도로 발견된다는 문제에 직면한다. 앞서 말했듯이 박테리아 개체 하나하나가 많은 일을 할 수 없으므로 철을 수집하려면 반드시 집단이 힘을 모아야 한다. 이러한 협력 작업을 조율하기 위해 박테리아 구성원들은 특정 유전자에 '켜라'라는 신호를 보내는 화학 물질을 방출하며 서로 대화한다. 그와 동시에 시데로포어siderophore라 불리는 화학 결합체를 만들어낸다. 시데로포어는 철과 결합할 수 있다는 점에서 우리 혈액 세포 속 헤모글로빈과 비슷하다. 이러한 방식으로 박테리아는 주변 환경에 떠다니는 철을 퍼 올리는 어망 역할을 한다.

　하지만 여기에는 한 가지 숨은 문제가 있다. 일단 개별 박테리아가 시데로포어를 생산하려면 물질과 에너지 측면에서 비용이 많이 들므로 힘을 합쳐야 한다. 따라서 시데로포어는 커뮤니티 구성원 모두가 공유하는 일종의 '공공재'다. 그렇지만 우리 모두 알다시피 공공재가 생기면 협잡꾼들이 무임승차를 하러 달려들기 마련이다. 기여도는 낮지만 어떻게든 팀 과제에 자기 이름을 올리려는 얌체들을 누구나 겪어봤을 것이다.

　박테리아도 이러한 사회적 딜레마에 시달린다. 시데로포어를 생산하는 데는 기여분이 적으면서도 뻔뻔하게 철분을 꿀꺽 집어삼키는 무임승차자가 꽤 많기 때문이다.[9] 이런 얌체는 당연히 집단 전체의 노력을 훼방 놓는다. 무임승차자가 너무 많으면 시데로포어의 효율이 떨어지고 철 수집량이 감소해 집단 전체의 생활이 위험에 처할 수 있다. 이렇듯 치명적인 결과를 불러올 위협에 직면한 정직한 생산자들은 다양한 사기 방지 전략을 개발했다. 예컨대 일부 박테리아는 유전적으로 유사한 개체끼리만 모여 무임승차자가 집단에 침투하지 못하도록 막는다. 심지어 독을 써서 사기꾼을 죽이기도 한다.[10]

여기서 끝이 아니다. 바이러스도 속임수를 쓴다. 바이러스는 스스로 살아가고 번식하는 데 필요한 생물학적 도구가 없기에 완전한 생명체로 여겨지지 않는다. 바이러스가 생활사를 완료하려면 숙주로부터 유전적인 장치와 자원을 훔쳐야 한다. 다시 말해 생명체로 완전하지 않아도 얄미운 부정행위에 가담할 수 있다.

바이러스의 노골적인 부정행위 사례는 충분한 증거와 함께 잘 밝혀져 있다. 그중 한 가지는 서로 다른 바이러스 종, 또는 동일한 종의 서로 다른 변종이 하나의 숙주 세포를 감염시킬 때 발생한다. 이때 유전자나 단백질 같은 생물학적인 자원이 뒤섞이는데, 몇몇 바이러스는 이 기회를 틈타 다른 바이러스가 생산한 자원을 훔친다. 그러면 피해자들은 원치 않게 도우미 역할을 하게 된다. 이처럼 바이러스는 부정한 방식으로 자신의 복제물을 만들거나 캡시드capsid라고 알려진 단백질 껍질을 조립한다. 이 작업에 필수적인 유전자를 전부 보유할 필요도 없다.[11]

지금까지 살펴본 사례는 단순한 단세포나 복잡한 다세포인 여러 개체 사이에서 일어나는 부정행위다. 그렇지만 이러한 협잡은 같은 개체 안에서 발생하기도 한다. 예컨대 암세포는 몸속 다른 세포와 협력할 의무를 저버린 사기꾼 세포들이다. 암세포는 협력하는 대신 모든 자원을 집어삼켜 스스로 증식하며, 자살하라는 명령을 받아도 거부한다. 그렇기에 암과 싸우는 것은 사실상 속임수를 쓰는 부정행위 세포들과 싸우는 일인 셈이다. 아테나 악티피스Athena Aktipis는 2020년에 펴낸 저서 『사기꾼 세포』에서 이 점을 명확하게 설명한다.

일반적이고 평범한 세포 내부에서도 부정행위는 자연스러운 삶의 일부다. 예를 들어 B 염색체(기본 염색체인 A 염색체 이외의 여분에 해당하는 염색체–옮긴이)는 부정행위를 통해 살아간다. 우리에게 익숙한 일반적인 A 염색체와는 뚜렷이 다른 B 염색체는 더 작고 흔하며 하나의 세포 안에서 그 수가 다양하게 발견될 수 있다([그림 1.2] 참조). 이 염색체에서 눈에 띄는 특징이 있다면, 스스로 아무런 일을 하지 않고도 슬쩍 곁다리를 낀다는 점이다. 다시 말해 이 염색체는 세포의 기능에 기여하지 않은 채 히치하이크를 통해 세대를 거듭하며 이어진다. 파티의 불청객이 주최자에게 손해를 끼치며 공짜 음식을 즐기는 것과 비슷하다.

심지어 유전자도 속임수를 쓴다. 우리 몸은 정크 DNA라는 방대한

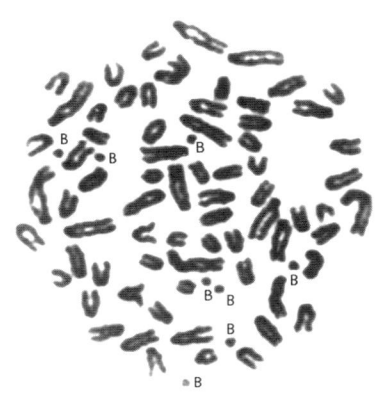

그림 1.2 노루의 B 염색체('B'로 표시됨)
ⓒ Graphodatsky et al. 2011에서 수정해서 수록함

양의 유전자 쓰레기를 담은 그릇이다. B 염색체와 마찬가지로 정크 DNA는 숙주 유기체에 아무런 도움도 주지 않은 채 대대로 유기체의 몸을 공짜로 이용한다.[12] 정크 DNA의 양이 얼마나 되는지 알면 정말이지 입이 떡 벌어질 것이다. 우리 게놈의 최대 98퍼센트가 이 DNA로, 여기에는 유전자의 반복적인 부분, 가짜 유전자pseudogene, 전이 가능한 요소들처럼 쓸모없는 다양한 유전 물질이 포함된다(맨 마지막 요소는 더욱 생생하게 와닿는 별칭을 갖고 있는데, 바로 '점프 유전자'다).

점프 유전자는 워드 프로세싱 프로그램의 복사와 붙여넣기 기능처럼 게놈의 거의 모든 곳에 자신을 삽입할 수 있는 DNA 조각이다. 점프 유전자는 인간 게놈의 45퍼센트를 차지할 만큼 아주 풍부하다.[13] 잘 알려진 점프 유전자로 Alu 인자가 있다. 약 300개의 염기쌍으로 이루어진 Alu 인자는 5,300만 년에 걸쳐 생물의 진화 계통에서 100만 배 넘게 유전자를 증식시켜 인류에까지 이어졌다. 오늘날 이 인자는 전체 인간 게놈의 10.7퍼센트를 차지한다.[14] 점프 유전자가 과하게 활성화되고 스스로 발현을 촉진하는 능력을 가진 탓에 도롱뇽의 게놈은 인간보다 40배는 더 크다.[15] 모든 동물이(사실상 모든 진핵생물이) 작동하는 유전자의 수가 거의 같다는 점을 감안하면, 도롱뇽의 게놈은 어떻게 보면 아주 큰 유전자 쓰레기장인 셈이다.

점프 유전자는 이름 그대로 게놈 안에서 무작위로 이리저리 점프한다. 우리 DNA의 대부분은 정크 유전자인 만큼, 점프 유전자가 스스로 복제해 게놈 위의 새로운 위치에 복사본을 끼워 넣는다 해도 눈에 띄는 효과는 없다. 거대한 매립지에 쓰레기봉투 하나가 얹혔을 뿐이다. 하지만 가끔은 기능을 가진 유전자의 한복판에 이러한 삽입이 일어나기도

한다. 그러면 심각한 유전적 결함이 발생하고, 암이나 혈우병 같은 건강 문제로 이어질 수 있다.[16]

점프 유전자에 흥미가 생기는가? 유전 인자들은 때로는 놀라울 정도로 이기적이며, 더욱 별난 방식으로 속임수를 쓰는 사례들도 있다. '무법 유전자'라고 부르는 게 더 흥미로울 것이다. 이 가운데 가장 유명한 유전자는 곤충의 분리 왜곡 인자, 또는 감수분열 왜곡 인자로 알려진 유전자다. 실험실에서 보통 사용하는 노랑초파리Drosophila mela-nogaster의 경우, 이러한 유전자가 자신을 대체할 수 있는 대립 유전자를 지닌 정자 세포를 죽여 자신의 대표성을 높인다. 그렇게 하면 이 무법 유전자들은 통상적으로 균등한 배분에서 얻는 것보다 더 많은 몫을 가져가게 된다.[17] 만약 이 무법 유전자가 X 염색체 또는 Y 염색체에 놓였다면 보통의 50 대 50 분열에서 어긋난 편향된 성비를 초래할 수 있다.[18]

속임수 유전자의 마지막 사례는 변환 요소라 불린다. 이 유전자는 특정 위치에서 DNA 사슬을 끊을 수 있는 호밍 엔도뉴클레아제라는 효소를 암호화한다. 그런 다음 자신의 복제품을 끊어진 부위에 이어 붙인다.[19] 마치 인공 수정을 원하는 여성의 난자에 자신의 정자를 수정시키는 악당 의사와 비슷하다.

변환 요소들은 여타의 다른 유전자가 따르는 규칙을 위반해 사기를 저지른다. 규칙을 따르는 유전자들은 직접 상처를 입어 불구가 되거나 불공정한 경쟁에서 뒤처져 간접적으로 손해를 본다. 점프 유전자와 마찬가지로 변환 요소는 후손에게 전달될 뿐만 아니라 복제나 삽입을 통해 동료의 유전체에 수평으로 전달된다. (누구도 예상치 못했지만 이렇듯 스스로 전파하는 '악당'과도 같은 특성 덕분에 오늘날 호밍 엔도뉴클레아제는 새로운 주목을 받고 있다. 이 효소는 2020년 노벨 화학상을 공동으로 수상한 제니퍼 다우드나Jennifer Doudna와 에마뉘엘 샤르팡티에Emmanuelle Charpentier가 개척한 '크리스퍼'라는 유전자 편집 기술의 토대가 되었다.)

B 염색체, 점프 유전자, 분리 왜곡 인자, 변환 요소와 같은 이기적인 유전 요소들은 모두 다른 유전자를 희생시키면서 자신의 이익을 드높인다는 공통점을 가진다. 이러한 유전 요소들이 전파되는 양상은 고전적인 멘델 법칙에 위배되므로, 여러분은 내가 고등학교 생물학 수업에서 잘못된 지식을 배운 게 아닐까 생각할 수 있다. 하지만 걱정할 필요는 없다. 생물학 시스템은 꽤 복잡한 데다 물리학처럼 보편적인 법칙의 지배를 받는 경우가 드물다. 이런 이유로 생물학은 예외의 과학으로 알려져 있기도 하다.

위에서 든 몇 가지 사례만 살펴보더라도, 가장 복잡한 유기체부터 가장 단순하고 불완전한 형태의 생명체에 이르기까지 생물학적 계층의 모든 영역에서 속임수와 부정행위가 발견된다는 사실을 알 수 있다. 동물, 식물, 균류, 박테리아, 바이러스, 염색체, 유전자, DNA 조각 모두에서 속임수가 발견된다. 이러한 전략은 같은 개체 안에서도 발생하고, 같은 종의 개체들 사이, 형태와 기능이 많이 다른 종들 사이에서도 나타난다.

속임수나 거짓말, 기만이라는 단어는 모두 부정적인 의미를 지닌다. 이는 우리가 도덕적인 것을 선호하고 정직을 가치 있게 여기는 경향이 있기 때문이다. 우리는 진실을 소중히 여기고 거짓말을 싫어하지만, 현실은 종종 이러한 이상과 반대되는 방향으로 흘러간다. 오랫동안 고수해온 격언과 달리, 일상생활에서 정직이 항상 최선의 선택인 것은 아니다.

한 가지 사례를 떠올려보자. 한 무고한 남자가 억울하게 누명을 쓰고 유죄 판결에 이어 사형 선고를 받았다. 그때 남자를 구하고자 필사적으로 애쓰는 의리 있는 친구들이 한 가지 탈출구를 제안한다. 교도관에게 뇌물을 주고 달아나자는 것이다. 그렇지만 선택의 기로에 선 남자는 그 방법이 법체계를 기만하는 것이라는 이유로 거절한다. 여러분은 남자가 적용한 정직의 개념에 대해 어떻게 생각하는가? 만약 여러분이 그의 입장이라면 어떻게 할 것인가?

만약 남자의 선택이 어리석다고 생각한다면, 축하한다! 여러분은 방금 시민과 국가 사이의 신뢰를 저버리는 대신 죽음을 선택한 그리스 철학자 소크라테스의 생명을 구했다. 그렇다면 자연계에서 신뢰와 정직을 지키기 위해 기꺼이 죽음을 택하는 영웅적인 순교자를 찾을 가능성이 얼마나 될까? 극히 희박하다. 아니, 사실 그런 사례는 지금까지 알려진 적이 없다. 이와는 반대로 부정행위는 온갖 수준에서 자연계에 널리 퍼져 있다.

생물의 세계에서 속임수와 부정행위가 이토록 흔한 이유는 무엇일까? 진화는 소크라테스 같은 철학자의 머릿속에서 일어나지 않기 때문이다. 진화는 윤리적인 선호, 명예로운 규범, 가치 체계에는 관심이 없으며, 오직 실용적으로 진행되는 비도덕적이고 무자비한 과정이다. 진화는 친사회적인 협력과 반사회적인 술수를 구분 짓지 않는다. 생존과 번식률을 높이는 것만이 중요할 따름이다. 한 형질이 다윈주의적 적합도fitness를 높이며 성체가 될 때까지 자란 자손의 수로 형질을 정의하고 측정할 수만 있다면, 그 형질은 널리 퍼질 수 있다. 형태적이든 생리적이든, 행동적이든 유전적이든 모든 형질이 마찬가지다. 더구나 속임수가 적합도를 높이는데도 도덕적 신념 때문에 그 전략을 선택하지 않는 개체가 있다면, 진화는 그 개체를 벌할 것이다. 그 결과 인간의 사회적 감수성으로 보면 뻔뻔하고 비열하게 느껴질 수 있지만, 생물의 세계에서는 속임수와 부정행위가 번성하고 있다.

그에 따라 자연 선택의 직접적인 결과인 속임수는 자연에서 활발하게 일어난다. 잘 알려지지 않은 사실이 있다면 속임수가 자체적으로 진화를 이끄는 강력한 선택적 힘으로도 작용한다는 것이다. 그 이유는 개념상 단순하다. 부정행위는 부정행위자를 이롭게 하는 반면, 속임수를 당한 개체에게 해를 끼친다. 그렇기에 속임수는 그것에 대항하는 '속임수 대응 전략'이 등장하도록 촉진하고, 그에 따라 다시 '속임수 대응 전략에 대응하는 전략'이 생겨난다. 다윈에 따르면 이러한 진화의 군비 경쟁이 일어나는 동안 "가장 아름답고 멋진 형태가 끝없이 진화해왔으며, 또 진화하는 중이다."

이에 관해 설명하기 위해 식물의(특히 콩과 식물의) 뿌리에 서식하는 토양 박테리아인 리조비움이 저지르는 속임수에 대해 살펴보자. 이 박테리아가 식물을 위해 질소를 고정하면 식물은 박테리아가 살 곳과 먹이인 탄소를 제공한다. 그래서 그동안 과학자들은 둘의 관계가 기꺼이 일어나는 행복한 공생이라고 간주했다. 하지만 면밀히 들여다보면, 리조비움과 식물 숙주는 단순히 서로 열렬히 좋아하는 사이가 아니라 훨씬 더 복잡한 관계임이 드러난다. 리조비움 가운데 일부는 사실 질소를 거의 생산하지 않는다. 식물로부터 탄소와 거처를 공짜로 얻는 속임수를 저지른 것이다.[20] 이러한 이유로 모든 식물이 리조비움을 환영하지는 않는다. 속임수를 쓰는 리조비움이 너무 많아지면 일부 식물은 영양 공급을 차단하는 방식으로 반격한다. 그러는 동안 질소가 절실히 필요한 열악한 토양에서 자라는 식물들만이 리조비움과의 불공평한 관계를 마지못해 견뎌낸다.[21] 선택권 없이 주어지는 조건을 감내해야 하는 처지다. 이처럼 박테리아와 숙주가 서로의 관계에서 우위를 점하려 할 때, 속임수는 일련의 새로운 움직임과 그에 따른 반격이 뒤따르는 복잡한 상호작용을 일으킨다.

리조비움과 숙주 식물의 진화적인 게임에서 나타나는 복잡한 전략이 흥미로운가? 이는 우리가 앞으로 살펴볼 여러 속임수에 비하면 단순하다. 속임수는 진화적 군비 경쟁을 촉발하고 다양성과 복잡성, 심지어 아름다움을 창조하는 강력한 촉매가 될 수 있다.

안타깝게도 오늘날 진화 이론에서 속임수의 역할은 여전히 과소평가되고 있는데, 여기에는 두 가지 큰 이유가 있다. 하나는 역사적인 이유다. 다윈은 자연 선택에 따른 진화의 주요 요인으로 속임수나 부정행위에 대해 언급한 적이 없다. 『종의 기원』에서는 '속임수'라는 단어를 찾아볼 수 없으며, 단지 '기만'이라는 단어가 7번 등장했을 뿐이다. 그중 동물과 관련된 사례는 단 세 가지이며, 모두 맛 좋은 벌레가 포식자를 속이기 위해 활용하는 모방이나 보호용 변장의 형태다. 다윈의 여러 아이디어 가운데 속임수가 진화나 생물 다양성과 맺는 관련성은 결코 우선순위가 높지 않았다.

다윈이 이런 점을 빠뜨렸다는 사실은 우리가 속임수의 중요성을 심각하게 여기지 않는 두 번째 이유를 보여준다. 보통 자연 선택이라고 하면 경쟁자 사이에 끊임없이 벌어지는 자원 경쟁이나 포식자, 기생충, 병원균의 공격에서 살아남는 사례를 쉽게 떠올린다. 그렇기에 진화라고 하면 흔히 '적자생존'이나 '이빨과 발톱이 붉게 물든 자연'이라는 고정관념이 널리 퍼져 있다. 하지만 이러한 일차원적인 인상은 다양한 상황과 맥락에서 적합도를 높이는 데 효과적인, 협력 행동이라는 부드러운 힘을 간과하게 만든다. 이는 최근 수십 년 동안 많은 과학자가 밝혀낸 사실이다.

게다가 몇몇 동물에서는 사회적 지능이 육체적인 힘보다 훨씬 더 중요하다. 예컨대 보노보 집단에서는 개체의 사회적인 네트워크가 얼마나 강한지에 따라 적합도가 달라진다. 순전히 근육의 힘에 의존하는 건장한 개체라도, 집단 내에서 협력하는 구성원들의 단합된 힘에 직면하면 패자가 되고 만다. 사회적 지능이 결여된 개체는 다른 개체들에게 착취당하거나 조종당하는 대상이 될 수 있다. 그런 이유로 사회적 지능을 촉매하는 속임수와 부정행위는 진화에서 매우 중요한 역할을 한다.

오늘날 지능이 뛰어난 인류가 등장하면서 속임수 전략과 이를 방어하는 반反속임수 전략 사이의 군비 경쟁은 크게 확대되고 심각해졌다. 심지어 완전히 새로운 차원인 문화 진화의 장에서 경쟁이 일어나기 시작했다. 속임수는 새로운 생물학적 형질의 출현을 촉진할 뿐만 아니라 수많은 문화적 혁신을 촉진하는 강력한 촉매제로 작용하며, 그 결과 문화의 다양성과 복잡성을 증진시킨다. 속임수가 없다면 문학, 예술, 과학, 기술, 산업, 종교는 존재하지 않았을 것이며, 이러한 사례들은 계속 이어져 우리의 삶과 사회, 문화의 모든 측면을 아우를 것이다. 이 주장이 아직은 직관적으로 와닿지 않겠지만, 현대의 기술과 문화적 관습이 어떤 방식으로 속임수와 맞물려 진화하고 변화해왔는지에 초점을 맞추면 그 의미가 분명해진다.

이 책에서 속임수가 얼마나 강력한 촉매인지 강조하고 있지만, 거짓말에 사실 모종의 미덕이 있다는 식으로 수정주의적 변명을 하려는 의도는 없다. 오히려 그 반대다. 범죄로 간주되든 그렇지 않든, 다양한 형태의 속임수는 무고한 사람들에게 상당한 해악을 끼친다. 그렇기 때문에 진지한 도덕 철학이나 종교는 속임수와 부정행위를 지지하거나 옹호하지 않는다. 사회과학자들이 오랫동안 밝혀온 것처럼 인간 사회를 하나로 묶는 기본적인 문화적 접착제는 바로 신뢰다.[22] 이 장에서 설명한 내용만 보면 그렇게 보이지 않을 수도 있지만, 이 책은 생물학적 관점에서 이 점을 부각하고 강화할 것이다. 정직과 진실이 사라진 사회에서는 도덕적 토대가 오랫동안 지속될 수 없다. 그렇기에 인류는 수천 년 동안 속임수와 부정행위를 억누르기 위해 열심히 싸워왔다.

하지만 우리가 아무리 최선을 다해도, 속임수와 사기 행각은 역사상 모든 인간 사회에서 끊임없이 이어져온 고질적인 문제였다. 사실 부정행위를 완전히 뿌리 뽑는 데 성공한 사회는 단 하나도 없다. 설상가상으로 정보화 시대로 접어들면서 속임수와 사기는 더욱 기승을 부리고 있다. 온갖 전통적인 사기 수법이 여전히 존재하는 가운데, 부정행위가 디지털 영역으로 확장되어 번성할 비옥한 환경을 찾았기 때문이다. 피싱에서 성적 착취에 이르기까지 수많은 신종 사기 수법이 등장해 진화하고 있으며, 날로 정교해져 멀리까지 확산되고 있다. 사회적 차원에서는 가짜 뉴스와 음모론이 퍼지며 민주주의에 심각한 위협이 되고 있다. 이는 시민들이 신뢰할 수 있는 정확한 정보를 얻는 것을 방해하고, 진실과 사실의 기본적인 본성을 깨닫는 능력을 약화시킨다.[23] 그렇다면 속임수와 사기를 근절할 수 없는 상황에서 우리는 어떻게 대응해야 할까?

속임수를 어쩔 수 없는 것으로 체념하는 듯한, 언뜻 보기에 엉뚱한 캠페인이라도 시도해볼 가치는 있다. 우리는 언제까지고 실패할 운명은 아니다. 오히려 디지털 시대에 우리의 접근 방식을 재고하고, 오랜 시간 우리를 괴롭혔던 문제를 해결할 새로운 방법을 모색할 기회가 될지도 모른다. 그런 점에서 진화의 과학은 우리가 활용할 지혜의 원천을 제공할 수 있다.

이 책은 유기체가 자신의 이익을 위해 다양한 방법으로 다른 개체를 기만하고 사기 치는 세계로 이끄는 안내자가 될 것이다. 물론 더 중요한 것은 이런 각양각색의 속임수와 사기의 배후에 놓인 공통적인 작동 원리를 찾는 일이다. 속임수가 어떻게 작동하는지에 대해 새롭게 습득한 진화적 이해를 바탕으로, 이제 사회 속 사기와 부정행위에 대처하기 위한 새로운 전략을 설계하려 한다.

구체적으로 말하자면, 2장과 3장에서는 이 책을 관통하는 두 가지 핵심 규칙을 적용해 동물들이 속임수를 쓰는 방식을 살펴볼 것이다. 이어지는 4장에서는 거짓말과 속임수의 공격 속에서도 정직이 어떻게, 그리고 어째서 살아남아 번성할 수 있었는지 이유를 탐구한다. 이러한 내용을 바탕으로 5장에서는 속임수가 진화적 군비 경쟁을 통해 행동, 지능, 예술 등 새로운 특징의 출현을 어떻게 촉진했는지 살펴본다. 그 다음 6장과 7장에서는 인간의 속임수와 자기기만을 다루며, 속임수에 사용되는 규칙이 생물학적 영역뿐 아니라 인류 문화에 모두 적용된다는 사실을 보여줄 것이다. 마지막 장에서는 철학적인 미개척 영역으로 넘어가, 오랫동안 논쟁의 중심이 되어온 다음 질문에 답하려 한다. "도덕적으로 허용되는 속임수가 존재할까?"

나는 여러분이 책을 덮는 순간, 이 책의 주요 전제이자 가장 중요한 결론에 대해 확신을 갖기를 바란다. 바로 속임수는 생물학과 문화 양측에서 다양성, 복잡성, 아름다움을 창조하는 데 기여하는 강력한 촉매라는 점이다. 속임수나 사기는 때로 속절없이 당해야 하는 인생에서 피할 수 없는 고통처럼 느껴질 수 있지만, 그 작동 방식을 이해하면 그것을 실질적으로 억제하고 대응할 수 있는 힘을 갖게 될지도 모른다.

자, 이제 속임수와 기만의 세계로 향하는 짜릿한 여정을 시작하도록 하자.

2장

속임수의 제1법칙: 거짓말
의사소통에서 정보는
어떻게 조작되는가?

자신이 추운 겨울날 먹이를 찾으려고 애쓰는 배고픈 까마귀라고 상상해보라. 거듭한 실패로 지친 당신은 나뭇가지로 날아가 휴식을 취한다. 일단 나뭇가지에 자리를 잡자 수십 마리의 동료 까마귀들이 눈 덮인 길가에서 스컹크의 사체를 두고 소란스러운 다툼을 벌이는 모습이 눈에 들어온다. 당신은 이미 파티에 한발 늦은 데다 악명 높은 까마귓과 경쟁자들도 현장에 있다는 사실을 깨닫는다. 먹이를 한입 베어 물려면 어떻게 해야 할까? 일부러 호들갑을 떨어 주의를 돌리고 겁을 주는 것도 좋은 해결책 중 하나다. 그러면 경쟁자들이 당황한 나머지 자기 몸을 지키고자 허둥댈 테고, 이때 스컹크 사체를 조금 낚아챌 수 있을 것이다.

사실 이 시나리오는 실제로 까마귀들이 보이는 행동을 그대로 묘사한 것이다. 더 중요한 것은 이 시나리오가 동물이 속임수를 쓰는 방식에 대한 일반적인 규칙을 보여준다는 점이다. 바로 의사소통에서 자신의 이득을 위해 있는 그대로의 정보를 위조하는 것이다. 이것이야말로 거짓말의 생물학적 본질이다. 약간의 재미를 더해, 이것을 '속임수의 제1법칙'이라 부르자(그렇다. 다음 장에서는 '속임수의 제2법칙'을 소개할 예정이다). 그런데 동물이 이 법칙을 실제로 속임수에 어떻게 적용하는지 살펴보기 전에, 먼저 더 기본적인 질문에 답해야 한다. 동물은 왜 속임수를 쓰는 걸까? 그 답은 역설적이지만, 동물이 협력을 필요로 하기 때문이다.

협력은 좋은 것이다. 동물 둘이 함께 힘을 모아 일하면 혼자서 일하는 것보다 더 큰 이익을 얻는다. 이러한 협력의 이점은 식물, 균류, 박테리아를 포함한 모든 생명체에 적용된다. 하지만 이 장에서 우리는 동물에 초점을 맞추려 한다. 동물들이 서로 어울리면 함께 일하고자 하는 강력한 동기를 갖게 된다. 그런데 서로 협력하려면 소통하기 위한 대화를 나누어야 한다. 따라서 의사소통은 협력이 이루어지기 위한 필수 전제 조건이다.[1] 보통은 의사소통이 진화함에 따라 극적인 드라마가 불가피한 부산물로 따라온다.

탱고를 추려면 두 사람이 필요하듯이, 소통할 때는 발신자와 수신자 사이에 신호가 전달되어 기본적인 회로가 만들어진다. 시스템이 단순해도 이 과정에서 극적인 일이 벌어질 수 있다. 여러분이 발신자가 되었다고 상상해보라. 여러분 앞에는 거짓을 말할지, 진실을 말할지 두 가지 선택지가 놓인다. 어떤 선택지를 택하든 여러분은 같은 행동을 혼자서 해내는 것보다 수신자와 상호작용을 거쳐 더 많은 이익을 얻고자 한다. 그렇지 않으면 굳이 의사소통할 이유가 없다. 신호를 생성하고 보내는 데는 시간과 에너지가 드는 데다, 그러는 동안 포식자나 기생자의 원치 않는 관심을 끌 수도 있다. 그렇다면 자원을 낭비하고 목숨을 걸면서까지 다른 개체에 메시지를 보내려는 이유가 무엇일까? 소통의 문을 닫고 가만히 있는 게 낫지 않을까?

여러분이 발신자라면 수신자에게 거짓말을 하느냐 하지 않느냐는 셰익스피어 작품에 나오는 것과 같은 도덕적 선택이라기보다는 진화적 명령이다. 적응력을 갖추기 위해서는 발신자가 도덕적 숙고에 방해받지 않는 마키아벨리적(국가의 발전을 위해 수단과 방법을 가리지 않는 정치 이념-옮긴이) 술수를 쓰는 조종자여야 한다. 이 조종자라는 개념은 1970년대 옥스퍼드대학교 생물학자 리처드 도킨스Richard Dawkins와 존 크레브스John Krebs에 의해 옹호되었다. 두 사람은 이 아이디어를 통해 동물이 지닌 의사소통의 본질에 대한 혼란스러운 생각의 정글을 논리적으로 헤쳐나갔다.[2]

물론 신호가 전송되었다고 해서 끝나는 것은 아니다. 반대편에 있는 수신자도 발신자로부터 메시지를 받은 뒤 여기에 응답할지 말지에 대한 딜레마에 직면한다. 수신자는 어떻게 해야 할까? 여러분이 한 부품회사의 CEO라고 상상해보라. 어느 날 잠재적 파트너가 시간당 2개에서 3개로 생산량을 늘릴 새로운 합작 투자를 제안한다. 이 제안을 거부하면 수익을 50퍼센트 높일 기회를 잃을 것이다. 하지만 빅데이터를 통해 위험 분석을 한 결과 여러분이 사기를 당할 확률도 34.21퍼센트에 달했다. 실제로 사기를 당한다면 생산량은 시간당 1개로 떨어지고 수익은 절반으로 줄어드는 큰 손실이 발생한다. 과연 이 제안을 수락하는 것이 좋을까?

여러분은 사용 가능한 모든 정보를 바탕으로 제안을 수락할 경우 생산량이 시간당 2.32개가 될 것으로 계산했다.[3] 이는 현재 수준보다 16퍼센트 개선된 수치다. 잠재적 파트너가 주장했듯이 생산성이 50퍼센트 증가하는 것은 아니지만, 그냥 지나치기에는 꽤 구미가 당긴다.

자연 세계에서도 마찬가지다. 많은 동물이 동료의 유혹적인 제안을 수없이 마주하며, 선택을 강요받는다. 그 제안이 핀이나 비행기를 생산한다든가 휴대폰 요금제가 걸려 있는 것은 아니지만, 여기에도 중요한 이해관계가 있다. 바로 다윈주의적 적합도다(1장 내용을 잠깐 복습하자면, 다윈주의적 적합도는 개체가 성체가 될 때까지 낳아 키울 수 있는 자손의 수를 의미한다). 그러면 동물들은 어떻게 결정을 내릴까? 수치를 보고 비용 편익 분석을 할 수는 없지만, 동물들은 진화라는 강력한 요인에 의해 감각과 인지 체계에 구현된 소프트웨어, 즉 본능에 따라 비용 편익 분석을 수행한다.

여러분의 회사에 뜻하지 않게 들어온 제안을 받아들일지 결정할 때와 마찬가지로, 동물들 역시 선택을 하기 전에 인지 능력을 활용해 잠재적인 이득과 손실을 계산하곤 한다. 평균적으로 이익이 비용을 넘어서는 경우 신호에 긍정적으로 반응해야 한다. 이익이 비용보다 크지 않다면 제안을 무시하는 것이 낫다. 그런 경우 의사소통의 루프가 붕괴된다.[4]

의사소통 붕괴가 어떤 결과를 초래하는지 알아보기 위해 태평양귀뚜라미의 예를 살펴보자. 이 종의 수컷은 짝짓기 기회를 쟁취하려는 전략 면에서 두 유형으로 나뉜다. '정직한 수다쟁이'와 '조용한 사기꾼'이 그것이다. 수다쟁이 수컷은 암컷에게 구애하는 노래를 부르며 짝짓기에 대한 자신의 열망을 널리 전한다. 이 수컷은 손톱 다듬는 줄 2개를 긁듯이 톱니 모양의 날개를 문질러 구애의 노랫소리를 낸다. 반면 사기꾼은 날개가 매끄러워 그런 소리를 낼 수 없다. 그래서 수다쟁이 수컷이 노래하는 곳 근처에 숨어 있다가, 데이트 상대를 찾는 암컷이 다가오면 덮친다. 물론 암컷은 수다쟁이 수컷을 선호하기 때문에 조용한 사기꾼 수컷의 개체 수는 소수로 유지된다. 사기꾼들은 때때로 발생하는 부주의한 행동의 부산물일 뿐이다.

그런데 태평양귀뚜라미는 하와이에 이주했다가 뜻밖의 천적을 만났다. 수다쟁이 수컷들이 열심히 부르는 노랫소리를 엿듣고, 자기 이득을 챙기는 기생파리가 등장한 것이다. 암컷 기생파리는 수컷 귀뚜라미의 울음소리를 듣고 귀뚜라미가 있는 곳을 알아낸 뒤, 그들의 몸 위에 알을 낳는다. 알이 부화하면 파리 구더기는 귀뚜라미의 몸속으로 파고들어가 귀뚜라미가 죽을 때까지 내장에서 오랫동안 양분을 받아먹으며 파티를 즐긴다.

이 사례를 보고 하와이 카우아이섬에서 연구하던 생물학자 마를린 주크Marlene Zuk와 동료 연구원들은 진화의 힘에 놀라움을 금치 못했다. 1991년부터 시작해 불과 10년 만에 노래하는 수컷의 수가 꽤 많아졌다가 급격히 줄어 극소수만 남게 되었다. 연구진이 여기저기 조사해보면 귀뚜라미의 수 자체는 여전히 많았다. 하지만 예전과 달라진 점이 있었다. 거의 모든 수컷이 날개가 매끈해 소리를 낼 수 없는 상태였다. 태어날 때부터 조용한 사기꾼인 셈이다.[5] 정직한 수다쟁이들은 기생파리에 의해 절멸했다. 그 결과 사기꾼들이 개체군을 지배하면서, 암수 귀뚜라미들이 데이트를 즐기기 위해 활용하던 음향 채널의 이점이 사라졌다. 그 채널이 기생파리에 의해 파괴되었기 때문이다.

이 사례는 중요한 시사점을 보여준다. 동물의 의사소통은 소통 루프에 놓인 개체들의 근본적인 신뢰에 뿌리를 둔다. 의사소통이 존재한다는 사실 자체가 이를 증명한다. 즉 소통 루프가 지속되려면 발신자는 충분히 정직해야 하며, 수신자는 신호를 무시하는 대신 그에 반응함으로써 평균적으로 더 나은 대우를 받아야 한다. 그에 따라 생물학자들이 생각하는 것처럼 동물의 의사소통은 대체로 협조적이다.[6] 의사소통을 통해 촉진되는 협력이 압도적으로 유리하며, 대부분 속임수는 별다른 효과 없는 골칫거리에 불과하다.

두 개체 사이에서 의사소통이 이루어질 때, 거짓말이나 속임수가 성공하는 방식이 있을까? 대부분의 경우 발신자는 신호의 의미를 변경해서 상대를 속인다. 다시 말해 발신자는 메시지를 위조한다. 수신자인 개체가 거짓 메시지를 문자 그대로 받아들이면 속임수에 걸려든다. 이야기 속 늑대 소년의 첫 거짓말이 먹혔던 것도 바로 그런 방식이었다. 사람들은 실제로 늑대가 오는 줄 알고 반응했던 것이다.

요점을 더 깊이 살펴보기 위해 이 장 초반에 언급한 '거짓말하는 까마귀' 사례를 좀 더 거리를 두고 조망해보자. 슬금슬금 다가오는 여우를 발견한 까마귀는 동료들에게 경보음을 내며 여우가 오고 있다는 사실을 알린다. 이 메시지는 진실이다. 반면에 위험하지 않을 때 까마귀가 같은 소리를 내면 메시지는 거짓이다. 이때 만약 그 자리에 있던 개체가 거짓 메시지를 진실로 믿고 도망쳤다면 속아 넘어간 것이다. 사기꾼은 의사소통 과정에서 진실이라고 가정하는 요소를 악용해 적응상의 이점을 얻는다. 즉 사기꾼은 진짜 정보를 위조해 동료를 희생시키면서 스스로 이득을 얻는다. 이것이 바로 속임수의 제1법칙이 작동하는 방식이다.

이 장의 나머지 부분에서는 동물이 정보를 조작하는 데 사용하는 다양한 전술을 살펴본다. 하지만 일단 '종 내부 의사소통'과 '종 간 의사소통'이라는 두 가지 유형을 구분할 필요가 있다. 이 장에서는 종 내부 의사소통에 초점을 맞추고, 종 간 의사소통은 다음 장에서 다루기로 하자.

🦨

속임수에 대해 살펴볼 때 두 가지 중요한 질문이 있다. 사기꾼은 무엇을 원할까? 그리고 그것을 어떻게 얻을 수 있을까? 첫 번째 질문은 비교적 쉽게 답할 수 있다. 동물도 우리와 마찬가지로 자신의 다윈주의적 적합도를 증진하고자 속임수를 쓴다. 이것은 모든 유기체가 자연 선택에 따라 진화하는 과정에서 번성하는 방식이다. 이때 먹이나 사회적 지위, 짝짓기 기회처럼 적합도를 높이는 요인들은 당연히 동물이 속임수를 써서 얻고자 하는 목록의 가장 상위에 자리한다. 한편 두 번째 질문인 '원하는 것을 어떻게 얻는가?'는 대답하기가 약간 더 까다롭다. '고양이 가죽을 벗기는 방식은 여러 가지다'라는 소름 끼치는 격언이 말해주듯, 하나의 목표에 이르는 데는 여러 경로가 있다. 그러면 앞선 사례에서 실제로 어떤 패턴이 있을지 자세히 살펴보자.

가짜 경보음을 내서 남을 속이고 먹이를 얻는 동물은 까마귀뿐만이 아니다. 박새, 딱새를 비롯한 여러 조류가 같은 수법을 쓴다. 진화는 종종 군비 경쟁으로 치닫기 때문에, 사기꾼이 속임수로 먹이를 가져가면 피해자 역시 먹이를 지키고자 속임수를 쓰는 대책을 마련한다. 그에 따라 속이는 측과 당하는 측은 모두 상대의 허를 찔러 능가하려는 정보 경쟁에 휘말린다.

예컨대 까마귀나 큰까마귀, 어치는 항상 동료 새의 존재를 의식한다. 이 새들은 자기만 알고 있는 식량 공급처로부터 거리를 유지하는 등 경쟁자가 잘못된 방향으로 가도록 일부러 유도한다. 이처럼 방향을 거짓으로 유도하는 것은 계급이 낮은 개체들에게 중요하다. 먹이를 지키기 위한 유일한 선택지인 경우가 많기 때문이다. 계급이 낮은 큰까마귀는 먹이 공급원의 위치를 스스로 파악한 뒤, 필요한 경우에는 계급이 높은 개체를 속이는 전략을 동원한다. 먹이를 찾은 근처에서 멀리 떨어진 곳을 탐색하도록 유도하는 것이다. 계급이 낮은 개체들은 자신이 유리하다고 확신할 때만 비밀 저장소에 들러 잔뜩 포식한다. 하지만 원숭이와 마찬가지로 까마귀는 매우 영리해 쉽게 속지 않는다. 잠깐 현혹되었다 해도 거짓말하는 동료 새를 맹목적으로 따르는 대신, 자신이 속았다는 사실을 금방 알아차리고 숨겨진 먹이를 찾기 시작한다.[7]

다람쥐 역시 먹이를 지키고자 교활한 계략을 꾸민다는 점에서 새들에게 절대 뒤처지지 않는다. 다람쥐는 새들과 거의 같은 행동을 할뿐더러 먹이에 대한 정보를 숨기려고 추가 조치를 취하기까지 한다. 예컨대 다람쥐는 먹이를 저장하느라 바쁠 때면 슬그머니 동료들과 거리를 둔다. 그러기가 불가능하다면 다른 개체들에게 등을 돌려 자기가 하는 일을 들키지 않으려고 한다. 다른 개체들이 쿵쿵대며 다가오면 다람쥐는 자기 먹이를 지키고자 미끼로 삼을 가짜 은닉처를 만든다.[8] 나는 호기심에 회색다람쥐가 도토리를 비축하는 모습을 종종 지켜보곤 한다. 그런데 다람쥐가 뭔가를 숨기는 걸 보고 쫓아가 확인해보면 텅 빈 구멍일 때가 꽤 많다. 나도 속은 것이다.

마카크원숭이, 다람쥐원숭이, 버빗원숭이, 꼬리감는원숭이에서도 비슷한 행동이 발견된다. 이들 영장류는 소규모 계급 사회에 살며, 높은 계급의 구성원이 낮은 계급의 구성원으로부터 좋아하는 먹이를 무례하게 가로채곤 한다. 이를 피하기 위해 낮은 계급의 구성원들은 먹이에 관한 정보를 드러내지 않는 경우가 많다.[9] 침팬지 무리에서도 동일한 행동이 관찰되었다. 낮은 계급의 구성원들은 근처에 높은 계급의 구성원이 있을 때 귀중한 먹이(예컨대 숨겨진 바나나)의 위치를 공개하지 않는다. 또한 바나나가 안전하게 지켜질 것이라 확신하지 않는 한 그 자리를 떠나지 않으려 한다.[10]

조류와 포유류에서는 거짓 경보가 먹이뿐만 아니라 교미 행위에도 활용된다. 예컨대 제비는 포식자를 발견하면 경보음을 낸다. 특히 번식기에는 더 많은 포식자를 알아챌 수 있도록 가까이 모여 사는데, 이런 행동은 군집의 모든 구성원에게 도움이 된다. 단점이 있다면 바로 옆 이웃이 짝짓기를 열망할 때 이런 공동생활이 속임수와 기만 행위를 부추긴다는 것이다. 수컷은 친자 관계를 보호하고 짝짓기 상대가 외도하지 못하도록 거짓 경보를 활용해 알을 낳는 암컷 파트너와 다른 수컷의 교미를 훼방 놓는다.[11]

대만다람쥐의 경우 암컷은 짧은 발정기를 거치는 동안 여러 수컷과 교미할 수 있다. 그래서 수컷은 암컷과 교미한 후 친자 관계를 지키기 위해 거짓 경보음을 내며, 실제로 존재하지 않는 포식자를 조심하라고 이웃에게 경고한다. 경보음을 들은 근처 개체들이 몸을 웅크리고 존재하지 않는 위험이 지나가기를 기다리는 동안, 암컷은 주변의 다른 수컷에 의해 난자가 수정될지도 모를 결정적인 순간을 놓친다.[12]

비록 거짓 경보가 흔하게 사용되기는 하지만 이것이 유일한 속임수는 아니다. 특히 사기꾼들은 교미가 힘들어질 때 활용할 여러 계략을 가지고 있다. 작은 물고기인 대서양몰리에서도 기만적인 술수가 발견된다. 경험이 풍부한 이 종의 수컷은 자신이 선호하는 암컷의 유형, 즉 일종의 미적 감각을 기억하며 살아간다. 그러다 잠재적인 짝과 단둘이 있을 때 비로소 진정한 선호를 드러낸다. 하지만 다른 수컷, 특히 젊고 순진한 수컷이 주변에 있으면, 자신이 보기에 못생겼거나 싫어하는 암컷에게 구애해 근처의 수컷을 혼란스럽게 만든다. 경험 많은 수컷은 이러한 계략을 사용해 순진한 수컷이 미적 감각을 습득하지 못하게 만들어 경쟁자 수를 줄일 수 있다.[13]

그렇지만 속임수 부문에서는 뭐니 뭐니 해도 영장류가 최고다. 예를 들어 고릴라와 침팬지는 손으로 얼굴을 가려 자신의 표정을 숨긴다. 또한 침팬지는 등 뒤에 물체를 숨겼다가 던지는 것으로 알려져 있다(그래서 동물원에 방문한 사람들을 비롯한 적수에게 위협을 가한다). 낮은 계급의 침팬지는 생식기가 발기했을 때 높은 계급의 수컷에게 보이지 않도록 등을 돌리기도 한다.[14] 침팬지가 과연 창피함을 느끼는지는 우리가 알 수 없지만, 여러분도 직장 상사가 성적으로 흥분한 모습을 보면 확실히 좋게 보이지는 않을 것이다. 침팬지의 세계에서는 흥분한 모습을 보이는 것이 계급 높은 수컷의 원활한 재생산 활동에 위협이 된다는 뜻이다. 짝짓기 경쟁에서 경쟁자가 되었기 때문이다. 침팬지는 서로의 생각을 분명히 인식하는 것으로 보이며, 이는 '마음 이론theory of mind'이라고 알려진 고급 인지 능력에 해당한다.

특히 수컷이 암컷보다 덩치가 크고 강한 종에서, 속임수는 바람직하지 않은 수컷의 성희롱에 맞서 암컷이 스스로를 방어하기 위한 위협 전략으로 사용될 수 있다. 이러한 동물 종에서는 수컷이 암컷과 교미하기 위해 괴롭히는 행동을 보이기도 한다. 심지어 암컷이 원하지 않는데도 강제로 범하기도 한다. 이에 맞서 암컷은 다양한 전략을 활용한다. 예컨대 지배적인 수컷에게 도움을 청하거나, 호감을 가진 수컷 근처에 머물며 보호를 받기도 한다. 나아가 암컷들은 자기 방어를 위해 더욱 영리한 계책을 쓰기도 한다.

암컷이 이런 목적에 활용하는 가장 기발한 수법은 쥐에서 발견된다. 몇 년 전 동료 젠쉬 장Jianxu Zhang과 나는 쥐의 페로몬 소통을 연구하던 중 암컷의 오줌에서 2,5-디메틸피라진과 4-헤파타논이라는 두 가지 화학 물질을 발견하고는 깜짝 놀랐다. 쥐의 천적인 페럿이 특징적으로 지닌 화학 물질이었기 때문이다. 대체 이 물질이 어떻게 암컷 쥐의 오줌에 흘러들게 된 걸까?

이 놀라운 발견에 대해 곰곰이 숙고하던 나에게 암컷 쥐가 페럿을 모방해 이런 화학 물질을 만들어낼지도 모른다는 직감이 스쳤다. 암컷은 이 수법을 통해 원하지 않는 수컷을 쫓아낼 수 있을 터였다. 해충을 쫓아내기 위해 에어로졸 스프레이를 뿌리는 것처럼 말이다. 우리는 이 아이디어가 맞는지 시험하기 위해 수컷 쥐를 화학 물질에 노출시켰다.

그러자 실제로 수컷 쥐는 두려움에 벌벌 떨며 재빨리 도망쳤다.[15] 실험이 끝난 뒤에도 우리는 암컷 쥐가 수컷에게 '안 돼!'라는 뜻을 전하게 된 이 놀라운 진화적 적응에 대해 꽤 오랫동안 놀라움을 금치 못했다. 설치류의 세계에서는 "여보, 오늘 밤은 안 돼요!"라고 부드럽게 거절할 방법이 없기에, 암컷들에게는 더욱 효과적인 대응책이 필요했던 것이다.

먹이나 교미를 위한 속임수 말고도 많은 동물이 싸울 때는 사납다든가 사회적 지위가 높은 것처럼 속여 허세를 부린다. 나는 개인적인 경험 덕분에 이런 전술에 익숙하다. 중국 동부의 작은 마을에서 태어난 나는 어린 시절, 1970년대 무렵 귀뚜라미 싸움에 열광했다. 매년 여름이면 삼촌은 나를 데리고 수컷 귀뚜라미를 잡으러 갔고, 동네의 다른 아이들이 잡은 귀뚜라미와 싸움을 붙였다. 싸움은 양철통이나 대나무관으로 만든 경기장에서 열렸다. 2마리가 붙어서 싸우게 하려면 빗처럼 만든 풀줄기로 건드려 공격성을 자극해야 했다. 일단 귀뚜라미가 머리끝까지 약이 오르면 상대와 싸우게 했다. 그러면 대략 5초에서 10초 동안 물어뜯고 씨름한 끝에 승자가 결정되었다. 승리자는 몸이 앞뒤로 흔들릴 정도로 힘차게 울었다.

귀뚜라미 싸움에서 이길 확률을 높이려고 머리를 싸매던 나는 경마에 베팅하는 사람들과 비슷한 문제에 부딪혔다. 누구보다 먼저 강력한 싸움꾼 귀뚜라미를 찾아내야 했다. 어떻게 해야 할까? 승자가 큰 소리로 운다는 사실을 알게 된 나는 일단 크게 우는 귀뚜라미를 골랐다. 하지만 이 방법이 잘 먹히지 않는다는 사실이 곧 드러났다. 싸울 때의 울음소리는 자신을 부풀리는 허세인 경우가 많았다. 겁쟁이라도 마치 자기가 두려움을 모르는 검투사라도 된 양 크게 울어 상대를 속였다. 하지만 그런 귀뚜라미는 링에 오르면 싸움을 걸지 않고 얼른 내빼기 일쑤였다. 다시 말해 울음소리는 전투 능력에 대한 신뢰할 수 없는 지표였다. 그러면 덩치는 어떨까? 그렇다, 차라리 그게 더 나았다. 하지만 문제는 경쟁자들 모두가 같은 생각을 한다는 것이었다. 결국 덩치만으로는 우위를 점할 수 없었다.

실험을 거듭한 끝에 나는 마침내 귀뚜라미의 두 턱이 얼마나 넓게 벌어지는가(턱의 개구 폭)가 싸움 실력에 대한 신뢰도 높은 예측 변수라는 사실을 알아냈다. 어느 여름날, 운 좋게도 턱이 유난히 크게 벌어지는 귀뚜라미 1마리를 잡았다. 허풍을 떨기보다는 끈질긴 싸움 끝에 그에 걸맞은 울음소리를 내는 녀석이었다. 나는 그 귀뚜라미 덕분에 그해 마을에서 열린 모든 대회를 휩쓸었다.[16]

게나 새우 같은 갑각류의 허세 전략 역시 귀뚜라미만큼이나 흥미롭다. 갑각류는 탈피를 통해 예전 껍데기를 벗으며 성장하지만, 새 껍데기가 아직 부드러울 때는 주변의 위험에 매우 취약하다. 이때 상당수의 게와 갯가재는 상대에게 위협적인 무기를 흔들어 허세를 부리며 이러한 취약성을 극복한다.[17] 하지만 동시에 자신이 실제로 싸움을 할 수 없는 종이호랑이라는 사실을 안다. 그래서 이 갑각류는 적의 이빨을 막을 정도로 단단히 무장한 것처럼 보이지만, 막상 도전을 받으면 재빨리 도망친다. 다만 농게류는 그렇게 현명하지 않은 듯하다. 이 게는 먹이를 먹는 데 쓰이는 작은 집게발과 싸우기 위한 용도의 큰 집게발을 가지고 있는데, 두 집게발은 크기가 상당히 차이 난다. 싸움용 집게발을 잃으면 다시 자라지만, 어떤 이유에서인지 재생된 집게발은 원래 크기만큼 커지지 않는다. 그럼에도 농게는 여전히 이 집게발을 이용해 허세를 부리므로 당분간은 큰 문제가 되지 않는다. 그러나 실제로 싸움이 벌어졌을 때 비로소 농게는 이 작아진 집게발이 싸우기에 적당하지 않다는 사실을 깨닫는다.[18]

개구리와 두꺼비 역시 허세를 부리지만, 그 방식은 다른 동물들과 달리 꽤 섬세하다. 이들은 울음소리를 바꿔 허세를 부린다. 개구리가 자기 영역을 설정하고 그 안에서 암컷을 유혹하기 위해 운다는 것은 일반적인 상식이다. 잘 알려지지 않은 사실은 이 양서류들 간의 물리적인 충돌이 꽤 격렬해서 에너지 비축량에 부담을 줄 수 있다는 점이다. 이때 몸 크기는 누가 물리적 싸움에서 승리할지를 결정하는 요인인 경우가 많다. 이런 이유로 일부 종에서는 몸집 작은 수컷이 자기보다 큰 수컷을 피한다. 하지만 상대가 눈에 보이지 않을 때 개구리들은 잠재적인 경쟁자의 크기를 어떻게 알 수 있을까?

답은 수컷이 자기 영역을 알릴 때 내는 울음소리의 높낮이에 있다. 몸집이 큰 수컷은 후두와 성대가 커서 낮은 소리를 낸다. 록 밴드의 라이브 공연에 사용되는 서브우퍼 스피커에도 동일한 음향학적 원리가 적용된다. 이 서브우퍼는 저음을 증폭시키느라 부피가 크다(이 원리는 인간에게도 적용된다. 덩치가 큰 사람은 성대가 길어 더 낮은 소리를 내는 경향이 있다). 하지만 불행히도 목소리의 높낮이는 거짓으로 만들어낼 수 있어서 개체의 크기를 나타내는 신뢰할 만한 지표는 아니다. 사기 문제로 현재 문을 닫은 테라노스사의 CEO였던 엘리자베스 홈스Elizabeth Holmes는 자신이 강력하고 지배적인 사람이라는 인식을 주려고 억지로 낮은 목소리를 냈다고 한다(유튜브에 공개된 담화 영상에서 홈스의 지어낸 목소리를 느낄 수 있다). 수많은 개구리와 두꺼비들이 경쟁자를 속이고 짝짓기 기회를 얻고자 사용하는 오래된 속임수를 자신이 쓴다는 사실을 홈스가 알고 있는지는 잘 모르겠지만 말이다.[19]

한편 다들 알겠지만 개들은 짖는 소리로 허세를 부린다. 하지만 동시에 오줌으로 자기 덩치에 대한 신호를 남겨 슬쩍 자신이 이곳을 지배하고 있다고 선언하기도 한다. 오줌으로 어떻게 자기 덩치를 속일 수 있을까? 개들이 영역을 중시한다는 사실은 잘 알려져 있다. 개 산책을 시키는 사람이라면 누구나 알겠지만, 개들은 나무줄기, 소화전, 전신주 같은 우뚝 솟은 물체에 오줌을 뿌려 영역을 표시한다. 조심스럽게 수행된 연구에 따르면 덩치가 작은 수컷 개들은 오줌을 눌 때 커다란 동료들에 비해 다리를 높이 들어 올리는 경향이 있다. 그러면 오줌 자국의 높이는 과장된다. 동네의 다른 개들이 이 냄새를 맡으면, 그 흔적을 남긴 개가 실제보다 크다고 속아 넘어갈 것이다.[20]

그 밖에 여러 포유류 종 또한 눈에 띄는 곳에 오줌이나 자신의 체취를 묻혀 영역을 표시한다. 마치 커뮤니티 게시판에 메모를 남기는 것과 비슷하다. 냄새를 풍기는 부위가 대부분 궁둥이 근처에 있는데, 그렇다면 이들은 어떻게 해야 자기 몸 크기를 확실히 드러낼 수 있을까? 한 가지 해결책은 앞발로 서서 거꾸로 선 듯한 자세를 응용하는 것이다. 이렇듯 곡예에 가까운 동작을 통해 덩치 큰 동물들은 커다란 바위나 나무줄기의 더 높은 곳에 냄새 흔적을 남긴다.

예를 들어 판다는 항문샘의 분비물과 오줌을 이용해 영역을 표시한다. 항문샘 분비물은 끈적거리는 성질이 있다. 이 물질을 칫솔에 치약

그림 2.1 수컷 대왕판다가 자신의 영역을 표시하기 위해 손을 땅에 짚고 있다.
© Rongping Wei

을 짜듯이 물체에 직접 묻혀야 하기에 판다가 자기 덩치를 속이는 데는 한계가 있다. 하지만 오줌은 다르다. 정원 호스처럼 위쪽으로 조준하면 몸보다 더 높이 뿌릴 수 있다. 실제로 판다는 영역을 표시할 때 손을 땅에 짚고 오줌을 뿌린다. 우리의 예상대로다. 아마도 자기 몸집을 부풀리기 위해 오줌을 이용하는 것으로 추정된다([그림 2.1] 참조).

이처럼 다양한 동물이 자기를 부풀려 허세를 부리지만, 이러한 행동이 항상 효과 만점인 것은 아니다. 그 시험대가 실제 싸움이라면 특히 더 그렇다. 동물들이 물리적인 대결에서 쓴맛을 보면 어떤 선택지를 택해야 할까? 한 가지 방법은 응원군을 모집하는 것이다. 몇몇 사회적인 동물은 동료가 경미한 부상을 입었을 때 큰 소란을 피울 수 있고 실제로 그렇게 한다. 축구 팬들에게는 익숙한 방식이다. 파울을 당한 축구 선수는 심판이 자신에게 유리하게 판정하기를 바라면서 과장된 동작을 취하기도 한다. 참기 힘든 고통을 감수하며 경기장에서 데굴데굴 구르는 것이다.

어떤 동물이 이 수법을 이용할 가능성이 가장 높을까? 당연히 원숭이와 유인원들이다.[21] 예컨대 침팬지는 싸움에서 불리한 상황에 놓이면 거센 큰 소리로 비명을 지르곤 한다. 다른 개체가 근처에 있을 때만 그렇게 하기 때문에 우리는 이것이 일종의 과장된 속임수라는 것을 안다. 그렇게 하면 자신이 얼마나 심각한 곤경에 빠졌는지 부풀려 동정심을 유발하고 지나가는 동료들의 지지를 얻을 수 있다.[22] 같은 방식으로 어린 사바나개코원숭이는 성체에게 괴롭힘을 당하면 비명을 지르며 어미에게 도움을 청한다. 이것은 인간 어린이에게서도 자주 관찰되는 전략이다.

동물은 동료를 속이기 위해 다양한 방법을 찾아내지만, 대놓고 하기보다는 미묘한 방법으로 속임수를 쓰는 경우가 더 많다. 집단의 공동 프로젝트를 두고 다른 구성원들보다 노력을 덜 기울이는 무임승차 작전이 그렇다. 예를 들어 상당수의 어린 새들은 부모가 동생을 잘 키우도록 도움을 주는데, 이런 종이 전 세계 조류의 3~8퍼센트에 이르는 것으로 추정된다. 경험이 부족한 어린 새들은 이러한 도움을 통해 중요한 생존 기술을 배울 수 있다. 특히 아직 독립할 준비가 되어 있지 않은 상황에서 더욱 그렇다. 새끼 새들은 같은 둥지의 동생들과 평균적으로 유전자의 절반을 공유하는 만큼, 동생에게 도움을 주면 간접적으로 자신의 적합도에 이득이다(이런 진화의 양상을 친족 선택이라고 한다). 하지만 내용물이 반쯤 찬 잔을 두고 '반쯤 비었다'고 할 수 있듯이, 공유된 유전자도 마찬가지다. 50퍼센트의 유전적 유사성은 동시에 50퍼센트의 유전적 차이를 의미하기도 한다. 그래서 도우미 새들과 형제자매 사이에는 갈등과 협력이 공존한다.

이런 이유로 도우미 새는 둥지에서 진행되는 공동의 재생산 프로젝트에 최선을 다하지 않을 수 있다. 예컨대 까마귀는 도우미의 27퍼센트가 형제자매를 키우는 데 최대한의 노력을 기울이지 않는 게으른 일꾼이다. 하지만 그동안 새끼를 주로 양육했던 개체가 사라지면 게으른 도우미는 즉시 새끼에게 먹이를 주는 데 신경을 쏟는다. 이 도우미 새는 필요한 순간에 상당히 능숙하게 새끼들을 먹일 수 있는 것이 분명하다. 실제로는 원래 게으른 게 아니라 가능하면 자기 임무를 회피할 뿐이다.[23]

몸집이 큰 지빠귀에 가까운 구세계 명금류 상사조과의 한 종giant babax은 새끼 먹이의 70퍼센트를 도우미가 가져온다. 새끼는 도우미가 계속해서 먹이를 가져오도록 유도하기 위해, 부리에 먹이가 닿으면 몸 반대편에 배설낭을 방출하며, 이 배설낭은 먹이를 제공한 새가 먹는다. 다시 말해 새끼의 몸은 한쪽에 재화가 들어가면 반대쪽에 보상이 따르는 교환 장치처럼 작동한다. 새끼의 배설물이 어째서 그렇게 귀중하게 여겨지는지는 확실하지 않지만, 어쨌든 도우미 새는 배설물을 받아 새끼에게 먹이를 제공한 보상을 얻는다. 이때 속임수를 쓰는 도우미는 실제로 새끼에게 먹이를 날라주지 않은 채 주는 시늉만 한다. 이 부정행위자들이 먹이를 분변과 교환하는 거래에서 제외될까? 그렇지 않다. 사기꾼들은 방법을 찾았다. 새끼의 입에 쓰레기를 넣어 속임수로 보상

을 얻거나, 정직한 도우미 새들이 새끼의 입에 먹이를 넣었을 때 나오는 배설물을 가로채 버린다.[24]

　무임승차는 동물 집단이 외부의 공격을 맞닥뜨렸을 때 흔히 사용되는 전술이다. 이런 병역 기피자와 다를 바 없는 개체가 사회적 동물 중에서는 드물지 않다. 개, 늑대, 사자, 여우원숭이, 원숭이에서 이런 개체가 발견되었다. 예컨대 사자 무리는 공동의 영역을 지키는 암컷 친족을 중심으로 꾸려진다. 하지만 같은 무리라 해도 개체에 따라 영역 방어에 대한 기여도가 다르다. 일부는 외부의 도전에 직면할 때마다 항상 영역을 지키고자 주도적으로 발 벗고 나서는 훌륭한 전사다. 반면에 게으른 나머지 자기가 꼭 나서야 할 때만 나타나 영역을 방어하는 개체들도 있다. 하지만 이 정도만 해도 도움이 절실히 필요할 때조차 돕지 않는 몇몇 게으름뱅이와 겁쟁이들에 비하면 나은 편이다.[25]

　무임승차는 번식에서도 나타난다. 이런 사례는 개미, 꿀벌, 말벌 같은 사회적인 곤충에서 가장 잘 드러난다. 대부분 여왕은 그 군집에서 재생산 능력을 갖춘 유일한 암컷이다. 그 밖의 암컷들은 전부 군집 내부의 집안일을 하는 일꾼이다. 여왕은 군집 전체의 재생산권을 독점하고 일꾼의 난소에서 난자가 생성되는 것을 막는 페로몬을 방출해 독재 체제를 유지한다. 다시 말해 일꾼들은 생식적으로 억제된다. 하지만 반려동물 중성화 수술과는 달리, 여왕이 시행하는 화학적 중성화 과정은 원래대로 되돌릴 수 있다. 여왕이 죽으면 일꾼 가운데 일부(가짜 여왕이라 불리는)가 번식을 하는 여왕의 권한을 빠르게 장악한다. 일부 중에서는 일꾼이 자신의 열등한 역할에 불만을 품은 나머지 여왕이 아직 버젓이 살아 있는데도 몰래 알을 낳기도 한다(이런 곤충에서는 수정란만 암컷으로 발달하며, 일개미가 낳은 수정되지 않은 알은 수컷이 된다[26]).

일꾼들의 이러한 이기적인 행동은 군집이 효율적으로 성장하지 못하도록 방해할 수 있다. 그래서 사회적 곤충 가운데 상당수는 일꾼의 생식 부정행위를 막기 위해 엄격히 감시한다. 감시 임무를 수행하던 일꾼들은 불법적으로 알을 낳은 동료를 발견하면 공격하거나 알을 파괴한다.[27]

무임승차를 통한 부정행위와 이에 대응하는 전략은 어류인 시클리드에서 요정굴뚝새, 벌거숭이두더지쥐에 이르기까지 다양한 종에서 볼 수 있다. 이런 종에서는 계급이 낮은 개체들이 종종 자기 임무에 태만하다는 이유로 처벌받는다.[28] 예컨대 마카크원숭이에서는 집단의 낮은 계급 구성원이 귀중한 먹이를 발견한 후 '먹잇감 알림 울음'을 내지 않으면 높은 계급의 개체들에게 벌을 받을 수 있다.[29]

🦗

대부분의 수컷 동물에게 암컷과의 짝짓기만큼 중요한 것은 거의 없다. 그래서 수컷은 어떻게든 짝짓기 기회를 더 많이 얻기 위해 놀랄 만큼 다양한 속임수를 사용한다. 나머지 장에서 이에 대해 더 자세히 살펴보도록 하겠다.

한 예로 실험실에서 연구했던 어류인 아프리카시클리드 *Astatotilapia burtoni*는 어미가 헌신적인 편이다. 어미는 자기 입을 아기 방으로 삼아 알(수정되지 않은 알이 꽤 있다)이나 새끼(치어라 불리는)를 추가로 보호한다. 알이나 치어가 실수로 어미의 입에서 빠져나가도 빠르게 다시 주워 올 수 있다. 하지만 수컷은 어미의 이런 행동을 속임수를 펼칠 기회로

그림 2.2 수컷 시클리드의 모습. 뒷지느러미의 알 모양 반점에 주목하라. ⓒ Lixing Sun

악용한다. 성체 수컷은 뒷지느러미에 알과 같은 반점이 있어서 근처 암컷이 이것을 보고 주워 가도록 미끼로 삼는다([그림 2.2] 참조). 그런 다음 기회를 틈타 정자를 방출해 암컷의 입속에 있는 수정되지 않은 알을 수정시킨다.[30]

하지만 입속 알을 수정시키는 시클리드 수컷의 속임수는 다른 종과 비교해 순한 편이다. 다른 종의 수컷은 속임수를 성공시키기 위해 행동, 생리, 형태를 비롯한 자신의 온갖 요소를 다 투자한다. 예컨대 연어의 여러 종에서는 특정한 교미 전략에 따라 수컷의 몸 크기가 달라진다. 치누크연어와 대서양연어의 수컷은 형태가 세 가지다. 그중 일반적인 것이 '하천 회귀성anadromous 형태'다. 이 형태의 수컷은 민물인 개울에서 바다로 이동해 4~5년 뒤 성체 크기로 자란다. 그리고 대부분 자기가 태어난 개울로 돌아와 암컷과 교미한 뒤 곧 죽음을 맞이한다. 한편 '잭jack'이라 불리는 일부 수컷은 더 빨리 돌아올 수 있어서 1~2년 이르게 바다에서 민물로 돌아와 번식한다. 잭은 바다에서 덩치를 키울 시간이 충분치 않았기에 일반적인 수컷 유형에 비해 훨씬 작고 신체적인 경쟁력이 떨어진다. 이처럼 잭은 자기 종의 생활사에서 지름길을 택하기에 무임승차자라 할 수 있다.

그렇지만 최고의 사기꾼은 '파parr'라고 불리며 빠르게 성숙하는 수컷들이다. 이 수컷은 평생을 개울에서 보내며 결코 바다에 나가지 않는다. 따라서 힘든 과정을 겪을 필요가 없고, 바닷물에서 살아가기 위해 몸의 형태와 생리적 특징을 급격히 바꾸지 않아도 된다(이런 변화를 '은화smoltification'라고 한다).[31] 이들은 생후 1~2년이 지나면 성적으로 성숙해진다. 생식 기관을 성숙시키는 데 대부분의 물질과 에너지가 흘러들어가야 하므로 정작 몸은 몇 인치에 불과할 만큼 아주 작다. 따라서 암컷을 쟁취하기 위한 물리적인 경쟁에서 일반 수컷에게는 대적할 수 없고, 심지어 잭에게도 뒤처진다. 게다가 몸집이 큰 수컷에게 공격을 받거나 잡아먹힐 수도 있다. 하지만 이들은 속임수를 통해 신체적 약점을 보완한다. 짝짓기 철에 이들은 덩치 큰 경쟁자들이 접근할 수 없도록 돌 아래에 숨든가 얕은 물 속에서 기다린다. 그러다가 암컷이 알을 낳는 모습을 보면 당장 달려가 정자를 알에 뿌린다. 이런 놀라운 행동을 통해 몸집은 조그맣지만 교활하게 자기 실속을 챙긴다.

한편 밴쿠버에서 캘리포니아 북부에 이르는 북아메리카 서해안에서 흔히 서식하는 아귓과의 한 물고기plainfin midshipman는 교미를 위해 더 별난 방식으로 속임수를 쓴다. 한번은 내가 시애틀 근처 퓨젯사운드만으로 아이들을 데리고 게잡이 여행을 떠난 적이 있는데, 그물에서 게 대신 아귓과의 이 물고기를 발견했다. 1형 수컷이라고 불리는 대부분의 성체 수컷은 부레를 소리 내는 기관으로 변형시켰다. 이 수컷들은 늦봄과 여름의 짝짓기 철이 되면 밤에 암컷에게 구애하기 위해 웅웅대는 낮은 소리를 내곤 한다. 그래서 이 수컷들은 '노래하는 물고기' 또는 '카나리아 물고기'라고 불린다. 다만 많은 수의 수컷이 동시에 흥분하면 단조로운 웅웅 소리가 시끄러워 귀에 거슬릴 수 있다. 1970년대 샌프란시스코 베이 지역에서는 이런 현상이 처음 밝혀지고 나서 음모론이 고개를 들기도 했다. 누군가는 이 소음이 정부의 비밀 작전에서 비롯되었다고 여겼으며, 누군가는 밤에 오염 물질을 불법으로 방출하는 공장 때문에 난 소리라고 믿었다.

비록 이런 소리가 사람이 듣기에는 성가실 수 있지만, 암컷 물고기는 이 소리에 거부할 수 없이 이끌려 단체로 반응한다. 수컷의 노랫소리를 들은 암컷은 조간대의 바위 아래에 만들어진 수컷의 둥지에 최대 200개에 달하는 알을 낳는다. 낳은 알이 수정되면 암컷은 알을 수컷에게 맡긴 채 자리를 뜬다. 수컷은 이렇게 둥지에 수많은 알이 모일 때까지 밤마다 더 많은 암컷을 유인한다.

하지만 아귓과 물고기의 이야기는 여기서 끝나지 않는다. 일단 1형 수컷은 수정란을 기쁜 마음으로 돌본다. 그런데 1형 수컷 말고도 노래하지 않고 둥지도 짓지 않는 2형 수컷이 있다. 이 수컷은 힘든 아버지의 양육 책무를 생략하고 그 에너지를 아꼈다가 생식 기관을 빠르게 성숙시키는 데만 모든 힘을 쏟는다. 그 결과 2형 수컷은 몸길이가 1형 수컷의 절반, 몸무게는 8분의 1에 불과할 무렵 성적으로 성숙한다. 하지만 이들은 생식 기관이 매우 커서 몸집이 작다는 결점을 메운다. 2형 수컷은 1형 수컷에 비해 고환이 최대 14배나 더 큰데, 체질량에 비하면 상대적으로 꽤 큰 편이다([도판 3] 참조). 2형 수컷은 번식을 열망하지만 암컷에게는 매력적인 외관이 아니라서 짝짓기 기회를 잡으려면 속임수에 의존해야 한다. 그래서 이들은 몸 색깔과 크기, 행동 측면에서 암컷을 흉내 낸다. 이런 방식으로 2형 수컷은 눈에 띄지 않은 채 1형 수컷의 둥지에 접근할 수 있다. 그런 다음 이들은 1형 수컷의 둥지 입구를 맴돌며 자기 정자를 알이 있는 양육 공간으로 흘려보내, 그중 일부가 운 좋게 대박을 터뜨려 알을 수정시키기를 기대한다.[32]

여러분은 이런 사례에서 같은 종의 수컷들이 왜 이렇게 서로 다른 번식 전술을 취하는지 궁금할 것이다. 사연이 복잡하기는 하지만, 일단 아로마타제aromatase라는 효소가 중요한 역할을 한다. 이 효소는 테스토스테론을 에스트로겐으로 전환하여 어린 물고기의 뇌에서 두 호르몬의 비율을 조정하고, 그 결과 성 발달에 영향을 미친다. 수컷의 성적 발달 과정에서 아로마타제 수치가 낮아지면 테스토스테론 수치가 높아져 수컷은 노래하는 1형 수컷으로 거듭난다. 반면에 아로마타제 수치가 높으면 더 많은 테스토스테론이 에스트로겐으로 전환된다. 그에 따라 수컷이 암컷처럼 변하며, 속임수를 쓰는 2형 수컷으로 발달하게 된다.[33]

교활한 속임수 전략은 육상 동물에서도 인상적으로 나타난다. 예를 들어 옆줄무늬도마뱀의 일부 개체군에서는 수컷이 서로 다른 번식 전략을 지닌 세 가지 형태로 나타난다. 첫 번째 유형인 주황색 수컷은 목이 주황색을 띠며, 테스토스테론 수치가 높아 마초적이고 공격 성향이 짙은 도마뱀이다. 이 수컷은 암컷이 많이 서식하는 넓은 지역을 주름잡는다. 두 번째 유형인 파란색 수컷은 암컷이 적은 더 좁은 지역을 통제한다. 주황색 수컷과는 달리 파란색 수컷은 다른 수컷과 싸우는 데 시간과 에너지를 많이 쓸 필요가 없어서 방어에 힘을 덜 들인다. 이들은 공격성이 덜하기에 신체 유지 비용이나 테스토스테론 수치가 낮은 편이다. 게다가 높은 수준의 테스토스테론은 면역 체계를 손상시킬 수 있어서 파란색 수컷은 주황색 수컷보다 적합도 면에서 유리하다.

세 번째 유형은 노란색을 띤 암컷을 가장한 수컷이다. 이 유형은 몸이 약한 데다 영역을 차지하지 않아 집이 없으며, 옆구리에 노란 얼룩이 있다. 이 수컷 도마뱀은 특히 주황색 수컷을 속이기 위해 겉모습과 행동 면에서 암컷인 척한다([도판 4] 참조). 하지만 일단 주황색 수컷의 영역에 발을 디딘 노란색 수컷은 고마워하는 손님처럼 행동하지 않는다. 대신 아무것도 모르는 주인의 눈을 피해 짝짓기 기회를 노린다.[34]

납작머리도마뱀 또한 비슷한 종류의 교활한 행동을 한다. 이 종에서는 옆줄무늬도마뱀 수컷과 마찬가지로 소수의 수컷이 암컷으로 변신한다. 하지만 이들의 속임수에는 큰 결함이 있다. 암컷으로 가장한 수컷은 비록 겉으로는 암컷처럼 보이고 그렇게 행동하지만, 체취가 자신의 진짜 성정체성을 말해준다. 이런 결함 때문에 암컷으로 가장하는 수컷은 들키지 않으려고 다른 수컷과 밀접하게 접촉하지 않도록 의도적으로 피한다.[35]

그렇지만 수컷 붉은줄무늬가터뱀은 이렇게 조심할 필요도 없다. 가터뱀은 암컷처럼 냄새를 풍기는 능력이 진화했기 때문이다. 이 뱀은 북아메리카 북부에 아주 흔해서 숲, 농지는 물론이고 심지어 정원에서도 볼 수 있다. 봄부터 가을까지 활동하는 가터뱀은 겨울이 오면 굴에서 무리 지어 겨울잠을 잔다. 캐나다의 몇몇 굴에서는 최대 1만 마리가 서식하기도 한다. 그러다 봄이 되어 날씨가 따사로워지면 수컷이 먼저 잠에서 깬다. 그리고 많은 수가 한꺼번에 무리 지어 굴 근처에서 암컷이 나타나기를 기다린다.

뱀 수컷은 암컷을 어떻게 인식할까? 수컷은 갈라진 혀를 휙휙 움직여 냄새 분자를 채집한 뒤, 서골비 기관(VNO라는 약칭으로 불리는)이라는 센서로 암컷인지 여부를 알아낸다. 수컷 뱀은 이 기관을 통해 암컷의 피부에서 방출되는 페로몬인 메틸케톤을 감지하고 다가간다. 반면에 수컷에서만 풍기는 페로몬인 스쿠알렌을 감지하면 구애가 중단된다.[36]

수컷과 달리 암컷은 굴에서 혼자 나오거나 소규모로 무리를 지어 나온다. 일단 암컷이 나타나면 금세 수많은 수컷이 암컷과 교미할 기회를 놓고 경쟁을 벌인다. 여러분이 적절한 시기와 장소에 있다면, 교미에 열중해 공처럼 뒤엉킨 수많은 뱀을 관찰할 수 있다. 하지만 이 난리통은 사실상 대부분 수컷끼리의 일대일 레슬링 대결이다. 공처럼 뒤엉킨 무리 안에는 암컷 1마리당 수컷이 10~100마리가 있고, 극단적일 때는 수컷이 최대 5,000마리에 이르기도 한다.

이처럼 짝짓기를 원하는 수컷이 너무 많은 탓에 암컷이 짝짓기를 완료하는 데는 그리 오래 걸리지 않는다. 암컷이 굴에서 나온 지 30분도 채 되지 않아 교미가 끝나기도 한다. 하지만 수컷 간의 경쟁은 짝짓기가 끝났다고 해서 멈추지 않는다. 운이 좋은 수컷은 다른 수컷의 교미를 어렵게 만드는 물리적 장벽인 젤리 같은 물질로 암컷의 생식기를 막아 친자 관계를 지킨다. 또한 암컷의 몸에 수컷 페로몬인 스쿠알렌을 묻혀 다른 수컷이 이 암컷을 쫓아다니거나 관심 갖지 않도록 유도한다.[37]

여러분이 공처럼 엉킨 난교 파티 속 수컷 가터뱀이라고 상상해보라. 어떻게 해야 할까? 힘에 자신이 있다면 최선을 다해 물리적인 경쟁에서 이기고자 치열하게 싸울 것이다. 하지만 그렇다고 해도 1등 수컷만이 우승자가 될 뿐 2등에게는 보상이 전혀 없기에 가능성은 여전히 희박하다. 무리에서 가장 강한 개체가 아니라면 확률은 더더욱 낮아진다. 경쟁자들을 어떻게 따돌려야 할까?

여러분은 이미 옆줄무늬도마뱀과 납작머리도마뱀에게서 힌트를 얻었을지도 모른다. 바로 암컷으로 변장하는 것이다. 도마뱀과 마찬가지로 수컷 가터뱀은 공처럼 뭉친 교미 무리 안에서 자기보다 강한 수컷을 속이기 위해 암컷처럼 행동한다. 더 나아가 암컷의 냄새를 풍기기도 한다. 이들의 몸에서는 수컷의 페로몬인 스쿠알렌 냄새가 전혀 나지 않는다.[38] 이러한 기만 전략은 다른 수컷과의 경쟁을 줄이고 교미 공 한가운데에 있는 암컷에게 접근할 기회를 높인다([그림 2.3] 참조).

지금까지 인용한 사례는 척추동물의 번식 경쟁에서 부정행위를 하는 수컷과 정직한 수컷이 공존하는 수많은 예 중 일부일 뿐이다. 이러한 기만적인 교미 전략은 곤충, 어류, 양서류, 파충류, 조류, 포유류를 비롯한 다양한 동물에서 발견되었다. 어류에서만 140여 종의 수컷이 번식을 위해 어떤 형태로든 속임수를 사용하는 것이 관찰되었는데[39], 이런 속임수를 통틀어 "대안적인 생식 전략"이라고 부른다. 소수의 수컷만이 사용할 뿐이며 대다수가 활용하는 주요 전략이 아니라는 의미에서 "대안적인" 전략이라는 이름이 붙었다.

방식이 각자 다르기는 하지만 짝을 찾기 위해 몰래 스며드는 전략을 사용하는 수컷들은 다른 종일지라도 공통점이 존재한다. 이런 수컷들

그림 2.3   공처럼 엉켜 교미하는 가터뱀
© 오리건 주립대학교, CC BY-SA 2.0 라이선스(원본에서 수정하지 않음)

은 몸집이 작고 매력적이지 않으며, 신체적으로 경쟁력이 떨어지는 경우가 많다.[40] 그래서 암컷에게 좋은 인상을 주고자 몸을 키우기보다는 대부분의 물질과 에너지를 생식 기관으로 보내 더 일찍 성숙시키곤 한다. 그렇기에 암컷으로 가장한 전략을 비롯한 속임수는 수컷이 짝짓기 게임에서 자신에게 불리한 상황을 최대한 활용한 결과인 셈이다. 속임수에 성공하기 위해서는 암컷과 비슷한 생김새를 하고, 비슷한 냄새를 풍기며, 행동도 비슷하게 해야 한다. 이렇게 자신을 바꿔 몰래 다가가는 수컷은 소수에 불과하며, 보통 전체 개체군의 5퍼센트 미만이다.

🜍

거짓 경보음, 허세, 무임승차 같은 속임수는 거의 모든 동물이 사용하지만, 대안적인 생식 전략은 소수만이 채택한다는 사실을 알 수 있다. 그 이유가 무엇일까? 부정행위에는 비용과 이점이 모두 존재하며 궁극적으로 다원주의적 적합도의 손실이나 이득으로 이어지기 때문이다(실제 연구에서 적합도를 직접 측정하기 어려운 경우 대체할 만한 대상의 시간이나 에너지, 위험으로 대신 추정하는 경우가 많다).

부정행위가 진화론적 의미에서 적응에 도움이 되는 전략이 되려면 순익을 제공해야 한다. 다시 말해 비용보다 이득이 커야 한다. 게다가 개체군에서 부정행위가 점점 흔해짐에 따라 순익은 점차 감소할 것이다. 그러다 부정행위의 순익이 정직하게 행동해서 얻는 순익보다 낮아지면, 부정행위는 더 이상 진화에서 성공할 수 있는 적응 전략이 아닌 부적응 전략이 되고 만다.

가상의 부품 회사를 다시 한번 예로 들어보겠다. 다른 모든 것을 동일하게 유지한 채 부정행위의 위험이 50퍼센트를 초과하도록 비율을 높이자. 이런 위험 수준에서는 합작 투자 제안을 받아도 거부해야 한다. 그렇지 않으면 회사의 생산성이 상승하기보다 하락할 가능성이 더 클 것이다. 우리 주변에서 흔히 볼 수 있는 이 사례는 속임수가 사회 전반에 얼마나 만연할 수 있는지를 시사한다. 그것은 부정행위자와 피해자 모두의 이익 대비 비용 비율에 달려 있다(물론 동물은 의식적인 계산을 수행하지 않는다. 그리고 진화는 올바른 방향에서 벗어난 일탈자를 도태시켜 이런 계산을 이미 해냈다.).

앞에서 살펴본 동물 사례의 관점에서 이 점을 다시 생각해보자. 거짓 경보음은 보통 생산 비용이 거의 들지 않는 대신 수익률이 높다. 까마귀가 먹이를 지키려는 사례, 제비나 대만다람쥐가 친자 관계를 확보하려는 사례가 그렇다. 여기서는 이익 대비 비용 비율이 사기꾼에게 유리하다. 더구나 정직한 경보음에 응답하지 않으면 포식자에게 먹히는 치명적인 사태가 발생할 수 있다. 메시지가 사실인지 아닌지는 사기꾼만 알므로 수신자가 사실 여부를 확인하려면 일단 대응하는 수밖에 없다. 혹시라도 사실인데 그냥 넘어가면 큰일이니 말이다. 그렇기에 정보를 둘러싼 전쟁은 비대칭적이며 사기꾼에게 유리하다.[41] 그 결과 아무리 거짓말을 일삼는 사기꾼이라 해도 들키지 않고 성공할 수 있다. 그래서 많은 동물 종에서 사기꾼들이 다양한 수법으로 거짓 경보음을 흔히 사용한다.

이처럼 이익 대비 비용 비율이 높고 정보의 비대칭성 탓에 사기꾼에게 유리해지는 상황임에도 어째서 동물 세계에는 거짓 경보음이 더 널리 퍼지지 않았을까? 속임수를 방지하는 한 가지 핵심 요소는 수신자의 반응이다. 잘 속는 바보로 간주되는 것은 적합도를 깎아먹는 측면에서 뼈아픈 경험이다. 지나치게 자주 피해를 보면 수신자는 자신의 인지 체계를 날카롭게 다듬고, 경보에 대응할 때보다 신중히 주의를 기울이는 방식으로 반격에 나선다.

실제로 여러 종에서 수신자들은 누구를 신뢰할지에 대한 기준을 개발하고 그에 따라 자신의 대응을 조정한다. 원숭이나 유인원 외에도 설치류인 마멋과 땅다람쥐 역시 잘못된 경보를 구별할 줄 안다. 예컨대 새끼가 내는 경보음은 대부분 무시되며, 성체는 그런 새끼를 애니메이션 속 신경질적인 주인공 '치킨 리틀'처럼 취급한다.[42] 이는 새끼가 태어날 때부터 거짓말쟁이여서가 아니라, 실제로 위험한 상황이 아닌데도 겁을 먹고 경보음을 내는 경향이 있기 때문이다.[43] 즉 동료들이 어떤 개체를 거짓말쟁이로 지목하면 평판이 급락해 무리에서 생존할 가능성마저 낮아진다. 부정행위의 해악은 부메랑처럼 돌아온다. 이로 인해 비용은 부정행위로 얻게 될 보상을 약화시켜 이를 감독하고 억제하는 역할을 한다. 그 결과 이러한 행위가 동물 사회에 더 큰 피해를 입히거나 의사소통 체계를 붕괴시키지 못하도록 막을 수 있다(이러한 사례는 사기꾼이 거짓말을 많이 하면 할수록 그로부터 얻는 이득이 적어진다는 사실을 알려준다. 이것을 '빈도 의존적 선택'이라고 하는데, 다음 장에서 다룰 예정이다.).

허세 역시 마찬가지다. 거짓 경보와 마찬가지로 허세는 비용이 저렴한 데 비해 잠재적인 이점이 높다. 보통 허세가 사실인지 시험하려 들다가는 이득을 얻을 가능성은 거의 없고, 대신 비용이 커질 위험이 생긴다. 으르렁거리는 불도그나 늑대가 단지 허세를 부리는 것인지 아닌지 시험하겠다고 기꺼이 손을 들이밀 수 있는 사람이 몇이나 될까? 이번에도 공격성에 대한 정보의 비대칭성 때문에 허세를 부리는 사람이 허세를 당하는 사람보다 유리하다. 그런 이유로 허세는 여러 동물 종에서 널리 사용되는 전략이다. 이 장 초반에 언급한 껍데기가 부드러운 시기의 갑각류가 그렇듯, 다른 동물에게 해를 끼칠 가능성이 낮은 종들 사이에서도 이러한 전략이 쓰인다.

무임승차 역시 비용 대비 이익이 크다. 최소한의 노력으로도 상당한 수익을 얻을 수 있기 때문이다. 비법이 궁금하다면, 베트남 전쟁 당시 유복한 집안 출신으로 의사에게 돈을 주고 뼈에 뾰족한 돌기가 있다는 거짓 진단서를 받아 징집을 피한 사람에게 물어보라. 더구나 무임승차를 막으려는 노력에는 큰 비용이 들기 마련이다. 많은 커플이 잘 알고 있듯이, 집안일을 공정하게 나눠 맡지 않았다고 배우자를 탓하는 것은 본인이 설거지를 직접 하는 것보다 더 큰 비용이 들곤 한다(그리고 더 많은 갈등을 불러일으킨다). 이런 이유로 동물 사회에서는 무임승차가 일반적이다.

이런 무임승차 문제는 집단의 규모가 커질수록 더 심각해지는 경향이 있다. 동시에 무임승차 행동은 점점 비용이 거의 들지 않게 된다.[44] 여러분이 암사자라고 상상해보라. 5마리로 이루어진 무리보다 15마리로 이루어진 무리에서 자신의 의무를 저버리는 게 더 쉽다. 실제로 사회가 점차 확장되면서 점점 더 많은 구성원이 의무를 다하려는 노력을 포기하기에 이른다. 그에 따라 영토를 지키거나 이웃 마을을 습격하는 것과 같은 공동체의 책임이나 집단 활동이 제대로 이루어지지 않아 '공유지의 비극'으로 이어질 수 있다. 공유지의 비극이란 구성원들이 각자의 이득에 따라 행동하면서 공동체 전체가 고통받는 사회적 딜레마를 말한다. 그래서 대규모 집단에서는 무임승차자들이 통제 불능 상태로 치닫지 않도록 부정행위를 비롯한 규칙 위반에 대해 단속하는 메커니즘이 점점 더 필요해지고 있다. 예컨대 부족 사회에서는 몇몇 노인과 전통적인 사회 규범만으로도 충분했지만, 현대 사회에서는 정밀한 법체계와 경찰력이 필수적이다.

하지만 대안적인 생식 전략을 활용해서 짝짓기 파트너를 속이는 것은 허세나 거짓 경보, 무임승차와는 다르다. 잠재적 이점(자신의 유전자를 성공적으로 물려주는 것)이 크지만 잠재적 비용 또한 훨씬 높다. 이러한 전략에서 성공하기 위해서 사기꾼들은 소위 도박 용어로 '올인'해야 한다. 즉 물질과 에너지를 최대한 활용해서 생식 기관을 크게 발달시키는 대신 몸집을 희생하는 것이다. 사기꾼은 다른 개체들의 그늘에서 살아야 하며, 특히 수컷 라이벌과의 물리적인 대결을 피해 다녀야 한다. 암컷을 흉내 내는 수컷의 경우에는 형태, 생리, 행동 면에서 몸을 전체적으로 바꾸어야 하며, 수컷 특유의 체취까지 지우기도 한다. 이러한 변화는 너무 커서 쉽게 되돌릴 수도 없다. 일단 그 길을 걷기 시작하면 돌아올 수 없다.

그런데 이러한 속임수를 쓰면 다른 수컷과 암컷의 적합도가 낮아진다. 다른 수컷은 자식을 남길 수 없고 암컷은 바람직하지 않은 수컷과 교미해야 하기 때문이다. 그렇기에 사기꾼이 개체군에서 점점 더 흔해지면 사기꾼을 걸러내는 개체들이 선택에서 유리해져 사기꾼이 갖는 이점은 줄어든다. 이런 이유로 어떤 개체군이든 사기꾼의 수는 보통 소수에 불과하다.

이 장에서는 동물들이 남을 속이기 위해 사용하는 다양한 전략에 대해 알아보았다. 비록 몇 안 되는 사례였지만 동물이 거짓말을 하고 속임수를 쓰도록 진화적으로 설계된 놀라운 방식을 살피는 데는 부족하지 않았다. 여기서 강조한 사례가 전체를 아우르지는 않았지만 다음의 몇 가지 패턴을 알아내는 데는 충분하다.

첫째, 동물들이 부정행위를 하는 방식은 매우 다양하지만 모든 동물은 먹이와 교미, 사회적 지위를 비롯해 생존과 번식에 중요한 자원을 확보하는 것이 목표다. 둘째, 부정행위자들이 성공하는 주된 요령 중 하나는 발신하는 신호를 바꿔 진실을 감추는 등 의사소통에서 정보를 조작하는 것이다. 반쯤 농담이지만 나는 이것을 '속임수의 제1법칙'으로 지정하려 한다. 거짓말이 효과를 발휘할 수 있는 것은 의사소통의 정직성에 대한 기대가 있기 때문이다.

　힘을 합쳐 협력하는 것이 혼자 해내는 것보다 이득이 큰 이상 어느 정도의 속임수는 지속될 것이다. 그런 만큼 속임수는 다양한 동물 종에서 하나의 대안일 뿐이지만 실행 가능하며 중요한 전략적 선택지인 경우가 많다. 속임수가 존재한다는 사실 자체가 진화론적 균형의 한 예다. 정직한 신호 발신자와 사기를 치는 부정행위자 둘 다 환경에 적응한 상태이기 때문이다. 이런 현상을 진화론 용어로 '행동학적 다형성'이라 한다.

　마지막으로 의사소통의 통로는 중간에 뚫릴 수 있고 모든 유형이 사기꾼의 공격에서 안전하지 않은 것처럼 보인다. 이 장에서 살펴본 사례는 주로 시각, 청각, 후각적 소통이지만, 잘 알려지지 않은 다른 통로(촉각, 전기, 지진파, 적외선, 자외선 등)라고 해서 더 안전하다고 믿을 이유나 증거는 없다. 절대적으로 안전한 소통이라는 것은 자연 세계에서 존재하지 않을 가능성이 높다.

　지금까지 살펴본 바에 따르면 의사소통에는 상당히 심각한 문제가 있는 것처럼 보인다. 그러나 문제를 인식하는 것이 해결책을 찾기 위한 첫걸음이므로 지나치게 비관할 필요는 없다. 이제 유기체가 속임수를 활용하는 두 번째 방식에 대해 살펴본 뒤, 이를 방지하기 위한 전략을 생각해보자.

3장

속임수의 제2법칙: 기만
상대의 인지적 편향과
약점을 무기로 삼는 법

1980년대 후반, 나는 몸집이 큰 코요테 정도 크기에 뿔이 없는 작은 사슴류인 고라니를 대상으로 연구를 진행하고 있었다 당시 중국 동부의 가난한 마을에 자리를 잡고 연구했는데, 이곳 사람들은 단백질을 보충하기 위해 사슴, 야생 고양이, 너구리, 거위, 오리, 심지어 참새까지 먹을 수 있는 것은 모조리 잡아먹었다. 이 지역의 많은 동물이 점점 사라지며 멸종 위기에 놓인 상황이었기에 나는 그렇게 하지 말라고 주민들을 설득했다. 심성이 좋은 마을 주민들은 대체로 내 말을 따랐지만, 가끔은 거부하는 이들도 있었다. 그러던 어느 날, 사람들의 시선을 사로잡을 만한 사건이 벌어졌다.

해가 기울어갈 무렵 이따금 연구 현장에서 조수를 해주던 18세 소년 라오가 동네 호수에서 어미 청둥오리와 그 뒤를 따르는 6마리 새끼 오리를 발견했다. "와, 잡아야겠어요." 라오가 흥분한 눈을 반짝이며 말했다.

라오가 새끼 오리를 잡으려 한다는 사실을 알게 된 나는 말리려고 했다. "새끼라서 먹을 게 별로 없어." 내가 말했다. 하지만 라오는 듣지 않았다.

라오는 작은 배를 끌고 와서 나에게 외쳤다. "얼른 이리 타요!" 내가 배에 오르자마자 라오는 배를 호숫가에서 확 밀어내며 목표물을 향해 돌진했다.

오리 가족을 따라잡는 데는 그리 오랜 시간이 걸리지 않았다. 라오는 오리들을 강둑에 몰아넣었고, 오리들은 당황한 나머지 높이 자란 풀밭에 숨었다. 우리는 오리를 찾기 위해 배에서 내렸다. 곧 나는 1마리를 찾았지만 라오에게는 모른 척했다. 그런데 그 순간 라오가 큰 소리로 외쳤다. "리싱 선생님, 이 오리가 다쳐서 날 수 없어요!" 고개를 돌리자, 땅에 쓰러져 날개를 푸드덕거리는 오리가 눈에 들어왔다. 오리는 심한 고통에 빠진 듯했다. 라오는 오리에게 시선을 던졌다. 다 자란 오리는 새끼 오리 여러 마리를 합친 것보다 훨씬 많은 고기를 제공할 터였다.

어미 오리는 절뚝거리고 비틀대며 도망치려 했지만 라오가 바로 뒤에 있었기에 이제 운명은 확정된 것처럼 보였다. 하지만 라오가 붙잡으려던 찰나, 어미는 돌연 작게 꽥 소리를 내며 날아갔다. 그리고 낮게 획 소리를 내며 편안하고 우아하게 우리 위를 날았다.

라오는 빈손으로 돌아왔고, 오리 새끼들은 어디에도 보이지 않았다. 오리가 숨어 있던 풀밭에서 라오가 이리저리 뛰어다녀도 날아올라

도망치는 새는 없었다. 어둠이 다가오자 우리는 이쯤에서 마무리해야 했다.

나는 내심 속으로 웃으며 씁쓸하다는 듯 말했다. "네가 그 속임수를 알았다면 저녁 식탁에 야생 오리가 1마리쯤은 올라왔을 텐데." 어미가 영웅적인 행동으로 새끼들을 구했다.

용감한 어미 청둥오리처럼 많은 동물이 포식자의 주의를 다른 곳으로 돌리기 위해 거짓으로 다친 척한다. 생물학자들은 이런 전략을 '주의 전환 과시 행동'이라고 한다. 북아메리카의 잔디밭에서 흔히 볼 수 있는 물떼새류는 아마도 이런 사기꾼 가운데 가장 친숙한 종일 것이다. 한번은 내가 실수로 학교 운동장에 있는 이 새의 둥지에 가까이 발을 디디는 바람에 물떼새가 거짓으로 다친 척했던 적이 있다. 이 새는 내가 미끼를 물지 않을 줄은 몰랐다. 반대로 이 속임수를 본 나는 반대편을 더 살피라는 신호로 알아들었다. 그리고 재빨리 포환던지기 훈련장이었던 모래밭에서 물떼새의 둥지를 찾았다! 다행히도 여름이어서 학교는 방학이었다.

여러분이 농장에서 살아본 적이 있다면 암탉이 누군가에게 쫓길 때 갑자기 얼어붙는다는 사실을 경험했을 것이다. 하지만 닭이 덤벼들지 않고 불가피한 운명을 받아들이려 한다고 생각한다면 오산이다. 사실 이것은 닭에게 유리한 속임수의 일종이다. 아등바등 반항하다가는 고양이 같은 몇몇 포식자의 본능을 자극해 죽임을 당할 수 있다. 예컨대 집고양이는 쥐를 비롯한 먹잇감을 가지고 놀다가(더 정확히는 괴롭히다가) 먹잇감이 꼼짝하지 않으면 그만둔다. 그 시점에서 고양이는 흥미를 잃곤 한다. 그리고 이 먹잇감에 대한 집착을 버린 뒤 더 흥미로운 대상

을 찾아 어슬렁거린다. 덕분에 쥐는 자칫 죽을 뻔했던 순간에서 가까스로 벗어난다.[1]

동물들이 죽은 척하는 것은 결코 드문 일이 아니다. 예컨대 뱀이 다가가면 상당수의 도마뱀은 죽은 척한다. 뱀은 죽은 사냥감에 매력을 느끼지 않기 때문이다. 또한 내가 몇 년 전 직접 시도했던 것처럼 마멋의 일종인 우드척은 누군가 자기를 앞질러 굴로 가는 길을 막아서면 얼어붙는다. 영양이 치타나 표범에게 쫓길 때도 같은 수법을 사용한다. 하지만 포식자가 성급히 손아귀를 풀면, 먹잇감은 갑자기 쌩쌩해져 걸음아 날 살려라 도망칠 것이다. 이러한 수법은 여러 야생동물 서식지에서 잘 알려져 있다.

여러분도 잘 알겠지만, 회색곰 같은 대형 포식자가 쫓아올 때 죽은 척하면 생명을 구할 수 있다. 곰 퇴치 스프레이 같은 효과적인 무기가 없다면, 살아남기 위한 가장 좋은 방법은 죽은 척하며 회색곰이 떠나가기를 기도하는 것이다. 회색곰은 영역 동물이라서 자신의 영역에서 위협을 느낄 때 사람들을 공격하는 경향이 있다. 따라서 움직이지 않고 가만히 누워 있으면 더 이상 위험한 침입자로 여기지 않을지도 모른다. 운이 좋으면 공격을 동반한 추격을 그만둘 것이다. 하지만 나쁜 소식이 있다. 이 전략은 절대로 완벽하지 않다는 것이다. 출출할 때 포식자는 쉽게 속지 않을지도 모른다. 특히 죽은 고기를 먹는 종인 아메리카흑곰과 마주쳤을 때는 절대 시도해서는 안 된다. 죽은 척하다가는 이 포식자가 여러분을 더욱 매력적인 먹잇감으로 여길 것이다.

아메리카 대륙에 일찌감치 정착한 유럽인들은 포식자들의 이러한 경향을 이해하고 자신의 이익을 위해 활용했다. 예컨대 아메리카의 일부 지역에서는 늑대나 퓨마 같은 대형 포식자들이 가축을 잡아먹는 바람에 주민들이 심각한 피해를 입었다. 그러다 주민들은 한 염소 품종이 스트레스를 받거나 깜짝 놀라면 기절한다는 사실을 발견했다. 농장주들은 포식자가 가축을 공격할 때, 먼저 기절해버린 염소가 미끼가 되어 소나 양 같은 더 귀중한 가축이 피해를 입지 않도록 꾀를 냈다. 그래서 좀 불쌍하지만, 일부러 이 품종의 염소를 같이 길렀다.

사람들이 기절하는 염소를 사육할 수 있다는 것은 이런 '기절 행동'에 대한 유전적 근거를 보여준다(다시 말해 기절하는 염소 암컷과 수컷을 교배하면 기절하는 자손을 낳을 수 있다). 이처럼 스트레스를 받으면 기절하는 경향을 학술적으로는 선천성 근긴장증이라고 부른다. 이것은 염소와 인간을 비롯한 동물에 존재하는 한 열성 유전자 때문이다. 열성 유전자 사본 2개를 가진(열성 동형접합) 동물의 근육은 중요한 '투쟁 또는 도피' 반응을 해야 할 순간에 딱 멈추어 기능을 중단한다. 그 결과 동물은 죽은 것처럼 그 자리에 풀썩 쓰러진다.

부상이나 죽음을 가장하는 것은 동물이 다른 동물의 인지 체계가 갖는 허점을 이용하는, 일반적인 유형의 속임수 가운데 두 가지 사례일 뿐이다. 나는 이것을 속임수의 생물학적 기초인 '속임수의 제2법칙'이라 명명하려 한다. 부정행위자가 의사소통의 메시지에 담긴 의미를 바꾸는 제1법칙과는 달리, 제2법칙은 다른 동물의 인지 체계에 존재하는 편향과 약점, 결함을 악용하는 것을 포함한다. 지금까지 살펴본 두 가지 사례는 한 종이 다른 종을 속이는 경우였지만, 속임수는 같은 종의 개체들 사이에서도 발생한다.

이 장에서는 동물이 다른 동물을 속이는 창의적인 방식에 대해 알아보려 한다. 그 과정에서 우리는 자연 세계에서 누구보다도 매혹적인 사기꾼들을 만날 것이다. 그리고 속임수의 제2법칙에 대해, 즉 유기체가 속임수를 어떻게 실천하는지를 보여주는 다양한 사례를 살펴볼 것이다. 예컨대 사기꾼과 사기를 당하는 개체 사이의 비우호적인 상호작용이 어떻게 눈부실 만큼 다양한 형태적·생리적·행동적 적응을 이끌어내는지 탐구하려 한다. 여기에는 위장이나 허세 전략 속에서 나타나는 여러 가지 모방 형태가 포함된다.

✕

다른 종 사이에 일어나는 속임수를 탐구하려면 먼저 동물의 감각이나 인지 체계에 허점이 존재하는 이유를 이해해야 한다. 멕시코로 현장 답사를 떠나보자.

멕시코의 중부와 동부의 깊숙한 동굴에는 테트라의 한 종류인 눈먼 물고기가 서식한다. 이 물고기의 조상은 원래 정상적으로 기능하는 눈을 가지고 있었으나, 이 종은 빛이 없는 동굴에 갇힌 채 환경에 적응하는 과정에서 점차 시력을 잃었다. 여러분은 이런 의문을 가질지 모른다. 눈이 있는 게 더 좋지 않을까? 하지만 애초에 눈은 무엇을 위한 것인가? 칠흑 같은 동굴의 어둠 속에서는 눈이 무용지물일 뿐 아니라, 시각과 관련한 뉴런과 신경 배선이 제 기능을 유지하는 데 재료나 에너지가 소모되므로 오히려 낭비가 된다. 게다가 물고기의 눈은 수많은 병원균이나 기생충이 몸에 들어오는 주요 관문이기도 하다. 창문을 통해 거주인이 밖을 볼 수도 있지만, 동시에 강도가 침입하기도 하는 것과 마찬가지다.

물고기의 눈이 생존이나 번식에 위해를 끼치기만 한다면 그것은 부담스러운 짐짝일 뿐이다. 자연 선택에 불리해지면서 눈은 이따금 발생하는 유해한 돌연변이가 쌓여도 맞서 싸울 능력을 잃었다. 그에 따라 동굴에 서식하는 이 물고기의 눈은 사라지고 말았다. '사용하지 않으면 그것을 잃는다'는 자연 선택의 한 가지 규칙이 적용된 예다.

시력을 잃는 것은 사실 이 물고기에게 좋은 일이다. 시력을 잃은 대신 그동안 눈을 발달시키고 유지하는 데 소모되었던 에너지를 더 중요한 신체 부위나 활동에 쓸 수 있기 때문이다. 진화의 경주가 치열하게 일어나는 세계에서는 경쟁에서 조금이라도 우위에 있어야 한다. 그 결과 시력을 잃은 물고기는 번성한 반면, 쓸모없는 사치품인 눈을 버리지 못한 물고기들은 멸종했다.

이처럼 시력 잃은 테트라가 진화한 사례는 한 가지 교훈을 준다. 모든 것을 다 가질 수는 없다. 감각 체계의 경우는 더욱 그렇다. 자원이 제한되어 있으므로 동물은 어디에 우선순위를 두어 자원을 배치해야 할지 고민해야 한다. 그렇기에 어떤 동물이 아주 예민한 시각과 청각, 후각을 동시에 진화시키는 것은 불가능하다.[2] 이런 상황은 정부의 예산 편성에 비유할 수 있다. 국방비에 돈을 더 많이 쓰고 싶다면 농업 보조금이나 복지 혜택을 비롯한 각종 프로그램에 들이는 비용을 줄여야 한다. 물론 재정이 무한하다면 돈을 어떻게 써야 하는지에 대한 논쟁이 애초에 불필요하겠지만 말이다.

하지만 한 가지 중요한 차이점이 있다. 정부의 예산 편성이 항상 효율적으로 이루어지는 것은 아니며, 정치적인 고려가 들어가곤 한다. 반면에 진화는 언제나 효율성의 원칙에 따라 작동한다. 그렇지 않으면 유기체는 경쟁자들에게 따라잡힐 것이다. 이런 이유로 자연 선택에 따라 적합도가 가장 높은 감각은 살아남지만, 어두운 동굴에 사는 종의 시력처럼 불필요한 사치품은 시간이 지나면서 퇴화해 결국 사라진다.

인간의 시력은 대체로 포유류와 비슷하지만 조류에는 미치지 못한다. 또한 우리의 청각은 꽤 좋은 편이지만, 후각은 개나 돼지, 쥐와 같은 여러 포유류에 비하면 현저히 뒤떨어진다. 게다가 적외선이나 자외선, 초음파, 전기 신호를 감지하는 능력은 거의 없다고 봐도 무방하다. 반면에 많은 동물이 이런 감각을 가지고 있다. 예컨대 독사는 적외선 파장을 감지할 수 있고, 상당수의 새가 자외선을 볼 수 있다. 또한 설치류는 초음파를 들을 수 있고, 전기뱀장어는 전기 신호를 감지한다. 물론 인간에게는 박쥐처럼 반향정위를 사용해서 물체를 찾는다든지 코끼리처럼 수 마일 떨어진 곳에서 지진 진동을 감지하는 능력은 없다.[3] 이러한 상대적 약점은 모두 어떤 종이 다른 종의 착취에 취약해지는 잠재적인 감각적 허점이 된다. 앞에서 라오가 청둥오리에게 속아 넘어간 것처럼 말이다. 다행히도 현대 인류는 과학 기기에 의존해서 이러한 단점과 결함을 보완할 수 있다. 하지만 동물들은 그럴 수 없기에, 동물들의 감각적 허점은 악용될 여지가 매우 크다. 거의 어서 옵쇼 하고 불러들이는 정도다. 그렇게 동물 사기꾼들은 속임수의 제2법칙을 교묘히 활용해서 남을 속인다.

'감각 착취sensory exploitation'라는 용어는 1980년대 후반 진화생물학자 마이크 라이언Mike Ryan이 처음 제안했다. 이 용어는 성 선택의 맥락에서 자주 사용되는데, 이에 대해서는 5장에서 자세히 다룰 것이다. 여기서는 이 개념을 더 일반적인 관점에서 살펴보려 한다. '감각 착취'는 하나의 종이 다른 종의 감각 체계에 존재하는 편향과 약점, 결함을 이용하는 모든 상황에 적용되기 때문이다. 이 책에서는 이러한 편향과 약점, 결함을 아울러 '인지적 허점'이라고 부를 것이다.[4]

쉬이 짐작할 수 있겠지만, 동물 세계에 전반적으로 존재하는 인지적 허점은 다른 종들이 악용할 기회를 제공한다. 그에 따라 특정 종이 다른 종이나 무생물처럼 보이게 하는 다양한 유형의 모방이 진화적으로 생겨났다([그림 3.1] 참조).[5] 예컨대 물고기의 한 종인 구피의 암컷은 주황색에 끌린다. 구피를 먹이로 삼는 갑각류는 집게발에 주황색 반점을 갖게 되었고, 구피가 그 색에 유인되어 접근하면서 더욱 쉽게 잡아먹히게 되었다. 또한 치명적인 독을 품은 오스트레일리아 뱀 데스애더는 꼬리 끝을 살아 있는 벌레처럼 꿈틀거리며 먹이인 도마뱀을 유인한다. 나방의 성호르몬을 흉내 내서 나방을 유인하는 볼라스거미도 있다.[6]

그림 3.1 참가지재주나방(*Phalera takasagoensis*)은 죽은 나뭇가지를 모방한다. ⓒ Jingang Li

이런 몇 가지 사례만으로도 포식자가 먹잇감의 감각적 편향성을 어떻게 악용하는지 알 수 있다. 물론 먹잇감 종들도 이에 지지 않고 포식자의 인지적 허점을 이용하는 다양한 전략을 발전시켰다. 이제 동물이 상대의 인지적 허점을 이용하는 속임수의 제2법칙을 적용해 다른 종을 겁주고, 혼란스럽게 하며, 속임수에 빠뜨리는 여러 사례를 더 살펴보자.

※

동물 사기꾼과 협잡꾼들의 매혹적인 세계를 둘러보는 우리의 탐방은 이제 워싱턴주 엘런스버그의 잉글혼 연못으로 이어진다. 얕은 늪지대에 자리한 이 작은 연못은 언뜻 보기에 특별하지 않다. 눈에 띄는 점이 있다면 수백 마리의 조그만 태평양청개구리가 서식한다는 사실뿐이다. 이 개구리 종 가운데는 회색과 초록색으로 색이 뚜렷하게 대비되는 개체들이 있다([도판 5] 참조). 지역 주민들은 마치 별개의 두 종인 것처럼 회색 개체를 '숲개구리', 초록색 개체를 '나무개구리'라 부르기도 한다.

제임스 스테겐James Stegen, 코리 스트라우브Cory Straub, 주느비에브 필립스Genevieve Phillips, 크리스 깅어Chris Gienger와 함께 이 개구리들의 자연 서식지를 관찰한 나는 개구리의 몸 색깔과 배경색이 거의 완벽하게 일치한다는 사실을 발견했다. 초록색 개체들은 초록색 부들 잎에서, 회색 개체들은 회색이 얼룩덜룩하게 보이는 낙엽 위에서 주로 시간을 보냈다. 자기 몸 색깔과 '어울리지 않는' 배경에 있다가는 배고픈 새들이 쉽게 발견해 채갈 수 있기에, 개구리들은 겉모습을 바꾸어 새들의 시각적 약점을 이용하는 메커니즘을 진화시켰다. 이 종을 연구하던 우리는 개구리가 자기 색깔과 근처 배경을 일치시키는 메커니즘이 무엇인지 궁금했다. 여러 가능성을 고민한 끝에 우리는 두 가지 가설에 도달했다. 개구리들은 자신의 색깔을 인식해 시간을 보내기에 적절한 배경을 선택하거나, 아니면 자신이 발견한 배경과 일치하도록 자기 색깔을 바꿀 것이다. 우리는 첫 번째를 '네 색깔을 알라 가설'이라고 부르고, 두 번째를 '카멜레온 가설'이라고 불렀다. 그리고 어느 것이 맞는지 시험하기로 했다.

먼저 초록색 개구리와 회색 개구리를 실험실에 데려가 초록색 또는 회색 배경이 깔린 페트리 접시에 올리고 디지털 사진을 찍었다. 그런 다음 어도비 포토샵 프로그램을 사용해서 몇 시간에 걸쳐 개구리의 몸 색깔이 배경과 어떤 식으로 섞여드는지 분석했다. 데이터를 분석한 결과 초록색 개구리와 회색 개구리 둘 다 배경에 맞게 몸 색깔을 살짝 바꿀 수 있다는 사실을 알게 되었다. 다만 몸 색깔을 변경하는 이러한 능력은 단기간에만 가능했다. 개구리가 몇 시간에서 며칠 동안 초록색에서 회색으로 몸 색깔을 자유롭게 전환할 수는 없었다.[7] 즉 카멜레온 가설은 기각되었다. 이 개구리들은 자기 색깔을 인식하고 그 정보를 활용해서 낮 시간을 보내기에 적합한 장소를 찾는 듯했다.

하지만 이렇게 실험 결과로 뒷받침했음에도, 여전히 '네 색깔을 알라 가설'이 실제로 자연에서 유효한지 완전히 확신할 수 없었다. 그래서 우리는 다시 한번 잉글혼 연못에 나가 실험을 진행했다. 개구리들은 낮 동안 육지 식물 위에서 시간을 보내며 몸을 숨겼다가 맛 좋은 벌레를 잡아먹고 살을 찌웠다. 하지만 가장 중요한 일인 번식은 밤에 이루어졌다. 밤이 되면 수컷은 연못의 수초 위에서 큰 울음소리를 내며 암컷에게 자신의 성적인 의도를 널리 전했다. 그런데 개구리들이 매일 연못의 수초와 육지 식물 사이를 마음대로 이동할 수 있다면 몇 주, 몇 달에 걸쳐 개구리 개체를 어떻게 발견해 추적할 수 있을까? 다행히도 이러한 걱정이 쓸데없다는 사실이 곧 드러났다.

알고 보니 개구리 개체를 추적하는 일은 꽤 쉬웠는데, 심리학자들이 선호하는 용어를 쓰자면 이 작은 '연구 참가자'들은 놀랄 만큼 특정 지역에만 머물렀기 때문이다. 상당수의 개구리가 마치 우리 연구를 도우려는 것처럼 매일 같은 장소로 돌아갔다. 예컨대 한 개구리 개체가 동일한 부들 식물의 정확히 같은 잎새에 앉아 있곤 했다. 이렇게 복잡한 서식지에서 조그만 개구리가 어떻게 그처럼 정확하게 식물을 찾을 수 있는지는 아직 미스터리다. 우리가 청개구리였다면 날마다 같은 장소를 찾기 위해 고정밀 GPS 시스템이 필요했을 것이다.

이런 개구리들의 '도움' 덕분에 몇 달에 걸쳐 개구리 수십 마리를 개별적으로 추적할 수 있었다. 실험실에서 얻은 결과를 현장에서 검증하는 과정에서 작은 놀라움도 있었다. 개구리들 대부분은 단기간에 몸 색깔을 살짝 조절하는 정도에 그쳤지만, 일부는 몇 달에 걸쳐 한 가지 색에서 다른 색으로 완전히 바꾸기도 했다.[8] 생물학에는 정말 예외적인 것들이 가득하다.

많은 동물이 이 청개구리보다도 겉모습을 바꾸는 데 훨씬 능숙하다. 속임수의 제2법칙을 훨씬 더 잘 활용하는 것이다. 카멜레온, 문어, 대벌레는 자연에서 가장 대단한 사기꾼으로 손꼽힌다. 이렇게 자신의 색깔과 모양을 바꾸어 다른 종을 모방하거나 배경에 녹아드는 행동을 '베이츠 의태Batesian mimicry'라고 한다. 독을 가진 나비와 갖지 않은 나비가 외적으로 놀랄 만큼 닮았다는 사실을 처음으로 밝혀낸 영국 박물학자 헨리 W. 베이츠Henry W. Bates의 이름을 딴 용어다.

빅토리아 시대에 활동한 열성적인 박물학자였던 베이츠는 1848년 앨프리드 러셀 월리스Alfred Russel Wallace와 함께 아마존의 정글로 모험을 떠났다. 월리스는 다윈과 함께 자연 선택에 의한 진화론을 공동 발견한 인물이다. 월리스는 그로부터 4년 뒤 수천 개의 표본을 가지고 영국에 돌아갔는데, 불행히도 그가 탑승한 범선 헬렌호에 불이 나면서 표본은 전부 유실되었다. 이때 승객들은 구명보트 두 척에 나눠 타고 열흘 동안 대서양을 표류하다가 지나가는 화물선에 가까스로 구조되었다. 월리스가 친구에게 보낸 편지에 따르면, 이 시련으로 그의 몸은 "햇볕에 그을리고 손과 코, 귀의 피부가 완전히 까졌을" 정도였다. 다행히 베이츠는 사고가 난 배에 타고 있지 않았다. 1859년까지 쭉 아마존에 머물던 베이츠는 그때껏 과학계에 알려지지 않았던 8,000종이 넘는 표본을 고향에 보냈다.

정글에 머무는 동안 베이츠는 화려한 헬리코니우스Heliconius속 나비에 푹 빠졌다. 그리고 독을 갖지 않은 여러 나비 종이 치명적인 독을 지닌 헬리코니우스속 나비와 비슷하게 나타나고 행동한다는 사실에 흥미를 느꼈다. 당시 나비에 대해서는 세계 최고의 전문가로 꼽히는 베이츠였지만, 이 나비들에게 속아 헬리코니우스속 나비라고 착각할 정도였다. 베이츠는 이 묘한 유사성에 대해 약간 짚이는 바가 있기는 했지만, 이에 대해 효과적으로 설명하지는 못했다. 고향으로 돌아온 뒤에도 이 수수께끼는 베이츠의 머릿속에 떠다녔다. 그러다가 접한 책이 바로 다윈의 새 책 『종의 기원』이었다. 이 책에 따르면 베이츠가 관찰했던 나비의 의태는 자연 선택의 산물일지도 몰랐다. 독이 없는 종이 독을 가진 종을 모방한다면 포식자가 다가오지 못하게 막아 자신의 생존 가능성을 높일 수 있다. 베이츠는 1862년에 이 아이디어를 논문으로 써서 발표했다. 이 논문을 읽은 다윈은 너무 기쁜 나머지 베이츠에게 "이 논문이야말로 평생 읽은 논문 가운데 가장 놀랍고 감탄할 만한 저작"이라고 편지를 보낼 정도였다. 겸손하며 말을 아끼는 내성적인 성품으로 유명했던 다윈이 이렇게 적극적이고 활기찬 단어를 선택하는 일은 꽤 드물었다.

자연에서 관찰되는 동물의 의태는 대부분 베이츠 의태에 속한다. 원래 다른 동물에게 잡아먹히는 무해한 종이 유해하고 독성이 있는 종으로 위장하거나 통나무, 나뭇잎, 바위, 나무껍질 같은 무생물로 위장하는 것이다. 그러면 이들은 포식자나 먹잇감의 눈을 속여 모습을 감출 수 있다. 월리스는 이런 다양한 진화적 적응에 대해 다음과 같은 생동감 넘치는 말투로 설명했다. "이들의 모방은 마치 배우나 가면무도회 참가자들이 재미로 옷을 차려입고 몸에 물감을 바른 것처럼 보인다. 자신이 마치 유명하고 존경받는 사회 구성원인 양 행세해 상대를 속이려는 사기꾼처럼 보이기도 한다."[9]

월리스는 결코 과장한 게 아니다. 자연 어디에나 이런 극적인 의태의 사례가 넘쳐난다. 예컨대 여러분은 파리목의 곤충 등에가 꿀벌이나 말벌과 닮았다는 사실을 눈치챘는가?([그림 3.2] 참조) 겉모습 때문인지 이 곤충은 꽤 무서워 보인다. 실제보다 훨씬 더 위협적인 존재로 변장

그림 3.2 꿀벌처럼 흐릿하고 노란 털을 가진 등에
© Lixing Sun

해 자기 몸을 지키려는 등에류는 전 세계적으로 거의 6,000종에 달한다. 그중 상당수는 위장이 단순한 시각적 속임수를 넘어선다. 꿀벌이나 말벌과 흡사한 윙윙 소리를 내어 상대를 감쪽같이 속이기 때문이다.[10] 그렇게 되면 등에의 천적은 쉽게 속아 넘어간다. 흔히 쓰이는 "오리처럼 걷고 꽥꽥 소리를 내면 오리다"라는 논리대로라면 말이다.

　많은 곤충에서 발견되는 가짜 눈꼴 무늬 역시 천적인 새를 피하기 위한 계략으로 널리 알려져 있다.[11] 눈꼴 무늬 날개를 지닌 나비와 나방들도 이 수법이 얼마나 효과적인지 확실히 알게 되었다.[12] 이와 비슷하게 일부 동물은 천적을 겁주기 위해 갑자기 밝은색을 띠거나 큰 소리를 내어 쫓아내는데, 이것은 생물학에서 놀람 과시 행동startle display으로 불린다.

한편 어떤 속임수는 즉시 명확하게 드러나지 않아 그것을 이해하려면 더 심층적으로 뜯어보아야 한다. 예컨대 판다는 털의 흑백 패턴이 극적으로 대비되는 동물이다. 이런 선명한 무늬가 어떤 식으로 판다를 보호할까? 정답은 혼란을 주는 전술인 '파괴적 위장'이다. 표범이나 호랑이 같은 포식자가 어떤 먹잇감을 쫓아갈지 여부를 결정하려면 먼저 그 먹잇감을 인식해야 한다. 극명하게 대비되는 판다의 털색 패턴을 본 포식자들은 그 동물이 폭신한 털을 가졌고 행동이 굼뜨며 고기가 맛 좋은 먹잇감이라고는 상상하기 힘들다. 판다의 서식지에서 흔히 볼 수 있는 눈밭을 배경으로 두면 그 효과가 더욱 두드러진다([그림 3.3] 참조). 점이 충분히 이어져야 이미지를 인식할 수 있는 퍼즐과 마찬가지로, 파괴적 위장은 연결된 점을 제거해서 이미지를 식별하기 어렵게 한다.

얼룩말 역시 그동안 주요 천적인 사자를 혼란에 빠뜨리기 위해 눈부심 위장dazzle camouflage이라는 시각적 속임수를 쓴다고 널리 알려졌다. 하지만 이 가설을 뒷받침하는 증거가 확실하지는 않다. 최근 연구에 따르면 눈부심 효과는 일차적으로 사자를 겨냥했다기보다는 훨씬 덜 인상적인 존재를 대상으로 하는 것일지도 모른다. 피를 빠는 성가신 파리류, 특히 체체파리가 주요 표적이다. 파리는 얼룩말의 줄무늬를 좋아하지 않아서 몸에 앉지 않으려는 경향을 보인다.[13] 일본 연구진에 따르면 소를 흑백 줄무늬로 칠하면 칠하지 않은 대조군에 비해 파리에 물리는 횟수가 절반으로 줄어든다고 한다.[14] 이 결과가 입증된다면 파리의 방해를 덜 받으며 초원에서 행복하게 풀을 뜯는 얼룩말 줄무늬 소를 보게

그림 3.3 가까운 거리(위)와 먼 거리(아래)에서 바라본 대왕판다의 파괴적 위장. 흰 털이 눈 덮인 배경에 녹아들어 몸의 윤곽선이 흐려지면서 감지하기가 어려워진다(Nokelainen et al. 2021). © Rongping Wei

될지도 모른다.

얼룩말 외에도 뱀, 물고기, 곤충, 오징어를 비롯한 다양한 동물이 해충과 포식자로부터 자신을 숨기기 위해 눈부심 위장을 사용한다.[15] 이것은 수렴 진화convergent evolution의 예인데, 다양한 종들 사이에서 동일한 적응이 나타나는 현상을 말한다. 종들 사이에 존재하는 거의 동일한 요구 조건을 충족시키기 위해 하나의 해법이 진화한 것이다. 예컨대 오징어의 눈과 척추동물의 눈은 놀라울 만큼 비슷한 구조를 지녔지만, 공통의 뿌리에서 갈라져 나온 게 아니라 독자적으로 진화했다. 서로 멀리 떨어진 고대 문화권에서 바퀴라는 발명품이 독자적으로 여러 번 탄생한 것과 꽤 비슷하다.

눈부심 위장의 경우 성가신 벌레와 굶주린 포식자로부터 자기를 지키고자 하는 여러 종이 동일한 시각적 착시 기법을 독자적으로 진화시켰다. 여러분도 눈부심 위장이 얼마나 효과적으로 시각에 혼란을 야기하는지 직접 경험할 수 있다([도판 6]의 '회전하는 뱀' 착시를 참고하라). 내 아내도 한때 흑백 줄무늬가 촘촘한 블라우스를 한 벌 가지고 있었다. 하지만 가까운 거리에서 블라우스를 볼 때마다 어지러움을 느낀 내가 몇 번 불만을 토로하자 아내는 다시 그 옷을 입지 않았다. 흥미롭게도 이런 움직임 착시 현상은 물고기를 비롯해 시각을 지닌 여러 동물에게 효과를 보일 가능성이 있다.

시각적 모방, 특히 위장은 예술이나 패션, 디자인 분야에서 창의적인 표현을 불러일으킨다. 또한 위장 전술은 군사적으로도 종종 응용된다([그림 3.4] 참조). 군사적 위장을 처음 구상한 사람은 19세기 후반 영국의 진화생물학자 에드워드 B 폴턴Edward B. Poulton과 미국 예술가 애

그림 3.4 얼룩말의 줄무늬에서 영감을 받은 움직임 착시 위장의 예. 티셔츠 디자인(Walmart.com 에 올라간 광고에서 가져옴)과 군사적인 위장(영국의 포함 킬단간호) © 임페리얼 전쟁 박물관

벗 H. 세이어Abbott H. Thayer였다. 세이어는 제1차 세계대전 중에 이 아이디어를 군대에 제안해 공로를 인정받기도 했다. 비록 과학적인 소양은 부족했지만, 세이어는 반복적인 거부와 조롱에도 굴하지 않고 끈질기게 아이디어를 발전시켰다. 그 결과 위장 기법은 점차 미국, 영국, 프랑스 군대의 군복과 장비에 채택되었다. 제2차 세계대전 무렵에는 위장 기법이 군대에 매우 광범위하게 사용되어서, 위장하지 않고 전투 현장에 병력을 배치하는 것은 사실상 자살 행위로 간주될 정도였다.[16]

오늘날에도 위장은 군대에서 필수적이다. 게다가 위장과 위장 탐지술 사이의 군비 경쟁은 인지 시스템에서 기술로 옮겨갔다. 군인과 장비가 적에게 탐지될 가능성을 최소화하고자 다양한 첨단 기술을 적용하는 아이디어와 장치가 만들어져 동원되었다. 최첨단 기술을 통해 체온이 적외선 센서에 감지되지 않게 할 수도 있다. 미국은 여전히 이 분야에서 다른 모든 국가보다 상당한 군사적 우위를 점하는 중이다. 예컨대

미국의 스텔스 항공기는 최첨단 레이더 시스템도 피한다.

하지만 베이츠 의태에는 두 가지 중요한 한계가 있다. 하나는 모방이 효과적이려면 흔치 않아야 한다는 것이다. 이에 대해 다윈은 1859년에 이렇게 지적했다. "모방꾼은 거의 예외 없이 희귀한 곤충이며, 속아 넘어가는 곤충은 대부분 잔뜩 무리 지어 살아가는 흔한 종들이다."[17] 모방이 너무 흔하면 속임수의 효과는 줄어든다. 이는 마치 마당에 '우리 집이 세계에서 가장 첨단 전자 보안 시스템의 보호를 받고 있다'는 표지판을 거짓으로 내세워 도둑을 막으려는 것과 같다. 이 작전이 먹히려면 동네에서 여러분 같은 사람이 소수여야 한다. 만약 표지판을 내건 집 가운데 상당수가 실제로 경보 시스템을 갖추지 않았다면 표지판은 곧 무해한 허수아비가 되어 속임수는 더 이상 작동하지 않을 것이다. 경제학적으로 설명하자면, 거짓말을 너무 많이 하다가는 거짓말의 한계 수익성이 떨어지는 셈이다. 즉 거짓말을 너무 많이 하면 애초에 거짓말한 목적을 달성할 수 없다. 따라서 말로만 해서는 안 되고 직접 행동으로 옮겨야 한다.

(첨언하자면, 수십 년 전에는 희귀함이 주는 이점을 '희귀한 수컷 효과'라는 제한적인 용어로 표현하곤 했다. 수컷이 더 희귀한 성별인 상황에서는 평균적으로 수컷이 암컷보다 더 많은 자손의 아버지가 될 수 있다.[18] 반대로 암컷이 더 희귀한 성별이라면 수컷보다 더 많은 자손의 어머니가 될 것이다. 그에 따라 성비의 진화는 마치 진자처럼 1:1이라는 안정화 지점을 중심으로 흔들릴 것이다. 그렇기 때문에 성비를 연구할 때 대부분 동물에서 수컷과 암컷은 고르게 나뉘는 편이다. 보통 하나의 특성이 흔해지면 적합도상의 이점은 감소한다. 이것을 빈도 의존적 선택이라고 하는데, 앞서 다룬 개념이기도 하다. 중요한 진화적 개념이므

로 나중에 더 자세히 살펴보도록 하자.)

모방이 점점 더 흔해져서 성공할 확률이 낮아지면 모방하는 쪽에서는 어떻게 해야 할까? 다행히도 여기에는 문제가 발생하면 보통 해결책이 존재한다는 진화적 경험의 법칙이 적용된다. 예컨대 서아프리카에 서식하는 한 나비 종은 다섯 종류의 알을 낳는 방식으로 문제를 해결한다. 변태를 거쳐 성체가 될 때 다섯 가지 유형 각각은 같은 지역에 사는 다섯 종류의 독을 가진 나비 중 하나를 모방한다.[19] 그러다 한 가지 유형의 모방이 흔해져 그 효과가 떨어지면, 더 희귀한 유형을 모방하는 나비의 생존율이 높아진다. 이렇게 순환 주기는 계속 이어진다.

하지만 서아프리카 나비의 다중 표적 모방술은 오징어나 갑오징어에서 발견되는 전략과 비교하면 새 발의 피다. 이 해양 동물들은 속임수의 제2법칙을 순수 예술의 수준으로 끌어올렸다. 이들은 자기 군집의 다른 개체들을 모방해 여러 색 가운데 하나로 몸 색을 무작위로 바꿀 수 있을뿐더러 번개 같은 속도로 이런 속임수를 실행한다. 여러 색 가운데 하나로 휘리릭 바꾸는 데 1분밖에 걸리지 않을 때도 있다. 문어의 한 종에서는 수컷이 암컷으로 가장하는 데 매우 능숙해서 같은 종의 암컷도 속아 넘어갈 정도다.[20] 이런 계책 덕분에 시각에 의존해 이들을 잡아먹는 포식자가 머릿속에서 이들의 고정된 이미지를 형성하지 못하도록 방지할 수 있다.

베이츠 의태가 지닌 또 다른 문제는 순진한 포식자가 종종 바보처럼 새로운 먹잇감을 시도한다는 점이다. 치명적인 독으로 몸을 보호하는 먹잇감의 관점에서 생각해보면 여전히 포식자에게 잡아먹힐 위험이 있다. 비록 독 때문에 포식자도 죽을 수 있지만 말이다. 이런 경우에 먹잇감이 생존율을 높이려면 어떻게 해야 할까?

　일단 독을 품은 다른 먹잇감인 척할 수 있다. 이보다 더 좋은 방법은 포식자가 위험하다고 인식하는 색을 몸에 두르는 것이다. 이렇게 하면 목숨을 잃을 확률이 줄어든다. 자연에는 위험을 나타내는 보편적인 색이 있는데, 대부분 밝은 노란색이나 주황색, 빨간색, 파란색이다([도판 7] 참조). 이러한 색은 보통 엄청난 독성과 연관되므로 경계색aposematic coloration이라고 불린다. 경계색을 뜻하는 'aposematic'이라는 용어를 고안한 사람은 앞서 등장한 진화생물학자 에드워드 풀턴이다. 많은 포식 동물은 쓰라린(목숨을 앗아가기도 하는) 경험을 통해 배우는 대신 이 색을 가진 상대를 본능적으로 피하는 경향이 있다.

　베이츠 의태가 은폐나 위장을 위해 사용되는 것과 달리, 경계색은 그 동물을 눈에 띄게 하려는 목적을 지닌다. 마치 사냥꾼이나 도로 한복판에서 일하는 작업자가 밝은 주황색 조끼를 입어 다른 사냥꾼이나 운전자에게 경고하는 것과 마찬가지다. 동물들은 밝은 색상을 활용해 '날 먹으면 넌 죽는다!'라고 대담하게 전한다. 독을 가진 서로 다른 동물 종이 비슷한 색상 패턴으로 수렴하는 것을 '뮐러 의태'라고 한다. 19세기 독일의 박물학자였던 프리츠 뮐러Fritz Müller의 이름을 딴 용어다. 뮐러는 수학 모델을 사용해서 이러한 유형의 모방이 어떻게 생겨나 작동하는지 보여주었다.[21]

　베이츠 의태보다는 덜 흔하지만, 자연에서 뮐러 의태는 결코 드물지 않다. 가장 잘 알려진 사례 중에는 총독나비나 제왕나비뿐만 아니라 헬리코니우스속 나비도 여러 종 포함된다([도판 8] 참조). 특정 지역에서 비슷한 경계색을 지니며 상대에게 해를 끼치거나 독을 가진 동물들이

존재한다면, 이는 뮐러 의태의 사례일 가능성이 크다.[22]

🦋

　여러분은 서로 다른 종 사이에서 나타나는 모든 부정행위가 속임수의 제2법칙을 따른다고 잘못 이해했을지도 모른다. 하지만 속임수의 제1법칙 또한 꽤 많은 상황에 적용된다. 특히 도청자들이 그렇다. 특정 종이 사용하는 통신 체계에 다른 종이 침입하는 것이다.

　이런 암호 해독의 달인 가운데 반딧불이가 있다. 두 척의 배가 깜박이는 빛으로 통신하는 것처럼 생물 발광을 활용해 소통하는 포티누스속 반딧불이가 그렇다. 암컷 반딧불이의 수명은 약 2주밖에 되지 않는데, 그 짧은 생애에 걸쳐 짝짓기하고 알을 100개쯤 낳은 뒤 죽는다.

　보통 수컷이 이 종의 구애 의식에서 주도권을 잡는다. 먼저 수컷이 몇 번 불빛을 깜박인 다음 응답을 기다린다. 근처에 있는 암컷이 이에 응답해 깜빡이면 수컷이 다시 화답한다. 이렇게 수컷이 잠재적인 짝에게 가까워지는 동안 이들은 서로에게 응답하며 계속 불빛을 깜박인다. 구애 과정에서 암컷은 불빛의 깜빡임이 점점 더 빨라지는 수컷에게 이끌린다. 이는 사람으로 치면 다이아몬드 반지에 해당하는 크고 영양가 높은 결혼 선물을 줄 수 있다는 뜻이다.

　이때 수컷은 짝짓기 상대에게 깊은 인상을 남기고자 가능한 한 격렬하게 깜빡인다. 동시에 이 불빛은 천적인 포투리스속(피해자인 포티누스속과 헷갈리지 마라) 반딧불이 암컷의 관심을 끄는 원치 않는 결과를 낳는다. 이 포투리스속의 팜므파탈은 포티누스속의 짝짓기 신호를 모방하는 능력이 있다. 이 신호를 보고 무심결에 포티누스속 수컷들이 데이트를 하러 오면 배고픈 포투리스속 암컷들의 저녁 식사가 된다.

포식자인 포투리스속 반딧불이는 포티누스속 먹잇감으로부터 양분뿐 아니라 보호용 화학 물질인 루시부파긴도 얻는다. 루시부파긴은 새와 다른 동물이 반딧불이를 먹었을 때 독을 퍼뜨리는 성분이다. 이 독소는 먹이사슬의 높은 곳에 있는 새와 거미 같은 포식자로부터 포투리스속 반딧불이를 지킬 수 있으므로 소중한 존재다. 포투리스속은 이 화학 물질을 스스로 생산할 수 없어서 포티누스속 반딧불이를 잡아먹어야만 한다. 속임수를 써서 포티누스속을 사냥하면 양분과 보호용 물질을 동시에 얻을 수 있기에 큰 이득이다.

씬벵이, 황아귀를 비롯한 여러 품종으로 잘 알려진 아귀류 320여 종이 서식하는 깊은 바다에서도 이와 비슷한 시각적인 속임수가 펼쳐진다. 이 물고기의 절반은 햇빛이 거의 투과되지 않는 수심 300미터 아래에 서식한다. 상당수의 어종에서 등지느러미가 가시로 변하는 것과 달리, 아귀는 이 지느러미가 먹이를 유인하는 미끼처럼 생겼다. 작은 낚싯대 같은 미끼의 끄트머리는 수많은 박테리아가 내는 빛 때문에 어둠 속에서도 반짝인다. 아귀는 이 도구를 사용해 먹이를 잡는다.

하지만 이것은 전체 이야기의 절반에 불과하다. 일부 종에서는 암컷만 이 도구를 쓴다. 수컷은 암컷과 겉모습이 크게 다르며 몸집도 암컷보다 아주 작은 경우가 많다. 같은 종이라고 믿기 힘들 정도다([그림 3.5] 참조).

아귀 수컷은 암컷의 반짝이는 미끼를 유도등처럼 보고 다가와 짝짓기 상대를 찾는다. 일단 암컷을 발견한 수컷은 암컷을 꽉 붙잡는다. 그런 다음 놀랍게도 천천히 암컷의 몸과 융합하여, 자신의 몸과 혈관을

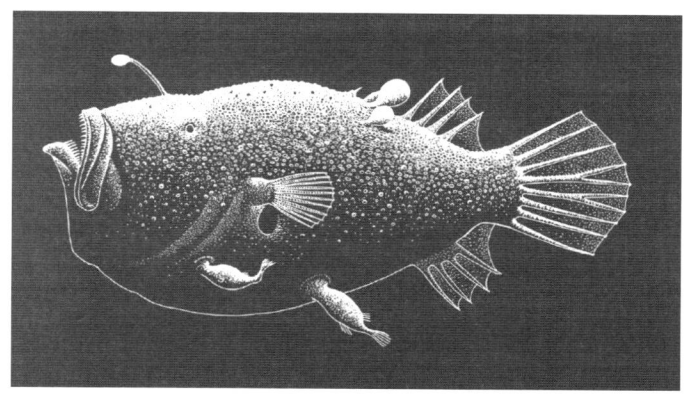

그림 3.5 아귀의 한 종인 트리플와트 씨데빌의 덩치 큰 암컷 한 마리와 조그만 수컷 두 마리 © Richard Ellis/Science Source

연결하고 양분과 산소를 얻는다. 이렇게 암컷에 기생해 생활하면 스스로 먹이를 찾을 필요도 없어서 수컷은 일방적인 이득을 본다. 그 결과 수컷의 소화 기관은 점차 녹아 없어지고 눈을 포함한 감각 기관도 퇴화한다. 그리고 수컷이 절약한 물질과 에너지는 전부 생식 기관을 빠르게 성숙시키는 데 쓰인다. 수컷은 암컷이 방출한 난자를 재빨리 수정시킬 준비를 갖춘다. 수컷과 암컷의 덩치가 크게 차이 나므로 여러 수컷이 같은 암컷에 달라붙을 수 있다.[23] 이처럼 암컷 하나가 여러 수컷과 짝짓는 것을 생물학자들은 일처다부제 짝짓기 시스템이라고 부른다.

이제 심해를 떠나 얕고 따뜻한 바다로 이동하면 청소부 물고기라는 특이한 어류를 발견할 수 있다. 청소부 물고기는 다른 물고기의 입안에 모인 기생충이나 찌꺼기를 제거해 치과 서비스를 제공하는 것으로 유명하다. 이 물고기는 자신의 직업적 전문성을 외부에 알리기 위해 선명한 파란색과 노란색을 띤다. 마치 밖에서 빨간색·흰색·파란색이 어우러진 봉을 빙글빙글 돌려 눈길을 끄는 전통적인 이발소처럼, 이러한 색상 패턴은 이 물고기의 청소 서비스를 광고하는 데 활용된다. 가끔은 고객이 줄을 서서 차례를 기다려야 할 정도로 물고기 청소 서비스의 인기가 좋다. 하지만 여러분이 예상할 수 있듯이 이렇게 호황을 누리는 사업체는 원치 않는 방문객을 끌어들이기도 한다.

태평양의 산호초에 서식하는 청줄베도라치라는 사기꾼 물고기가 그 예다. 이 물고기는 몸 색깔을 능숙하게 바꾸어 여러 종의 청소부 물고기의 새끼인 양 솜씨 좋게 위장한다. 그리고 자기에게 다가온 물고기의 입안을 청소하는 대신 몰래 살점을 물어뜯는 능력을 발전시켰다. 이런 이유로 청줄베도라치는 물고기 청소 업계의 큰 걸림돌이 되고 있다. 마치 깡패들이 으름장을 놓는 것처럼, 청줄베도라치가 나타나면 청소를 원하는 물고기 손님의 수가 최대 40퍼센트까지 급격히 줄어든다.[24]

이렇듯 놀라운 사례가 가득하지만 동물의 위장과 모방이 완벽할 필요는 없다. 다른 종의 인지적 허점을 이용하려면 표적을 속일 수 있을 만큼만 변장하면 된다. 매우 조잡한 수준의 모방으로도 충분한 경우가 많다. 가뢰라는 곤충의 유충(독거성 벌의 둥지에 기생하는)도 이런 식으로 숙주를 속인다.[25] 이 유충은 단순하지만 효과적인 수법을 사용한다. 이들은 수백 마리가 모여 크기와 색깔, 앉은 위치를 흉내 내며 암컷 숙주를 조잡하게 모방한 공 모양을 만든다. 그리고 움직임을 일제히 동기화해 모방을 더욱 그럴듯하게 강화한다. 사람이라면 유충들이 만든 이 공을 벌 암컷으로 착각할 가능성이 낮다. 그러나 시력이 좋지 않은 수컷 벌은 가짜 암컷을 진짜와 구별하지 못한다. 수컷 벌이 교미하기 위해 가짜 암컷에게 다가가면, 가뢰 유충은 몰래 올라타 원하는 목적지인 벌 둥지에 이른다.[26]

독거성 벌의 시력이 나쁜 것처럼 모든 동물은 저마다 인지 체계에 약점이 있다. 이런 이유로 우리가 보기에는 명백히 가짜처럼 보이는 모방 패턴도 그 동물을 꽤 잘 속인다. 예를 들어 독성이 없는 왕뱀은 치명적인 독을 지닌 산호뱀의 빨간색, 노란색, 검은색 줄무늬 패턴을 모방한다. 하지만 자세히 들여다보면 패턴은 꽤 다르게 배열되어 있다([도판 9] 참조). 그럼에도 실험 결과 왕뱀의 포식자는 그 차이를 구별할 수 없었다.[27] 왜 그럴까? 산호뱀의 독성이 매우 강력해서 포식자는 '실수하더라도 안전을 택하자'라는 보수적인 예방책을 취하기 때문이다.

이 원리는 꽤 간단하다. 자신을 포식자인 매라고 상상해보라. 여러분은 높은 허공에서 먹음직스러워 보이는 뱀을 발견한다. 단 몇 초라도 망설이면 맛 좋은 식사가 사라질 수 있다. 시간이 금이기에 누구보다 빠르게 행동해야 한다. 하지만 여기에 한 가지 큰 반전이 있다. 혹시라도 산호뱀을 왕뱀으로 착각하면 목숨을 잃는다는 것이다. 한 번의 식사와 목숨을 맞바꿀지도 모르는 상황에서 무엇을 선택할지는 분명하다. 포식자는 자연 선택 과정에서 한 번의 식사라는 단기적인 이득보다 생존이라는 장기적 이득을 보수적으로 선호하는 의사 결정 과정을 형성했다. 그리고 왕뱀은 진화의 군비 경쟁에서 승리하기 위해 산호뱀의 색을 완벽하게 모방할 필요가 없다.[28] 어떤 야생 버섯을 먹을지 말지 선택할 때도 같은 논리를 적용할 수 있다. 무슨 버섯인지 확실하지 않다면 맛있는 식재료를 얻겠다는 생각에 목숨을 걸어서는 안 된다. 보상에 비해 목숨이라는 너무나 큰 대가를 치러야 할지도 모른다.

한편 왕뱀에게 줄무늬의 색깔 순서가 별로 중요하지 않은 또 다른 이유가 있다. 줄무늬의 색깔 순서를 외우는 것은 상당수 새에게 능력 밖의 일이다. 물론 맹금류를 비롯한 새들은 꽤 똑똑하다. 예컨대 까마귀는 도구를 활용할 뿐만 아니라 간단한 퍼즐을 풀 수 있고, 가끔은 사람들을 급습해 손에 든 감자튀김을 떨어뜨리게 한다. 또한 많은 새가 자기 둥지에 있는 알의 수를 세고 기억하는데, 여기에는 진화적인 이유가 있다. 알을 너무 적게 낳으면 번식에 대한 과소 투자가 되고, 너무 많이 낳으면 과잉 투자가 되기 때문이다. 어느 쪽이든 계산을 잘못했다가는 자기 종의 적합도가 떨어질 수 있다.

사실 줄무늬 색깔의 순서를 기억하는 것은 인간에게도 쉽지 않은 일이다(물론 쉽게 기억하기 위해 다음과 같은 기억술을 활용할 수는 있다. "빨강이 노랑에 닿으면 무서운 호랑이(독뱀) / 빨강이 검정에 닿으면 친구 정은이(독없는 뱀)"). 어쨌든 이러한 이유로 왕뱀은 줄무늬 색깔이 잘못 배열되었어도 포식자로부터 안전하다.

🐀

인간은 주로 시각을 통해 세상을 인지하는 만큼 청각적인 모방은 상대적으로 사소해 보인다. 하지만 다른 여러 종에게는 중요한 요소다. 생물학자들은 다양한 상황에서 여러 동물이 소리를 활용해 다른 동물을 속이는 수많은 사례를 발견했다. 시각적 모방과 마찬가지로 청각적 모방 역시 주로 속임수의 제2법칙에 기반한다.

가장 친숙한 사례는 동물이 자기보다 위협적인 동물의 소리를 흉내 내어 허세를 부리는 것이다. 이런 수법은 파충류, 조류, 포유류에서 굉장히 흔하다. 예컨대 가시올빼미는 땅에 굴을 파고 들어가 둥지를 트는데, 외부의 위협을 받으면 방울뱀처럼 쉿쉿 소리를 낸다. 이렇게 하면 알과 새끼를 공격하려는 다양한 포식자를 쫓아낼 수 있다.

청각적 모방에 능숙한 건 아무래도 조류다. 가장 유명한 종으로는 흉내지빠귀, 개똥지빠귀의 일종인 캣버드, 그리고 앵무새가 있다. 일부는 매우 다재다능해서 제재소에서 나무를 베는 소리, 포탄이 날아다니는 높은 소리에 더해 사람의 언어까지 모방한다. 이 새들은 암컷을 유혹하거나 섭취한 양분을 더 효율적으로 사용하고, 동료에게 경고하며, 사회적 상호작용을 촉진하고 자기 영역을 지키는 등 매우 다양한 이유로 여러 소리를 모방한다.[29]

한편 잘 알려져 있지 않지만 곤충에서도 흥미로운 청각적 모방 사례가 발견된다. 예컨대 박각시나방 애벌레를 살짝 꼬집으면 휘파람 소리를 내는데, 통증 때문에 내는 소리는 아닌 듯하다. 단지 애벌레는 작은 명금류인 박새 새끼의 경고 울음을 모방해 포식자인 박새를 쫓아내고자 할 뿐이다. 실제로 과학자들이 애벌레의 휘파람 소리를 녹음해서 재생하면 주변의 박새들이 엄폐물(적의 공격으로부터 아군을 보호하기 위해 사용하는 자연적·인공적 장애물─옮긴이)을 향해 뛰어들어 숨는다. 이와 비슷하게 독성이 있는 불나방은 포식자인 박쥐에게 자신이 독성이 있으니(사실이다) 내버려두라고 경고하기 위해 딸깍대는 소리를 낸다. 박쥐도 재빨리 나방을 피하게 된 것을 보면 이 메시지를 확실히 전달받은 듯하다. 여러분이 예상했겠지만 이런 좋은 기회가 잠재적인 사기꾼들의 눈에 띄지 않았을 리가 없다. 예컨대 독성이 없고 무해한 나방 종들 가운데서도 일부는 청각적인 의태 전략을 펼치듯이 딸깍대는 소리를 낸다[30] (여기서 잠깐 퀴즈: 이 모방 작전은 베이츠 의태와 뮐러 의태 중 무엇일까?).

그뿐만 아니라 속임수의 두 가지 법칙은 후각적 의사소통, 즉 냄새를 통한 소통에도 적용된다. 동물들의 속임수에 대한 선구적인 연구자인 마틴 스티븐스Martin Stevens의 책 『속임수와 사기Cheats and Deceits』에 등장하는 알콘푸른나비가 대표적인 예다. 이 나비에 대한 이야기를 시작하기 전에 다음 질문에 답해보자. 주변 세상이 제공하는 모든 선택지를 고려할 때, 유충이 다른 종의 거처에서 살아야 한다면 과연 어디에서 사는 것이 좋을까?

한 가지 답은 개미 군집이다. 이곳이라면 자연 세계에서 가장 부지런한 일꾼들이 날라주는 최고의 먹이를 맛볼 수 있다. 또한 물어뜯는 턱과 개미산(포름산) 같은 고약한 화학 물질로 무장한 자연의 가장 사나운 싸움꾼들로부터 최대한의 보호를 받을 수 있다. 개미 전사들은 목숨을 바칠 각오와 엄청난 수적 우세, 그리고 일사불란한 행동으로 마치 잘 조직된 군대처럼 강력하다. 이러한 장점 덕분에 무려 2,000여 종의 생물이 몸을 보호받고 먹이를 제공받기 위해 개미로 위장하는 전략을 진화시켰다.

특히 깡충거미는 기만적인 사기꾼 중 하나다.[31] 일부는 개미의 겉모습과 행동뿐만 아니라 사회적 행동을 모방하기도 한다. 예컨대 개미거

미속의 한 종*Myrmarachne melanotarsa*은 원래 다른 대부분의 거미처럼 독거성이다. 하지만 새나 다른 거미, 곤충과 같은 포식자와 마주하면 수십, 수백 마리가 마치 개미 군단인 것처럼 무리를 지어 활동해 훨씬 더 효과적으로 방어력을 높인다.[32] 개미는 다리가 6개이고 거미는 다리가 8개인 만큼 이들이 가짜 개미인 것은 분명하다. 하지만 포식자들은 다리의 수를 하나하나 셀 수 없기에 충분히 개미인 척할 수 있다.

이제 알콘푸른나비 이야기로 다시 돌아가보자. 이 나비는 스위스 높은 산의 초원에서 발견되며 동쪽으로는 코카서스산맥에서도 서식한다. 그런데 이 종의 유충 가운데 일부는 네 번째 탈피를 마친 뒤, 신기한 생존 전략을 보여준다. 땅에 몸을 던진 채 뿔개미속 개미들에게 발각되기를 기다리는 것이다. 그러면 놀랍게도 이 개미들은 유충을 자기 둥지로 선뜻 옮긴다. 그렇게 이 가짜 개미들은 번데기가 되고 나비로 변하기까지 개미들의 보살핌을 받는다.

나비 유충은 개미 유충에 비해 식욕이 훨씬 더 왕성하다. 그런데 놀랍게도 육아를 담당하는 개미들은 밖에서 온 엉뚱한 종에게 먹이를 제공하고 정작 자기 일족은 소홀히 하곤 한다.[33] 어떻게 이런 일이 가능할까? 비밀은 후각적 속임수다. 나비 유충은 개미 유충의 냄새를 모방할 수 있다. 그뿐만 아니라 여왕개미 특유의 소리나 진동까지 따라 한다. 그 결과 나비 유충은 자신의 지위를 높여 먹이와 보살핌을 받는 우선순위를 얻는다.[34] 이런 속임수를 통해 나비 유충은 개미 군집에서 말 그대로 왕족처럼 살 수 있다([그림 3.6] 참조).

알콘푸른나비 유충은 이러한 속임수를 어떻게 잘 성사시킬까? 개미들은 탄화수소라는 화학 물질의 조합을 몸에 로션처럼 문지르곤 한다.

그림 3.6 Ⓐ 알콘푸른나비 성체 © Rob Zweers Ⓑ 자신에게 기생하는 나비 유충을 운반해 돌보려는 개미의 모습 © David Richard Nash

이 물질은 특정 군집에 고유한 후각적 배지 역할을 한다. 개미 경비병과 군사들은 그 배지를 가지고 둥지에 들어오면 누구든 출입을 허가하고, 그렇지 않으면 군대가 적을 대하듯 막아선다. 다른 배지를 달고 오면 출입이 금지되는 것은 물론이고 심지어 죽임을 당할 수도 있다. 개미의 배지 인식 시스템은 매우 구체적이고 자동으로 일어나기에, 군집의 냄새와 일치하는 화학 물질을 유리나 플라스틱에 칠하더라도 개미는 그것을 기꺼이 둥지 안으로 실어 나른다.[35] 나비 사기꾼들은 바로 이런 방식으로 딱 맞는 화학 물질을 생산해 신원을 위장하고 둥지에 들어설 허가를 받는다. 숙주인 개미들의 비밀 암호를 해독한 셈이다.

하지만 개미로 가장하는 전략이 위험에서 완전히 자유로운 것은 아니다. 실제로 상당수의 사기꾼 유충들이 개미 둥지로 옮겨졌다가 바로 들통나 죽임을 당한다. 이런 선택 압력이 존재하기에 나비 유충은 개미를 더 효과적으로 속일 수 있는 화학 물질을 만들어내도록 점점 진화해, 결국 보안 검색대를 통과하게 된다. 물론 사기꾼이 자주 나타난다면 개미들도 반격을 가하겠지만 말이다. 사기꾼이 여기저기 있을 때 여러분이라면 어떻게 대처하겠는가?

개미들은 다음과 같이 반격한다. 자기 군집에만 고유한 냄새를 발달시켜, 외부에서 이를 흉내 내기가 매우 어렵도록 진화했다. 마치 디지털 세계에서 복잡한 비밀번호를 사용해 계정에 접속하는 것과 비슷하다. 보안이 뚫리는 것이 싫다면 'password'나 '1234'를 비밀번호로 사용하지 않을 것이다. 그 대신 쉽게 추측할 수 없도록 특수문자와 기호가 섞인 더 길고 복잡한 비밀번호를 만들 것이다. 나비 유충의 속임수가 가하는 압력이 커지면서 개미들이 내놓는 반격이 바로 이것이다. 화학 물질로 이루어진 비밀번호에 대한 검사 과정이 강화되면 정확성이 덜한 모조품을 갖춘 외부자는 거부당해 죽는다. 물론 나비 유충은 이에 대항해 더 나은 가짜 화학 물질을 진화시키겠지만 말이다. 이렇듯 속임수와 속임수 탐지 사이의 진화적인 군비 경쟁은 끊이지 않고 이어지며, 그에 따라 숙주와 기생동물은 서로에게 점점 더 특화된다.

사기꾼으로 살아가는 알콘푸른나비는 일부에 불과하다. 이 사기꾼들은 또 다른 문제에 직면한다. 어떻게 해야 같은 서식지의 여러 개미 가운데 적당한 개미에게 발견될 수 있을까? 나비 유충의 관점에서 보면 특정 종의 개미에게 붙들릴 확률은 상당히 낮다. 그렇기에 달걀을 하나의 바구니에 담으면 안 된다. 더 넓은 그물을 던져야 성공 확률을 높일 수 있다.

이런 이유로 유충 일부는 서로 다른 여러 개미 종 특유의 탄화수소를 모방해서 생산한다. 그래야 개미 둥지에 운반될 가능성이 더 높아진다. 하지만 그물망을 넓히는 이런 접근 방식은 또 다른 문제를 일으킬 수 있다. 평생을 의탁해야 할 개미들이 꽤 까다로울 가능성이 있기 때문이다. 그들이 선호하는 냄새와 조금이라도 다른 냄새를 풍기면 개미들은 열성적으로 보살피지 않거나 심지어 유충을 거부할지도 모른다. 그러자 이 문제에 직면한 사기꾼 유충들은 기발한 해결책을 생각해냈다. 일단 발견되어 옮겨진 다음 숙주의 군집에 맞게 자기 냄새를 바꾸는 것이다. 유충들은 해당 냄새가 나는 화학 물질을 직접 생산하거나 개미의 군집이 발산하는 향을 몸에 문지르는 방식으로 대응한다.[36] 체취를 조작하는 능력을 갖춘 유충들은 더 많은 종류의 개미 군집 내에 유연하게 입장할 수 있고, 그 안에 들어가서도 숙주의 종에 딱 맞게 성공적으로 생활을 영위할 수 있다.

이처럼 개미는 다른 종에게 종종 사기를 당하기는 하지만, 직접 사기를 치는 경우도 많다. 대표적인 예가 노예주로 불리는 개미들이다. 이 개미는 폭력과 화학 물질에 대한 모방 능력을 결합해 다른 종의 개미를 사로잡은 다음 자기들을 위해 일하게 한다. 노예주 개미들 가운데는 자신에게 필요한 먹이와 보살핌을 노예에게 지나치게 의존한 나머지 스스로 살아갈 능력을 잃기도 한다.

종마다 상황이 조금씩 다르기는 하지만 노예주 개미의 일꾼 계급은 대부분 전문적인 해적들이다. 다른 개미 군집을 습격해 일꾼 개미를 도살하며 피해자의 유충을 훔치는 것이 이들의 임무다. 가끔 이 약탈자들은 자기 몸속 뒤푸르샘이라는 작은 주머니에 담긴 특수한 화학 물질을 뿌리는 화학전을 감행하기도 한다. 이들은 독가스 탱크를 가지고 다니는 군인과 다를 바 없다. 여기에 담긴 화학 물질 중 일부는 정신에 강력한 악영향을 끼친다. 그렇게 약탈자 개미들은 표적의 사기를 떨어뜨리고 공황 상태를 유발해 집단 전체가 허둥지둥 도망치게 한다. 설상가상으로 이런 화학전이 펼쳐지면 피해자가 같은 군집의 동료들에게 등을 돌리고 서로 싸움박질을 벌이기도 한다.[37] 이런 화학 무기로 무장한 노예주 개미들은 한 계절에 다른 개미의 군집에서 수천 마리의 유충을 훔칠 수 있다. 그런 다음 이들은 유충이 노예주의 체취를 모방하게 하거나 체취를 직접 주입해 노예를 세뇌한다.[38]

🐜

동물의 모방, 특히 베이츠 의태에 관해 설명할 때 우리는 식물 같은 정적인 대상을 이용하는 동물의 능력에 대해 언급하곤 한다. 하지만 언제나 그런 것은 아니다. 뇌가 없는 식물이 뇌를 가진 동물을 속이는 경우도 있다. 여기에도 속임수의 제2법칙은 여전히 적용된다.

앞서 1장에서 살펴본 것처럼 전체 난초 가운데 거의 3분의 1이 암컷 곤충으로 가장한 꽃과 교미하도록 유도하는 방식으로, 수분 매개자인 곤충을 속여 수분을 이끈다. 난초과가 2만 종 넘는 종을 포함하는(현화식물 종의 약 7퍼센트) 다양하고 거대한 현화식물의 한 무리라는 사실을 고려하면, 이 집단에 이렇게 사기꾼이 많다는 점은 놀라운 일이다. 이들은 속임수의 제2법칙을 활용해 사기를 쳐서 대규모 무료 수분 서비스를 받는다.

마치 교미를 할 수 있다는 듯 수분 매개자를 속여 수분을 이끄는 것만이 식물이 사용하는 속임수의 유일한 유형은 아니다. 상당수의 식물이 적으로부터 몸을 숨기거나 적을 쫓아내기 위해 속임수를 사용한다. 이들의 적은 바로 초식동물이다. 남아프리카의 건조한 지역에 서식하는 리돕스속 식물은 자갈인 것처럼 위장해 몸을 숨긴다. 또한 노란꽃광대나물과 라미움속 식물의 맛 좋은 잎은 쐐기풀의 잎인 것처럼 모방 전술을 쓴다. 쐐기풀의 잎에는 작은 가시가 있어 동물의 피부를 상하게 한다. 이런 속임수 때문에 초식동물들은 사기꾼 식물을 선뜻 건드리지 못한다.

그중에서도 가장 독특한 모방 전략으로 손꼽히는 종은 남아메리카의 시계꽃속 식물이다. 이 식물은 유충이 잎에 광범위한 손상을 일으킬 수 있는 헬리코니우스속 나비의 '마음을 읽는' 것처럼 보인다. 이 나비는 이미 나비 알을 올려놓은 잎에는 새로 알을 낳지 않는데, 알에서 깨

그림 3.7 나비의 알을 모방하는 시계꽃속 식물. 이 식물의 잎에 있는 노란 반점은 나비 알과 비슷하다. 이는 나비가 알을 낳는 것을 막아, 그 알에서 깨어난 유충이 잎을 갉아먹는 것을 방지한다.
ⓒ Grassy Knoll Exotic Plants의 온라인 카탈로그 광고에서 허가를 받아 게재

어날 자손에게 충분한 양의 먹이를 주기 위해서다. 나비가 이렇게 행동하자 시계꽃속 식물은 자기 잎에 나비 알과 비슷한 무늬가 생기도록 진화했다([그림 3.7] 참조). 이렇게 하면 나비가 알을 낳아 잎이 손상되는 것을 막을 수 있다.[39]

또한 여러분이 나처럼 버섯 애호가라면, 버섯이 종마다 향이 뚜렷하게 다르다는 사실을 잘 알 것이다. 서로 다른 향은 검정날개버섯파리 같은 다른 곤충 종을 유인하며, 버섯은 이런 곤충에 의존해 포자를 퍼뜨린다. 하지만 버섯이 곤충을 유인하는 데 사용하는 미끼는 냄새 말고도 또 있다. '잭오랜턴 버섯'이라고도 불리는 옴팔로투스속 버섯은 자

신에게 필요한 곤충을 꼬이기 위해 어둠 속에서 빛을 낸다. 1장에서 살펴본 송로 역시 가짜 돼지 페로몬을 뿜어내 돼지가 자기 포자를 퍼뜨리도록 유도한다.

　게다가 사라세니아속, 끈끈이귀개속, 파리지옥과 같은 육식성 식물은 꽃꿀을 이용하거나 꽃의 색과 냄새, 곤충들의 먹이를 모방해 곤충을 끌어들인다. 말레이시아 보르네오섬에서 자라는 사라세니아속의 거대한 식물 네펜테스 라자*Nepenthes rajah*는 높이 40센티미터, 너비 20센티미터에 이르는 항아리 모양 함정을 만든다. 이 항아리 안에는 1.9리터에 달하는 소화액이 들어 있어 쥐를 가둔 다음 사체를 분해할 수 있을 정도다. 일부 열대 식충 식물은 자외선을 쬐면 보이는 형광으로 곤충을 유인한다.[40] 이런 식물은 곤충을 즉시 잡아먹고자 하는 유혹도 참을 수 있다. 대신 덫 장치를 일시적으로 비활성화했다가 더 많은 개미를 끌어들인 다음 덫을 닫는다.[41] 이런 '만족 지연시키기'는 심지어 사람에게도 쉽지 않은 일이다.

　몇몇 식물은 죽은 척 남을 속이기까지 한다. 예컨대 미모사속 식물은 무척 예민해서 누가 건드리면 죽어서 시든 척한다. 자연에서 이 종에게 최악의 천적은 신선한 식물 잎을 먹는 메뚜기 같은 초식동물이다. 이런 동물이 이 식물의 군침 도는 잎을 건들면 특수한 식물 세포에서 일련의 반응이 일어난다. 그리고 동물의 신경 신호와 비슷한 약한 전기 신호가 생겨난다. 이 신호가 잎새에 전달되면 잎은 시든 척하고, 그런 잎을 본 메뚜기는 혼란에 빠져 식욕을 잃는다.

앞 장에서 우리는 '속임수의 제1법칙'이라 불리는 일반적인 속임수가 신호의 메시지를 변조해 작동한다는 사실을 배웠다. 이 방법은 같은 종의 구성원 사이에서 잘 통용된다. 반면에 서로 다른 종 간의 의사소통은 훨씬 덜 일반적이고 흔하지 않다. 그렇기에 대부분 다른 종 사이의 의사소통에서는 제1법칙이 적용되지 않는다. 예외가 있다면 남의 신호를 엿듣고 모방하는 포투리스속 반딧불이, 청줄베도라치, 알콘푸른나비 정도다.

이 장에서는 종 사이에 일어나는 속임수의 세계, 그리고 여기에 적용되는 속임수의 제2법칙에 대해 알아보았다. 이 법칙은 속임수의 본질을 설명한다. 그것은 속임을 당하는 표적이 지닌 인지적 허점을 교묘히 악용한다. 동물, 식물, 균류 모두 이 제2법칙을 사용해서 다른 동물을 희생양으로 만들 수 있다. 이때 사기꾼들은 속임을 당하는 동물보다 훨씬 인지 체계가 떨어진다. 식물과 버섯은 인지 체계 자체가 없을 정도다. 뒤이어 우리는 여러 사례를 통해 속임당하는 종과 사기꾼 사이의 진화적인 군비 경쟁이 모방, 의태, 위장, 허세, 죽은 척하기 등 동식물과 균류가 사용하는 다양하고 정교한 현상으로 이어진다는 사실을 잠깐 엿보았다.

지금껏 거듭 살펴본 것처럼, 자연 세계의 정직성은 같은 종이나 다른 종의 구성원에 의해 악용되곤 한다. 이쯤 되면 한 가지 의문이 들 수 있다. 애초에 정직성이 왜 존재하는 걸까? 정답은 정직이 속임수와 마찬가지로 다윈주의적 적합도를 높이는 적응적 가치를 제공하기 때문이다. 직관에 반하는 것처럼 보일 수도 있지만, 정직은 사기꾼이 많을 때 특히 성공적인 전략이기도 하다. 이제 다음 장으로 넘어가 정직성이 어떻게 진화하고 널리 퍼지는지에 대해 알아보자.

4장

배신의 자연사,
정직은 어떻게 살아남는가?

2009년 어느 여름날, 당시 열 살이었던 나의 아들 샤인은 친구들과 집 밖 잔디밭에서 골프를 치고 있었다. 그때 갑자기 아이들의 장난스러운 웃음소리가 멈추고 수상쩍은 침묵이 흘렀다. 길 잃은 골프공이 울타리를 넘어 우리 집 뒷마당 너머, 빨간 페인트를 칠한 낡은 이웃집 뒷유리창을 박살 낸 순간이었다. 그 자리에 있던 아이들이 즉시 흩어졌지만, 내 아들은 예외였다. 그러자 한 남자아이가 뒤돌아 외쳤다. "도망쳐, 샤인! 뛰어!"

하지만 샤인은 꼼짝도 하지 않았다. 아들은 잠시 그 자리에 서 있다가, 깨진 창문으로 걸어가 자세히 살폈다. 집 안에서는 화가 머리끝까지 난 노부부가 큰 소리로 투덜대며 욕하고 있었다. 샤인은 현관으로 가서 문을 두드리고 노부부에게 무슨 일이 있었는지 설명했다.

내가 상황을 확인하기 위해 막 나가려던 순간 이웃집 부인이 나에게 전화를 걸어 무슨 일인지 설명했다. 부인의 목소리에 스트레스나 분노의 흔적이 없었던 터라 안심이 되었다. "비용이 얼마인지 나중에 알려드릴게요." 부인은 이렇게 말하고 전화를 끊었다.

며칠 후 청구서가 도착했다. 198달러였다. 청구서를 직접 들고 온 이웃집 부부는 샤인의 정직한 성품을 칭찬하며 자기들이 비용의 절반을 지불하겠다고 이야기했다. "정말 착한 아이예요!" 두 사람은 웃으며 떠났다. 청구서를 가져오는 게 부담스러웠을 테지만 그들은 친절했다.[1]

골프공 사건은 우리 가족 사이에서 오랫동안 회자되었다. 정직이 불러오는 가치에 대한 교훈적인 예시이기도 했다. 그렇다면 생물 세계에서는 위험과 비용이 따르는 정직성이 어떻게 살아남아 번성할 수 있을까? 한 가지 간단한 해답은 속임수와 부정행위에 대가가 따르게 하는 것이다. 속임수를 쓴 사기꾼이 충분히 큰 비용을 치러야 한다면 "정직이 최선의 방책"이라는 격언은 진실에 더 가까워진다.

자연은 이 격언을 실제로 현실화하고자 여러 가지 방법으로 진화해 왔다. 우리는 이미 이전 장에서 몇 가지 사례를 살펴보았다. 예컨대 개미, 꿀벌, 말벌 등 여러 종은 감시 체계를 활용해서 일꾼이 몰래 낳은 알을 감지하고 파괴한다. 다만 예상할 수 있듯이 단속이 느슨하면 몇몇 일꾼은 몰래 알을 낳고도 들키지 않는다.[2]

이와 같은 무임승차 속임수는 발견하기 어려운 경우가 많고 처벌하기도 매우 힘들다. 예컨대 사냥 무리에서 멀찌감치 떨어진 늑대가 있다면 우연히 그곳에 있는지, 아니면 자기 의무를 회피하고 있는지 알기 어렵다. 그런 이유로 무임승차는 동물과 인간 사회에서 흔한 문제다. 그렇지만 무임승차의 영향이 너무 커서 공동의 이익을 위협할 만큼 심각해지면 감시나 처벌이 한층 강해지기도 한다. 생물학자 리 앨런 듀가킨Lee Alan Dugatkin은 구피와 큰가시고기 같은 소형 어류를 통해 이러한 사실을 밝혀냈다.

구피와 큰가시고기는 많은 포식성 물고기에게 한입거리 간식이다. 그렇다면 구피와 큰가시고기는 어떻게 포식자에게 되도록 잡히지 않으면서 자신의 먹이를 사냥할 수 있을까? 진화론에서 답을 찾을 수 있는데, 이것은 손무孫武가 『손자병법』에서 소개한 전략과 비슷하다. "지피지기면 백전백승", 즉 나를 알고 적을 알면 반드시 이긴다는 것이다. 다시 말해 적을 물리치려면 적을 잘 감시해야 한다. 하지만 작은 물고기가 강력한 포식자에게 다가가 정보를 수집하는 것은 죽음을 앞당기는 것이나 다를 바 없다. 이러한 스파이 임무를 수행하는 물고기가 36시간 동안 살아남을 확률은 원래 있던 곳에 머무는 물고기에 비하면 50퍼센트 미만이다.[3] 그렇다면 스파이들은 어떻게 해야 위험을 낮출 수 있을까?

답은 여럿이 몰려다니며 위험도를 낮추는 것이다. 두 마리가 함께 스파이 활동을 하면 한 마리당 위험도는 절반으로 줄어든다. 하지만 이 전략에는 작은 결함이 하나 있다. 임무를 주도하는 물고기가 더 높은 위협에 노출된다는 점이다. 나머지 물고기들이 잘 협조하지 않고 리더가 알아서 하도록 내버려둔다면 임무를 이끄는 물고기가 마주하는 위험은 더욱 높아진다. 자연 선택은 결코 리더에게 유리하지 않으며, "네가 먼저 가"라고 등 떠미는 물고기들에게 유리한 것이 분명하다. 하지만 그렇다고 아무도 주도권을 잡으려 하지 않는다면, 그 스파이 임무는 곧장 죽음으로 이어질 것이다. 협력을 통한 투자를 하려면 갱단에 있는 물고기들이 위험을 고르게 나누어 짊어져야 한다. 이들은 이러한 딜레마를 어떻게 해결할까?

이에 대해 구피와 큰가시고기는 조그만 두뇌를 가졌음에도 기발한 해결책을 생각해냈다. 물고기 두 마리가 포식자를 감시하러 갈 때, 앞선 물고기가 갑작스럽게 방향을 바꾸면 뒤에 오는 물고기와 자리를 바꿀 수 있다.[4] 그러면 결과적으로 뒤에 오던 물고기가 리더를 맡게 된다. 이렇게 역할을 바꾸면 리더십에 따르는 위험을 분담할 수 있다. 이러한 행동은 뒤따르는 물고기가 위험을 회피하지 않고 책임을 나누며 더욱 잘 협조하도록 촉구하는 방식이 될 것이다.[5]

그런데 구피와 큰가시고기의 전략은 사기꾼에게 비용을 부과하는 데 쓰이는 여러 가지 방법 중 하나일 뿐이다. 이 장의 나머지 부분에서는 동물이 속임수와 부정행위를 통제하고 대처하는 다양한 전략에 대해 살펴본다. 이러한 사례를 통해 자연 세계에서 진화가 정직성을 북돋는 방식에 대해 더 깊이 이해할 수 있다.

🪰

이제 속임수가 몹시 흔한 데다 인간도 예외가 아닌 영역, 즉 수컷과 암컷 사이의 번식 문제부터 시작해보자. 성적인 관계를 둘러싼 속임수는 동물에게 널리 퍼져 있으며, 살짝 흥미가 동하는 것부터 아주 기괴한 것까지 다양하다. 그에 따라 배우자에 대한 부정이 커다란 문제가 되곤 한다. 왜 그럴까?

간단히 말해, 수컷과 암컷은 자손에게 동일한 유전적 기여를 하지만, 재생산과 관련된 이해관계는 각기 다르기 때문이다. 수컷에게 유익한 것이 암컷에게 반드시 이득은 아닐 수 있으며, 반대의 경우도 마찬가지다. 이렇듯 성별 사이에 이해 충돌이 나타나는 근본적인 원인을 이해하려면 지금으로부터 약 20억 년 전, 생명체에서 수컷과 암컷이 처음 나타났던 시기로 거슬러 올라가야 한다.

당시 거의 모든 형태의 생명체는 무성 생식, 즉 단순히 유전자를 복제하는 데 몰두했다. 그 결과 빠른 번식과 광범위한 확산이 가능했다. 하지만 복제 효율성이 높았음에도 유전적 다양성이 증가하지 않는다는 한 가지 치명적인 단점이 있었다. 나쁜 돌연변이가 축적되고 기생충과 병원균이 끊임없이 공격하다 보면 혈통 전체가 쉽게 사라지기도 했다. 어쩌면 이것은 진핵생물의 피할 수 없는 운명이었을지도 모른다. 2개의 단세포 원생생물이 일단 합쳐진 다음 딸세포를 생산하기 전까지는 그랬다.[6]

언뜻 사소한 일처럼 보이는 이 사건은 생명의 역사에서 가히 혁명적인 일대 사건이었다. 성性이 시작된 계기였기 때문이다. 새로운 게임을 시작하기 전에 카드를 섞는 것처럼, 수컷과 암컷은 짝짓기를 하고 자손을 낳을 때마다 유전자를 뒤섞어 다시 조합한다. 그렇게 하면 점점 쌓이는 나쁜 돌연변이, 그리고 기생충과 병원균에 대한 취약성이라는 두 가지 문제를 한 번에 해결할 수 있다. 하지만 안타깝게도 이 장대한 일대 사건은 예상치 못한 결과를 낳았다. 수컷과 암컷이 영원히 두 차례의 투쟁을 반복하도록 만든 것이다. 한 번은 수컷과 암컷 간의 경쟁이고, 다른 한 번은 각자 자신과 같은 성별을 가진 개체와의 싸움이다.

첫 번째의 기나긴 전투는 언뜻 보기에 사소한 문제를 놓고 벌어진다. 생식 세포의 크기를 두고 싸움이 생기는 것이다. 무임승차라는 부정행위에서 기인한 일이었다. 성적 재생산이 갓 시작된 시기에 융합된 두 생식 세포는 크기, 유전적 지분, 투자한 물질과 에너지 등 모든 면에서 동등했다. 하지만 얼마 지나지 않아 한 생식 세포가 원칙을 무시하고 좀 더 적은 물질과 에너지를 투입하면 진화적 이점을 얻는다는 사실을 발견했다. 그렇게 되면 더 많은 생식 세포를 만들 수 있으며 상대 생식 세포와 융합할 기회가 더 많아진다. 그리고 유전학적 수익, 즉 생식 세포의 적합도가 높아진다. 이러한 적합도 측면의 이점 때문에 다른 세포들 역시 무임승차의 대열에 직접 뛰어들 수밖에 없었다. 그러자 시간이 지남에 따라 점점 더 많은 생식 세포가 등장했고, 각 생식 세포에 할당된 물질과 에너지가 점점 더 작아졌다. 결국에는 생식 세포가 수정하기 위해 이동하는 데 필수적인 발전 장치인 유전자 묶음과 미토콘드리아 몇 개를 제외하고는 내용물이 거의 사라졌다. 이렇게 해서 마지막으로 생겨난 작고 부실한 생식 세포가 바로 정자였고, 이 세포를 만든 쪽이 수컷이었다.

하지만 비용이 적게 드는 작은 정자를 수없이 만들어내는 골드러시에는 단점도 있었다. 각 생식 세포에 대한 투자가 줄어들면서 원하는 상품인 접합자接合子(두 생식 세포가 결합해 형성된 생물학적 단위-옮긴이)의 사망률이 높아졌다. 그에 따라 반대로 생식 세포에 더 많은 물질과 에너지를 할당해 생존 확률을 높이려는 다른 유형의 생식 세포가 새로 등장해 번성하게 되었다. 이것이 바로 난자였고, 암컷이 이 생식 세포를 만들었다(난자를 뜻하는 영어 단어 ovum은 '알'을 뜻하는 라틴어 ovum에서 왔다. 만약 여러분이 배가 고파 달걀이 성에 차지 않는다면 에뮤나 타조알에 도전해보라. 알 하나만으로도 여러분과 내가 배불리 먹을 수 있다.[7]). 이렇게 성별 사이에 벌어진 기나긴 싸움이 막바지에 이르렀지만 명확한 승자는 없었다. 대신 진화적 대헌장에 따라 수컷과 암컷 둘 다 성적 재생산에 성공한 전략가로 선언하는 타협점에 도달했다.

이제 평화로워졌을까? 아직이다! 암컷이 등장한 이후 앞서 말한 두 번째 싸움이 시작되었다. 수컷과 암컷은 각자 자기 성별과 경쟁해야 했다. 자신의 성별 안에서 더 많은 유전자 사본을 제공하는 게 누구일지에 대한 대결이었다. 정자는 작고 수적으로 많은 반면, 난자는 크고 수가 적다. 하지만 새로운 생명을 움트게 하려면 정확히 정자 하나와 난자 하나가 필요하다. 그렇기에 반대편 성별의 동료와 적합도를 겨루어봤자 순 유전적 이득은 없다. 가장 힘이 센 알파 수컷 원숭이가 암컷의 바나나를 무력으로 빼앗을 수는 있지만, 암컷을 적으로 돌린다고 해서 적합도에 이득이 되지는 않는다. 알파 수컷의 적합도는 다른 수컷과 비교했을 때 상대적으로 우위에 있을 뿐이다. 알파 수컷은 주로 암컷이 아닌 다른 수컷을 희생시켜 자신의 우위를 누린다. 남자 단거리 육상선수가 여자 단거리 챔피언보다 빨리 달린다 해도 남자 100미터 경주에서 우승할 수 없는 것과 마찬가지다. 수컷(또는 암컷)은 반대쪽 성별에 대해 적합도 면에서 우월하다고 해서 진화의 경주에서 이길 수 없다. 이 두 번째 대결은 남녀가 따로 경쟁하는 대부분의 스포츠 경기와 비슷하다.

한편 수컷과 암컷이 각자의 적합도를 극대화하기 위해 사용하는 전략은 현저하게 다른데, 이는 개체에 따라 생식 능력이 엄청난 격차를 보이기 때문이다. 모로코의 술탄 이스마일 이븐 샤리프Ismail Ibn Sharif는 877명의 자녀를 출산해 기네스 세계 기록에 올랐다. 그는 무자비하게 행동하며 큰 하렘(이슬람 남성의 아내와 첩들이 기거하는 공간-옮긴이)을 유지해 '피에 굶주린 자'라는 별명을 얻었다. 이스마일과 비교하면, 그의 상대가 된 여성들의 성취는 대단한 일을 해냈어도 다소 빛이 바래 보인다. 18세기 러시아의 잘 알려지지 않은 마을에서, 농민 표도르 바실리예프Feodor Vassilyev의 아내였던 두 여성은 합쳐서 무려 87명의 아이를 낳았다고 한다. 첫 번째 여성은 쌍둥이를 16번, 세쌍둥이를 7번, 네쌍둥이를 4번 낳아 총 69명의 자녀를 얻었고, 두 번째 여성은 쌍둥이를 6번, 세쌍둥이를 2번 낳아 총 18명의 자녀를 얻었다. 87명 중 어렸을 때 사망한 자녀는 3명에 불과해 당시 평균 사망률에 훨씬 못 미쳤다.[8] 비록 전해지는 정보는 거의 없지만, 두 여성이 아이들을 먹여 살리며 남편으로부터 유래한 유전자를 흔치 않은 방식으로 증폭시켜 역사에 흔적을 남긴 것은 분명하다.

인간의 생식 능력에 대한 이러한 개인적인 세계 기록은 동물 세계의 일반적인 추세를 따른다. 수컷의 적응도는 얼마나 많은 암컷 상대와 짝짓기를 할 수 있는지에 따라 달라지곤 한다. 그렇기에 수컷의 작전은 가능한 많은 암컷에게 접근하는 것을 기반으로 한다. 반면 암컷은 자녀 양육에 사용할 자원이 충분하기만 하다면 많은 수의 수컷과 짝짓기하지는 않으려 할 것이다. 암컷은 비용을 많이 들인 소량의 난자를 생산하는 만큼, 농부 바실리예프처럼 자원이 풍족하고 자손에게 남길 좋은 유전자를 가진 수컷을 찾는 것이야말로 핵심적인 번식 전략이다. 다시 말해 성적인 행동의 진화적 적응에 대한 대략적인 법칙이 있다면, 암컷은 자원을 우선시하고 수컷은 암컷을 우선시한다는 것이다. 이 것을 베이트먼의 법칙이라고 하는데, 1940년대에 초파리에서 이 패턴을 발견한 유전학자 앵거스 존 베이트먼Angus John Bateman의 이름을 딴 규칙이다.

이러한 생식 전략의 차이 때문에 암컷은 짝을 선택할 때 너무 성급했다가는 불이익을 받을 수 있다. 반면에 수컷은 짝짓기할 모든 기회를 십분 활용하지 않았다가는 불리해질 것이다. 바로 여기서 고전적인 성적 고정관념이 생겨난다. 암컷은 적당한 수컷을 찾을 때까지 까다롭게 재며 기다리는 반면, 수컷은 자신의 매력으로 사로잡든, 꼬드기든 온갖 수단을 동원해 자기가 접근할 수 있는 모든 암컷에게 애써 구애한다는 것이다.[9] 이 과정에서 우위를 점하기 위해서라면 암컷과 수컷 모두 속임수를 쓸 준비가 되어 있다. 그렇기에 성적인 재생산을 둘러싸고 양성 간에 거짓말과 속임수가 가득하다. 이때 속임수를 쓰면 곧바로 반격을 당할 가능성이 있다. 따라서 성적인 속임수 속에는 정직성이 어떻게 진화했는지에 대한 비밀이 숨어 있다. 우리가 이 주제에 특별하게 주의를 기울여야 하는 이유도 바로 그 때문이다.

일부일처제 동물이 배우자에게 부정을 저질렀다고 하면 보통 수컷을 먼저 떠올린다. 비록 수컷의 불성실한 면모가 악명 높기는 해도 많은 종에서 암컷들 역시 일부일처제 관계를 배신한다고 알려져 있다. 두 성별의 이해관계가 어긋나는 상황에서 암컷이 수컷에게 맹목적으로 정절을 지킬 이유가 없다. 실제로 많은 종의 암컷은 성적인 관계에서 속임수를 활용해 자신의 적합도를 높이려 한다. 번식 능력이 가장 좋은 시절에도 속임수는 종종 쓰인다. 이런 점은 조류에서 흔히 관찰된다.[10]

전통적으로 조류, 그중에서도 명금류는 대부분 번식할 때 암수 쌍을 이루기 때문에 일부일처제가 기본으로 여겨졌다. 하지만 1980년대에 들어서면서 오랫동안 유지되었던 과학자들의 이 믿음은 흔들리기 시작했다. DNA 핑거프린팅이라는 새로 개발된 강력한 도구를 통해 암컷이 어떤 수컷과 짝짓기를 했는지 알아내게 되면서부터였다. 그에 따라 암수 짝을 이루는 새의 약 90퍼센트가 자기 배우자 뒤에서 몰래 속임수를 써서 짝이 아닌 개체와 자주 교미한다는 사실이 밝혀졌다.[11] 조류가 일부일처제인 것은 단지 사회적으로 그럴 뿐이지 유전적으로는 그렇지 않았다.

게다가 포유류에서는 사회적 일부일처제가 조류에 비해 훨씬 드물다. 암수 짝을 이루는 포유류 가운데 상당수가 자기 짝이 아닌 상대와 교미를 한다. 예컨대 설치류인 마멋은 보통 성체인 암수 쌍과 그 자손으로 하나의 군집을 이루어 살아간다. 그런데 유전적으로 친자 확인 검사를 하면 자손의 20퍼센트 정도는 다른 군집 수컷의 자손이다.[12] 여러 원숭이 종들 역시 지위가 높은 수컷이 암컷과의 짝짓기 기회를 독점하려 하지만, 그러는 와중에도 암컷은 지배적인 수컷 몰래 지위 낮은 수컷과 교미하곤 한다.

조류와 포유류에서 배우자 외의 상대와 교미하는 경우가 흔한 이유는 무엇일까? 확실한 답은 이러한 동물의 경우 난자가 암컷의 몸에서 체내 수정된다는 것이다. 대다수의 어류와 양서류는 체외 수정으로 번식하며, 정자와 난자가 결합하는 것을 수컷이 직접 볼 수 있다. 반면에 체내 수정을 하면 교미와 정자, 난자의 실제 결합 사이에 시간 지연이 발생한다. 이런 이유로 암컷은 여러 수컷과 짝짓기를 한 뒤 선호하는 수컷의 정자를 선택해 난자를 수정할 수 있다. 한편 수컷은 암컷의 성적인 이력에 대해 깜깜인 상황이라 자신이 진짜 아버지인지에 대한 불확실성이 커진다. 이러한 친자 관계의 정보 비대칭성은 암컷이 배우자 외 교미를 하면서 수컷을 속이는 데 상당한 이점을 제공한다. 하지만 애초에 암컷은 왜 수컷을 속일까? 이렇게 해서 암컷이 얻는 이득이 무엇일까?

몇몇 생물학자들은 암컷의 배우자 외 교미가 부정행위를 저지를 기회를 물색하는 수컷에 대항하는 진화적인 부작용이라고 생각한다.[13] 하지만 과학자들은 대개 암컷이 이런 은밀한 관계에서 실제로 얻을 수 있는 게 많다고 여긴다. 예컨대 암컷은 성적인 부정행위를 통해 다른 수컷의 영역에서 먹이나 쉼터 같은 추가적인 자원에 접근할 수 있다.

그렇지만 꽤 많은 상황에서 암컷은 배우자 외 교미를 통해 직접적인 보상을 받지는 못한다. 그러면 암컷이 몰래 돌아다니게 되는 이유는 무엇일까? 세 가지 주된 이유가 존재한다. 첫 번째는 암컷이 열등한 유전자를 가진 것으로 추정되는 수컷과 주된 배우자 결합을 형성할 수 있기 때문이다. 그렇게 되면 암컷은 배우자보다 더 매력적인 수컷과 은밀하게 접촉해 자손에게 더 나은 유전적 유산을 제공할 수 있다.[14] 이를 통해 자손(아들과 딸 둘 다)이 더 잘 생존할 수 있거나 아들이(딸은 제외하고) 암컷에게 성적으로 더 매력 있게 다가가도록 한다. 예를 들어 사회적으로 일부일처제인 검은눈방울새의 경우 배우자 외의 관계로 태어난 새가 일부일처 관계로 태어난 새에 비해 자손의 수가 85퍼센트 더

많았다. 그러면 암컷은 은밀한 성적 관계를 통해 더 많은 손주를 본다는 큰 보상을 받을 수 있다.[15]

배우자 외의 관계를 맺는 암컷이 얻는 두 번째 이점은 생식력을 지킬 수 있다는 것이다. 잘 알려진 것처럼, 난자는 수가 많지 않고 비용이 많이 든다. 그래서 난자를 제때 수정하지 않으면 상당수의 종에서 암컷이 번식 주기 전체를 놓치는 등 큰 손실을 본다. 계절에 맞추어 번식하는 조류와 포유류에서는 보통 1년이라는 기간 전체를 놓칠 수 있다. 이런 손실은 결코 만회하기가 쉽지 않다. 그렇기 때문에 백조처럼 암수 짝을 이루는 일부 종에서는 초반의 번식 노력이 실패로 돌아가면 헤어지고 새로운 짝을 찾곤 한다. 이런 현상은 수명이 짧은 종에서 더 자주 일어나는데, 마감일이 급박하기 때문이다. 이때 암컷이 여러 수컷과 짝짓기를 하면 처음 수컷이 생식력이 없거나 유전적으로 함께할 수 없다 해도 난자를 어떻게든 다른 수컷과 수정시킬 가능성이 높아진다.

암컷이 바람을 피우는 세 번째 이유는 서로 다른 아버지로부터 유전적으로 다양한 자손을 얻기 위해서다. 이렇게 하면 모든 알을 한 바구니에 담는 위험을 피할 수 있다. 금융 투자의 기본 원칙이 '분산시키기'라는 건 누구나 알 것이다. 망해 가는 회사 한 곳에 돈을 모두 걸었다가는 모든 것을 잃게 된다. 동물들 또한 유전적으로 균질한 상태를 유지하다가는 모든 것을 잃을 수 있다. 다양한 병원균이나 기생충과 싸우는 데 필요한 면역 능력이 떨어지기도 한다. 단일작물을 재배하는 데 따르는 위험성 또한 유전적 다양성이 얼마나 중요한지를 잘 보여준다. 잘 알려진 예 중 하나가 감자역병으로 인해 벌어진 아일랜드의 대기근 사태였다. 최근 세계 곳곳의 바나나 농장은 유전적 다양성이 부족한 작물을 위협하는 균류 감염, 이른바 파나마병으로 인해 큰 피해를 입었다. 따라서 분산 투자는 농업과 금융에서만큼이나 진화에서도 중요한 요소다. 이 투자법은 모든 것을 잃을 위험에 대비할 수 있는 강력한 도구다.

그러나 배우자에 대한 암컷의 부정행위에는 단점도 따른다. 예컨대 수컷을 속였다는 사실이 발각된 뻐꾸기 암컷은 짝에게 보복당할 위험이 있다. 꽤 많은 종의 조류에서(예컨대 2장에 등장한 제비처럼) 수컷은 자신의 '아내'가 다른 수컷과 짝짓기를 시도하는 장면을 목격하면 폭력적으로 공격해 벌을 준다. 수컷이 공격하는 대신 부모 노릇을 하지 않거나 아예 둥지를 포기해, 암컷이 혼자서 알을 부화시켜 새끼를 키우는 종도 있다.[16] 그러면 부정행위를 저지른 암컷이 돌보는 새끼의 사망률이 높아지거나 둥지 전체가 절멸하는 등 심각한 고통을 겪을 수 있다.[17]

포유류 수컷은 암컷이 바람을 피우지 못하게 방지할 수 있는 수단이 더욱 다양하다. 그중 가장 가혹한 수단은 영아 살해, 즉 자신의 새끼가 아닌 '적법하지 않은' 자손을 죽이는 것이다. 영장류에서는 수컷의 영아 살해가 매우 흔하게 나타난다. 새끼가 10마리 태어난다고 할 때 고릴라는 3마리 이상, 랑구르원숭이는 6마리 이상의 새끼가 영아 살해의 희생양이 된다.[18] 이러한 영아 살해는 암컷에게 피해를 주므로 임신한 암컷은 이를 어느 정도 예방하기 위해 다양한 조치를 취하기도 한다.

암컷이 취하는 조치 중 하나는 임신을 끝까지 이어가는 대신, 중간에 중단하는 것이다. 예를 들어 작은 설치류의 경우 임신 초기의 암컷이 짝 이외의 수컷 냄새를 맡으면 자궁에 있는 배아를 낙태할 수 있다. 1959년 생물학자 힐다 브루스Hilda Bruce가 발견한 이러한 현상은 그의 이름을 따 브루스 효과로 불린다.[19] 설치류의 화학적 언어에서 낯선 수컷의 냄새가 난다는 것은 암컷의 배우자가 싸움에서 패배했거나 죽었다는 의미로 해석된다. 그러면 새로운 짝이 영아 살해를 저지르는 것이 불가피하다. 낙태를 하면 암컷이 자손에게 유전적 대물림을 할 수 없기는 하지만, 이미 태어난 새끼를 잃는 것보다는 낫다. 암컷은 손해를 보고 있는 투자를 일찌감치 포기함으로써 도박꾼의 실수('매몰 비용의 오류'라 불리는[20])를 피하고, 미래의 더욱 유망한 임신을 위해 귀중한 시간과 에너지를 절약한다.

그렇다면 수컷은 암컷의 부정을 어떻게 알아챌까? 한 가지 분명한 단서는 출생 시기다. 수컷에게 다른 방법도 있을까? 답은 '그렇다'이다. 나는 운 좋게도 박사 과정을 밟을 때 디틀란트 뮐러-슈바르체Dietland Müller-Schwarze 교수의 지도를 받아 이런 방법 중 하나를 직접 발견하는 기회를 얻었다.

1990년대 초, 나는 뉴욕 서부에 자리한 앨러게이니 주립공원에서 비버를 산 채로 사로잡아 300마리 넘는 비버의 캐스토리엄 주머니와 항문샘에서 페로몬을 채취하고 있었다.[21] 그런 다음 가스 크로마토그래피와 질량 분석기를 사용해서 이런 분비물 샘플에 들어 있는 화학 물질의 종류와 양을 신중하게 분석했다. 이 정보를 통해 내가 사로잡은 모든 비버에 대해 마치 신원을 나타내는 얼굴 사진과도 같은 화학적 프로필을 구성할 수 있었다. 그런 다음 가족사진을 분석하듯 화학적 프로필을 서로 비교해 실제로 가까운 친척들이 먼 친척보다 더 유사한지 확인했다(당시에는 DNA 분석이 이루어지지 않던 시기였다. 가족 구성원 간의 관계는 10년 넘게 지속적으로 개체를 포획해 개별적으로 식별할 수 있게 된 비버에 대한 장기 관찰 데이터를 바탕으로 분석했다.). 처음으로 긍정적인 결과가 나온 순간 나는 거의 이성을 잃을 듯 기뻤다. 너무 기분이 좋은 나머지 그해 크리스마스이브 내내 시러큐스대학교에서 연구하는 멘토이자 친구인 스티브 틸Steve Teale의 연구실에 틀어박혀 쉬지 않고 일했을 정도였다(경고: 과학 연구는 중독성이 매우 강하다!).

환희가 가라앉자 나는 차츰 제정신으로 돌아왔다. 비록 친족 관계를 밝히는 유전 정보는 확실히 얻었지만, 비버가 이것을 어떻게 자신에게 유리하게 활용할 수 있는지는 여전히 탐구되지 않은 과제였다. 그래서 나는 현장에 나가 이 질문에 대한 답을 찾기로 결심했다. 그로부터 결론에 이르기까지는 3년이 더 걸렸다. 비버가 항문샘 분비물을 사용해서 낯선 개체가 아닌 친척의 냄새를 맡을 수 있으며, 가까운 친척과 먼 친척을 구별할 수 있다고 주장하기에 충분한 데이터가 쌓였다. 나중에 나는 올챙이 같은 다른 종이 친족을 인식하는 데 사용한다고도 알려진 이 화학 물질을 '친족 페로몬'이라고 명명했다([그림 4.1] 참조).[22]

게다가 친족 페로몬을 사용하는 포유류는 비버뿐만이 아니었다. 나와 협력했던 젠쉬 장과 딩전 류의 실험실에서 수행한 연구에 따르면, 대왕판다를 비롯한 일부 소형 설치류들 역시 친족 페로몬을 생성해낸다.[23] 이러한 발견은 하나의 과학적 전조일 가능성이 높았다. 후각이 날카로운 동물들에게 친족 페로몬이 광범위하게 존재할 수 있다는 더 큰 그림을 암시하는 것이다. 다만 우리가 속한 영장류는 유감스럽게도 냄새에 대해 상대적으로 덜 예민한 편이다.

그렇다면 동물이 자신의 유전적 정체성을 아는 것이 중요한 이유가 무엇일까? 전통적인 관점에서 보면 이를 통해 동물은 두 가지 주요 문제를 해결할 수 있다. 하나는 동물계에서 흔한 족벌주의를 실천에 옮기

그림 4.1 비버는 보통 일부일처제 배우자 쌍을 이루며, 친족 페로몬을 통해 상대가 유전적으로 얼마나 가까운지 가늠한다. © Dietland Müller-Schwarze

는 일이다. 유전적 정체성을 알면 낯선 개체에 대해 무작위로 친절한 행동을 보이며 값비싼 이타심을 낭비하기보다는 자기 친척을 도울 수 있다. 둘째, 짝짓기 상대를 고르는 데 도움이 된다. 유전적으로 너무 가깝거나 너무 멀리 떨어진 개체와 짝을 지으면 교미 쌍의 적합도가 떨어질 수 있다.[24] 친족 페로몬은 이 두 가지 문제를 확실히 해결해준다.

　게다가 자손의 유전적 정체성을 알게 되면, 암컷의 배우자 외 교미와 관련해 또 다른 중요한 기능이 드러난다. 이를 통해 수컷은 암컷이 배우자 외 교미에 참여하지 못하도록 하여 친자 관계를 보호할 수 있다. 이 과정은 수컷과 암컷이 장기적인 배우자 관계를 형성하고 수컷이 어린 새끼를 돌보는 데 많은 투자를 하는 비버 같은 종에서 특히 중요하다. 암컷 배우자가 은밀히 외도하면, 수컷은 자신의 적합도를 높이기 위한 투자에서 많은 것을 잃고 만다.

이 점은 러시아에서 DNA 핑거프린팅을 활용한 친자 확인 테스트 연구를 통해 설명된다. 연구 결과 유럽비버에서는 배우자 외 교미의 징후가 나타나지 않았다.[25] 하지만 미국 일리노이 남부에 서식하는 아메리카비버에 대한 연구에서는 명백한 모순이 발생하는 듯했다. 앞선 연구와 비슷한 친자 확인 테스트를 한 즈웨이 류와 그의 연구팀이 같은 군집에서 태어난 이 종의 새끼 일부가 다른 성체 수컷에 의해 양육된다는 사실을 발견했기 때문이다.[26] 과연 이것은 암컷이 배우자 외 교미를 했다는 증거일까? 이에 대한 답은 '그렇지 않을 가능성이 높다'이다. 비버는 개체 밀도가 높은 조건에서 생활할 때면 더는 한 쌍의 성체와 그 자손으로 구성된 일반적인 핵가족에 집착하지 않는다. 대신 비버는 다양한 생태학적 조건에 대응하기 위해 번식하는 성체가 셋 이상인 복잡한 형태의 가족을 꾸리는 경우가 많다. 그뿐만 아니라 다른 군집에 살던 가까운 친족이 가족 가운데 잠시 머물도록 허용하기도 한다. 같은 군집에서 태어난 비버 새끼의 아버지가 서로 다른 것은 결코 놀라운 일이 아니다.[27]

옛 중국 속담에 이런 말이 있다. "남자는 무릇 잘못된 직업을 갖지 않도록 걱정해야 하고, 여자는 잘못된 남자와 결혼하지 않을까 걱정해야 한다." 물론 현대인의 삶에 비추어보면 낡아빠진 생각이다. 하지만 여전히 상당수의 암컷 동물에게는 적합한 짝을 선택하는 것이야말로 일생일대의 중요한 결정이다. 아무리 구애 중에 달콤하게 군다고 해도 수컷은 아버지가 될 자질이나 우수성 면에서 개체 간에 차이가 크다. 어떤 개체는 좋은 아버지이지만 어떤 개체는 결코 그렇지 않다. 어떤 개체는 더 강하고 매력적인 자손을 생산할 만한 좋은 유전자를 가졌지만, 어떤 개체는 두 가지 모두 빈약하다. 체내 수정이 이루어지는 종의 암컷이라면 친자 관계에 대한 정보 전쟁에서 우위를 점하지만, 수컷의 자질에 관해서는 결코 우위를 점하지 못한다. 암컷은 겉보기에만 반드르르 매력적인 가짜와 진짜 훌륭한 수컷을 어떻게 구분할 수 있을까? 한 가지 방법은 거짓으로 꾸며내기 힘든 수컷의 특성을 눈여겨보는 것이다.

예를 들어 중국에 자생하는 니디라나속 개구리 수컷은 둥지를 만들기 위해 열심히 진흙 속에 구멍을 판다. 사람으로 치면 부동산에 투자하는 셈이다. 이 수컷은 암컷의 관심을 끌기 위해 자기가 판 구멍 속에서 구애의 노랫소리를 낸다. 수컷의 둥지는 알을 보호하는 은신처 역할도 하므로, 암컷 개구리의 70퍼센트가 둥지 없는 수컷보다 둥지 있는 수컷에게 끌린다. 암컷은 구멍 밖으로 들리는 수컷 노랫소리의 주파수 변화를 통해 둥지가 있는 수컷과 없는 수컷을 구별할 수 있다([그림 4.2] 참조). 둥지가 없는 수컷은 암컷이 원하는 자질을 가진 것처럼 가짜로 속이지 못한다. 실제로 갖지 않은 부동산을 가지고 있는 것처럼 구애의 노래를 부를 수는 없다.[28] 암컷 앵무새 역시 수컷의 행동을 주의 깊게 관찰한다. 암컷 앵무새는 예측하기 힘든 복잡한 환경 조건에서 살아남기 위해 필수적인 지능을 가진 수컷을 선택하고자 하는데, 그 기준

그림 4.2 우수한 자질을 가진 니디라나속 개구리 수컷. 구멍을 파고 있다. © Yue Yang

은 퍼즐 풀이 능력이다.[29] 개구리와 앵무새 두 가지 사례 모두 암컷이 자손에게 직간접적으로 도움이 되는 행동 특성을 기반으로 수컷을 선택하는 방식을 보여준다. 이런 특성은 가짜로 지어내기 어렵다.

사람의 경우는 어떨까? 표도르 바실리예프의 생애에 대한 역사적 정보는 부족하다. 하지만 그의 번식적 성공에 대한 기록으로 미루어 짐작하자면, 이런 엄청난 세계 기록을 세우려면 충분한 자원(그리고 아마도 좋은 유전자 구성)이 있어야 했을 것이다. 이 점은 그 당시 마을 주민들에게 그랬던 것처럼 오늘날 우리에게도 분명해 보인다. 일반적으로 인간의 경우 자원과 영역에 대한 소유권, 니디라나속 개구리의 둥지 소유권, 앵무새의 문제 해결 능력 같은 정보들은 어떤 식으로든 알려지고 선전된다. 그에 따라 수컷과 암컷 모두 동일한 지식을 제공받아 짝짓기 게임은 정보라는 관점에서 대칭성을 가진다.

하지만 수컷의 자질에 대한 필수적인 정보들, 즉 미래의 성공 가능성, 아버지로서 제대로 된 보살핌을 제공할 가능성, 유전자의 우월성에 대해 암컷은 기껏해야 부분적으로만 알 수 있는 경우가 많다. 그래서 이런 정보는 쉽게 위조된다. 그에 따라 암컷은 불리한 위치에 놓이며 불완전한 지식을 가진 채 정보가 비대칭적인 짝짓기 게임에 나서야 하므로 수컷이 뚜렷한 우위를 점할 수도 있다.

여기서 여러분이 명심해야 할 사실이 있다. 베이트먼의 법칙에 따르면 수컷은 가능한 한 많은 암컷과 교미하려는 진화적 압력을 받는다는 점이다. 이런 수컷은 목적을 달성하고자 속임수에 의존한다. 비용을 적게 들이면서 암컷에게 가능한 한 빠르게 접근할 수 있기 때문이다. 우리 인간 종에서도 이와 유사하고 익숙한 상황이 존재한다. 예컨대 무일푼인 대학생이 BMW 컨버터블을 빌려 데이트 상대를 꼬드기는 식이다. F. 스콧 피츠제럴드F. Scott Fitzgerald의 소설 『위대한 개츠비』에서도 주인공 제이 개츠비는 순진한 데이지에게 막대한 부를 과시하고자 대규모 채권 사기를 저지른다. 비록 허구의 이야기지만 이 전략은 마치 실제 우리 주변에서 일어날 법한 일처럼 현실적이다. 아마 여러분도 비슷한 사기 사례를 들어본 적이 있을 것이다.

수컷이 재생산 과정에서 유전자 이상의 기여를 거의 하지 않는 동물에서는 자질이 뛰어난 수컷을 선택하는 일이 더욱 중요하다. 공작, 말코손바닥사슴, 그리고 여러 설치류 종에서는 수컷이 결혼 선물이라든지 아버지로서의 보살핌을 제공하지 않는다. 그래서 암컷은 구애 과정에서 유전자가 좋은 수컷을 선택하는 것 외에는 아무런 일도 할 수 없다. 이제 여러분이 그런 종의 암컷이라고 상상해보라. 여러분의 임무는

"나야말로 최고의 신랑감이에요!"라고 외치는 수많은 수컷 중에서 가장 적합도가 높은 개체를 고르는 것이다. 이 중에서 진짜와 사기꾼을 어떻게 구분할 수 있을까?

최악의 시나리오를 먼저 생각해보자. 만약 여러분이 앞서 소개한 속담 속 '잘못된 남자'에 빠졌다면 적합도 면에서 큰 손해를 볼 테고 피해를 복구하지 못할 수도 있다. 이에 따르면 암컷은 수컷에 비해 확실히 불리한 위치에 있는 것처럼 보이기도 한다. 이 시나리오는 진화가 암컷에게 어떤 영향을 미칠 수 있는지 알려준다. 암컷은 정말로 자질이 훌륭한 수컷과 가짜 쭉정이를 구별할 대응 전략이 있어야 보상을 받을 수 있다. 암컷의 '수줍음, 정숙함'이 바로 그런 전략이다. 암컷은 수컷 짝짓기 상대를 고를 때 충분히 검토하고 너무 빨리 결론에 도달하지 않도록 진화했다. 그에 따라 수컷보다 충동성이 훨씬 덜하다. 그런 만큼 '수줍어하는 여성'이라는 고정관념은 그럴 만한 근거가 있는 셈이다. 이렇게 행동해야 '딱 맞는 수컷'을 찾을 수 있는 시간과 힘이 생긴다(물론 이러한 고정관념이 과학적 추론의 편의를 위해 복잡한 현실을 극도로 단순화한 결과임을 예민하게 인지할 필요가 있다. 실제로 베이트먼의 규칙을 완전히 전적으로 따르는 종은 몇몇에 지나지 않는다.).

하지만 수줍음이라는 도구가 암컷에게 어떤 수컷이 사기를 치고 어떤 수컷이 진실을 말하는지 알려주지는 않는다. 암컷에게는 누가 자질이 뛰어난 수컷이고 누가 사기꾼인지 알아내기 위해 더 효과적인 도구, 즉 강력한 거짓말 탐지기가 필요하다. 그러면 어떻게 해야 할까?

공작의 꼬리를 예로 들어보자. 다들 공작의 멋진 깃털, 특히 무지갯빛 눈꼴 무늬가 박힌 긴 꽁지깃을 보고 감탄한다. 하지만 다윈은 이 깃털을 보고 우리와는 꽤 다른 반응을 보였다.『종의 기원』을 출간하고 1년이 지난 1860년까지도 다윈은 고민이 많았다. 진화 과정에서 어떻게 그런 과장된 구조물이 형성될 수 있었을까? 다윈은 미국인 친구인 식물학자 아사 그레이Asa Gray에게 보낸 편지에서 "공작 꽁지깃을 보고 있자면 지긋지긋해!"라고 수줍게 고백할 정도였다. 왜 그랬을까? 공작이 어째서 자신의 생존에 전혀 쓸데없는 데다 실제로 해를 끼치는 화려한 꽁지깃을 가졌는지 도저히 알 수 없었기 때문이었다. 자연 선택에 따른 진화라는 자신의 장대한 이론이 이 사례에만 적용되지 않는 모습을 보며, 다윈이 얼마나 좌절했을지 짐작할 수 있다.

공작 꽁지깃의 딜레마는 다윈이 두 번째 걸출한 저작『인간의 유래』를 출간할 때까지 12년 동안 그의 마음을 괴롭혔다. 이 책에서 비로소 다윈은 동물이 매력적인 것에 대한 타고난 감각, 즉 그의 표현대로라면 "아름다움에 대한 취향"을 가지고 있다는 생각에 도달했다. 그럼에도 이 과정이 어떻게 작동하는지 거의 알지 못했기에 다윈은 완전히 만족하지 못했다. 어째서 공작은 크고 화려하기만 하고 쓸모없어 보이는 꽁지깃을 달고 있어서 다윈을 지긋지긋하게 만든 걸까?

공작의 꽁지깃이 암컷을 유혹하는 데만 사용된다는 점을 고려하면 우리가 던져야 할 질문은 다음과 같다. 왜 암컷은 그렇게 쓸모없는 것에 속아 넘어갈까? 이 딜레마는 과학계에서 가장 큰 수수께끼로 부상했다. 그렇게 한 세기 이상 풀리지 않던 이 수수께끼는[30] 1975년 이스라엘의 진화생물학자 아모츠 자하비Amotz Zahavi가 핸디캡 가설이라는 직관적인 아이디어를 떠올리면서 비로소 해결되었다. 이 가설은 지표, 좋은 유전자, 값비싸고 정직한 신호 가설(원리) 등으로 다양하게

불린다.[31]

자하비의 논리는 간단했다. 그런 화려한 꽁지깃을 가진 공작은 생물학적으로 우월해야 한다. 그렇지 않다면 이미 부족한 자원과 수많은 포식자에게 굴복했을 것이다. 따라서 커다란 꽁지깃은 그 자체로 수컷이 높은 적합도를 가졌다는 징후다. 동물 버전의 과시적 소비인 셈이다. 겁쟁이나 가짜는 그런 사치를 누릴 여유가 없다. 그에 따라 핸디캡 가설은 수컷 구피가 왜 몸에 주황색 반점을 자랑스럽게 보이는지, 여러 종의 수컷 새가 왜 아름다운 깃털을 가졌는지, 수컷 말코손바닥사슴이 왜 거대한 뿔을 키우는지 등의 수수께끼도 깔끔하게 설명한다. 이러한 허영스러운 장식은 제작에 많은 자원과 에너지가 소모되는 데 비해, 그것을 지닌 개체에게는 높은 위험을 안겨준다. 따라서 이는 수컷의 자질을 시험하는 리트머스 시험지와도 같다. 장식을 감당할 수 있는 개체는 유전적으로 적합도가 높고, 그렇지 않은 개체는 열등하다.

이렇듯 핸디캡을 부과하는 장식은 자질에 대한 확실한 증거이므로 수컷은 거짓말을 하고 싶어도 할 수가 없다. 그에 따라 정보 전쟁은 더는 비대칭적이지 않게 되며, 암컷은 공평한 토대에서 수컷과 짝짓기 게임을 할 힘을 가진다. 핸디캡은 상당수가 쓸모없는 낭비인 것처럼 보이지만, 적어도 암컷의 관점에서 보면 수컷의 정직성을 알아본다는 점에서 굉장히 유용한 셈이다.

우리 주변의 경험을 통해서도 핸디캡 원리를 완벽하게 이해할 수 있다. 예컨대 학문이나 예술에 재능이 있는 사람이라면 어려운 기악곡을 연주하거나, 셰익스피어의 시를 완벽하게 낭송하거나 미분 방정식을 푸는 등 어려운 작업을 처리하는 데 뛰어난 능력을 보여주어(전부 다 잘 해내면 더 좋다) 재능을 입증해야 한다. 비록 이런 기술은 일상생활에서 대개 쓸모가 없지만 완벽하게 해내려면 시간과 의지력, 무엇보다 높은 수준의 지능이 필요하다. 이런 기술은 실용성보다는 인지 능력을 정직하게 드러내 미래의 성공을 점치는 좋은 시금석이 된다는 이유로 널리 인정받고 있다(이런 이유로 많은 기업은 지원자의 대학 학위는 물론, 대입 시험 점수나 학점과 같은 증거를 요구하기도 한다). 같은 이유로 동물은 장식용 깃털을 달거나 노래를 부르고 춤을 추며 퍼즐을 푸는 능력을 보여준다. 이러한 형질이나 기술은 (적어도 부분적으로) 일종의 부담이자 짐이 되지만, 암컷이 자질이 뛰어난 수컷과 그렇지 않은 수컷을 구별할 수 있다. 핸디캡 형질은 한마디로 거짓말 탐지기 역할을 한다.

𝕏

동물의 핸디캡은 종류가 다양하다. 몇몇은 공작이나 꿩, 과부새의 긴 꼬리처럼 과장된 장식으로 눈에 띄게 뚜렷하다. 극락조의 화려한 깃털은 말할 것도 없다([도판 10] 참조). 반면에 높은 테스토스테론 호르몬 수치처럼 미묘하게 숨겨진 것들도 있다. 이러한 특징은 면역계를 손상시켜 체내에서 일종의 독소 역할을 하기 때문에 핸디캡으로 간주된다. 왜 그런지는 이해하기 쉽다. 혈류에 그만큼의 독소를 넣어도 멀쩡하려면 애초에 건강하고 적합도가 높아야 한다.

대부분의 핸디캡은 신체의 일부로 나타난다. 예를 들어 수컷의 밝은색 깃털은 면역 체계가 피를 빠는 기생충으로부터 몸을 보호하고 있다는 좋은 지표다.[32] 많은 조류 종에서 암컷이 화려한 깃털을 가진 수컷을 선호하는 것은 이런 이유에서다. 하지만 핸디캡은 때에 따라 외부에 존재할 수도 있다. 바깥의 어딘가에 위탁하는 것이다. 예컨대 바우어새는 둥지로 활용되지도 않는 '바우어'라는 장식적인 구조물을 세심하게 쌓아 올려 완성하는 데 막대한 시간과 에너지를 들인다. 이 구조물은 수컷이 암컷을 유혹하는 것 외에 아무런 목적이 없다(5장 [그림 5.8] 참조). 즉 바우어는 수컷의 자질을 드러내는 핸디캡의 역할을 한다.

더 나아가 몇몇 핸디캡은 미묘한 것을 넘어서 우리 인간도 쉽게 인지하기가 힘들다. 나는 2000년대에 베이징 동물학 연구소에 근무하는 오랜 협력자 젠쉬 장 덕분에 이 사실을 알게 되었다. 장은 어떤 동료 개체가 스트레스를 잘 받는지 아닌지를 쥐가 감지할 수 있는지 시험하고 있었다. 만약 암컷이 이를 구별할 수 있다면, 스트레스를 받는 상대는 적합도가 떨어진다는 의미일 테니 비교적 스트레스를 덜 받는 수컷을 선호할 것이다. 우리는 간단한 실험을 수행했다. 수컷을 두 집단으로 나눈 다음 각각 8주에 걸쳐 고양이 오줌 냄새(쥐에게 스트레스를 유발하는)와 토끼 오줌 냄새(쥐에게 스트레스를 유발하지 않는)를 맡도록 하는 실험이었다. 그런 다음 우리는 암컷이 두 집단의 수컷 중 한쪽을 선택할 수 있도록 했다. 놀랍게도 암컷은 두 종류의 수컷을 구별하는 것은 기본이고 고양이 오줌에 노출되어 스트레스를 경험한 수컷을 선호했다. 우리의 예상과는 정반대의 결과였다.

우리는 대체 무슨 일이 벌어지고 있는 건지 머리를 긁적이며 꽤 오랫동안 고민에 휩싸였다. 그러던 어느 날 점심을 먹으며 대화를 나누던 중 간단한 아이디어 하나를 떠올렸다. 이 기이한 관찰 결과를 이해하려면 쥐의 입장이 되어야 했다. 수많은 쥐가 야생 고양이, 족제비, 올빼미 같은 포식자에게 쫓기기 때문에 쥐의 세상은 하루하루가 목숨을 건 투쟁이다. 그렇기에 암컷 쥐라면 "내가 바로 당신이 찾는 신랑감이에요!" 라고 외치며 추파를 던지는 여러 수컷 중에서 가장 적합도가 높은 개체를 찾는 것이 중요하다. 그러면 어떻게 해야 할까? 설치류에게 지능 검사를 할 수는 없다. 그 대신 잠재적 짝짓기 상대의 적합도를 정확하게 드러내는 징후를 파악할 수 있다면 신랑감을 찾는 데 도움이 될 것이다.

알고 보니 우리가 찾고 있는 징후가 수컷 쥐의 소변에 있었다. 원리가 뭘까? 스트레스를 주는 사건을 막 경험한 쥐의 호르몬은 그렇지 않은 쥐와는 눈에 띄게 다르다. 이러한 변화는 소변의 대사성 노폐물에서 드러나며, 이 물질은 포식자일 가능성이 높은 위협적인 존재와 조우한 이야기를 담은 동영상 클립처럼 신뢰할 만한 기록이 된다. 수컷의 소변 냄새를 맡은 암컷은 다음과 같은 사실을 눈치 챈다. 이 수컷은 상당수의 동료가 먹잇감이 되었을 전쟁터에서 영웅처럼 귀환한 개체다. 소변 속 스트레스 호르몬이 갖는 특징 때문에 살아 돌아왔다는 사실 자체가 짝으로서의 자질을 잘 보여준다. 그런 이유로 암컷은 포식자를 맞닥뜨린 경험이 있었던 수컷에게 푹 빠진다. 저널리스트인 찰스 최Charles Choi 는 『라이브 사이언스Live Science』에 게재한 기사에서 우리가 발견한 사실을 이렇게 요약했다. "고양이의 소변이 수컷 쥐를 더 마초적으로 만든다."

마초 수컷을 만들어내는 소변에는 대체 무엇이 들어 있을까? 우리는 이 질문에 대한 답을 찾는 동시에 쥐에게 어떤 변화가 일어나는지 확실히 밝히기로 했다. 스트레스를 많이 받으면 쥐의 몸에서는 네 가지 수컷 페로몬의 수치가 높아진다. E, E-α-파르네센, E-β-파르네센, R, R-탈수소-엑소브레비코민, S-2-sec-부틸-디하이드로티아졸이 그

것이다.[33] 난해한 화합물의 이름에 익숙하지 않더라도 상관없다. 여기에 적용되는 원리만큼은 명료하다. 이런 화학 물질은 공작의 꽁지깃과 정확히 같은 방식으로 작용한다. 이 스트레스 호르몬이 몸에 많을수록 수컷 쥐의 적합도는 높아진다.

어떤 형질이 핸디캡으로 작용하려면 생산하고 유지하는 데 비용이 많이 든다. 비용이 많이 든다는 것 자체가 자질이 뛰어나다는 사실을 정직하게 드러내는 수단이다. 하지만 이렇게 되면 수컷은 계속해서 무거운 짐을 져야 한다. 포식자와 병원균에 취약해지고, 그에 따라 생존율이 낮아진다. 혹시 수컷은 절차를 조금 무시하고 자신에게 가장 필요할 때만 핸디캡을 활용할 수도 있을까? 그러면 그야말로 어디에서든 최강이 될 것이다.

답은 '그렇다'이다. 많은 경우 수컷은 필요할 때만 핸디캡을 짊어지는 방식으로 부담을 줄인다. 예컨대 수컷 사슴의 뿔은 물질과 에너지, 위험 측면에서 비용이 많이 든다. 하지만 짝짓기 철에는 뿔이 암컷을 유혹하고 자기 영역과 하렘을 방어하는 두 가지 목적을 수행할 수 있어 유용하다. 그러다 짝짓기 철이 끝나면 수컷은 무거운 짐짝을 치우듯 뿔을 제거한다. 이와 비슷한 비용 절감 조치는 사다새에서도 관찰되는데, 부리 위에 뿔이 돋거나(아메리카사다새의 경우, [그림 4.3a] 참조) 눈 근처에 혹을 키우는(큰사다새의 경우, [그림 4.3b] 참조) 식이다. 이런 구조는 이 개체의 시야가 부분적으로 방해를 받더라도 문제없이 살아갈 수 있음을 증명한다. 동시에 이 구조는 사다새의 낚시 기술이 뛰어나다는 사실을 알려주는 정직한 신호이기도 하다. 그럼에도 이것은 짝짓기 철에만 쓸모가 있는 짐짝이다. 그렇기에 쉬이 예상할 수 있듯 짝짓기 철이

그림 4.3 Ⓐ 부리 위에 뿔이 돋은 아메리카사다새 ⓒ Len Blumin Ⓑ 눈 근처에 혹이 난 큰사다새 ⓒ Andrej Chudy, CC BY–NC 2.0 라이선스, 원본에서 수정하지 않음

끝나면 이 구조는 사라진다.[34]

핸디캡이라고 하면 비용이 많이 드는 정직한 신호 역할 외에는 다른 목적이 없다는 고정관념을 갖기 쉽다. 하지만 항상 그렇지는 않다. 상당수의 핸디캡은 여전히 중요한 생물학적 기능을 지닌다. 가장 흔한 핸디캡인 화려한 색깔 패턴을 예로 들어보자. 구피, 큰가시고기 같은 어류와 핀치, 카나리아 같은 조류의 수컷은 상당수가 붉은색, 주황색, 노란색 등 밝은색을 띤다. 이런 밝은색은 어떻게 중요한 생물학적 기능을 맡으면서도 정직한 신호로 진화할 수 있었을까?

어류와 조류의 밝은색은 먹이에 들어 있는 카로티노이드 색소에서 비롯한다.[35] 카로티노이드는 면역 체계를 강화하는 항산화제라서 인간을 포함한 동물의 건강에 도움을 준다. 하지만 대부분 동물은 카로티노이드를 직접 합성할 수 없다. 따라서 동물은 섭취하는 식물로부터 이 성분을 얻어야 한다. 그렇기에 밝은색은 건강, 양질의 먹이를 찾는 좋은 기술, 영양소를 다른 것으로 전환하는 능력, 이런 요소들의 조합을 외부에 드러내는 역할을 한다. 최근 조류를 대상으로 한 연구에서는 과학자들이 이런 밝은색의 기원이 사이토크롬 P450의 유전자인 CYP2J19의 발현과 관련이 있음을 밝히기도 했다.[36] 이것은 밝은색을 띤 수컷에서 색에 대한 해당 유전자가 높은 기능성을 가지고 있을 수 있음을 뜻한다. 그렇기에 카로티노이드 관련 색상 발현은 가짜로 만들어내기 어렵다. 그것은 자질이 뛰어난 수컷임을 알려주는 정직한 신호로 작용한다.

더구나 밝은색은 동물을 돋보이게 하기에 포식자의 관심을 더 많이 끈다. 야생에서 진홍색을 띤 풍금조나 오렌지색을 띤 물고기가 있다면 아무리 둔한 인간의 시력으로도 쉽게 눈에 띌 것이다. 그래서 밝은색을 띤 동물은 포식자에서 비롯하는 선택적 압력이 더 높다는 부담을 안고 있다. 바꿔 말하면 대담한 색을 띠었는데도 포식자의 공격에서 살아남은 개체는 훌륭한 유전자를 가졌을 가능성이 크다. 즉 밝은색 패턴은 핸디캡과 정확히 같은 이유에서 개체의 자질을 알려주는 정직한 신호다. 암컷이 밝은색을 띠는 수컷을 선택하는 데는 여러 이유가 있는 셈이다.

이렇듯 우리는 다양하고 흥미로운 사례를 통해 수컷 동물이 암컷과 짝짓기를 하고자 정직한 신호를 주는 전략, 사기꾼 전략을 비롯해 다양한 전술을 활용한다는 사실을 알게 되었다. 일반적으로 암컷의 짝 선택을 통한 성 선택은 세 가지 유형의 적응으로 압축된다. 수컷이 정직한 핸디캡을 진화시키거나, 암컷의 인지적 편향성을 악용해 속이거나, 짝짓기 기회를 몰래 찾는 것이 그것이다. 따라서 성 선택은 정직과 사기, 그 사이의 모든 전략을 일으킨다. 이는 결국 다양한 형태학적·행동적 적응으로 이어진다.

지금까지 우리는 암컷이 핸디캡을 지닌 수컷을 선호함으로써 수컷에게 정직성을 요구하는 짝 선택 과정을 살펴보았다. 하지만 이런 아이디어는 짝 선택이라는 맥락을 벗어난 더욱 일반적인 의사소통에서 일어나는 정직한 신호 전달에도 똑같이 적용된다. 형질을 가짜로 만들기 어려운 한, 그것은 싸울 준비가 된 상황부터 협력하려는 의지를 갖춘 상황까지 다양한 종류의 신호 전달에 사용된다.

동물 둘이 협력할 때마다 위험이 따른다는 사실을 기억하자. 하나가 속임수를 쓰면 다른 하나가 비용을 부담해야 한다. 그렇기에 협력이 주는 이점을 얻으면서도 속임수를 쓰는 유혹에 빠지지 않는 좋은 방법은 서로 대화하는 것이다. 두 당사자가 의사소통할 수 있어야 비로소 조건을 협상하고 서로의 정직성을 평가할 수 있다. 이런 이유로 유기체가 상호작용하기 시작한 이래로 정보를 둘러싼 전쟁은 항상 존재해왔다. 그러면 정직한 신호에서 핸디캡이 어떻게 활용되는지를 보여주는 몇 가지 예를 살펴보자.

참새목 박새과에 속한 노랑배박새에서 가슴 한가운데의 검은 줄무늬는 신분을 드러내는 배지다([그림 4.4] 참조). 줄무늬의 폭이 넓을수록 조류 사회에서 좀 더 지배적인 개체다. 이 종의 수컷은 종종 서로에게 싸움을 걸기 때문에 하위 계급의 개체는 상위 계급처럼 보이기 위해 넓은 가슴 줄무늬를 할 수 없다. 서로 싸우는 과정에서 하위 계급의 가짜 줄무늬가 들통날 것이다. 가슴 줄무늬가 드러내는 것보다 실제 계급이 낮을 경우, 각자의 신분에 맞는 배지를 착용했을 때보다 싸움에서 혼쭐이 난다. 여기서 개체 간의 다툼은 가짜를 응징하는 감시 메커니즘 역할을 한다.

갬벨메추리에서는 머리 위 깃털이 지배나 복종의 의사를 표시한다. 이 깃털을 앞으로 내밀면 '나를 건드리지 마!' 또는 '엿이나 먹어!'라는 뜻이다. 하지만 깃털이 뒤로 기울어지면 '제발 나를 해치지 마세요!'라는 복종의 의미다.[37] 무리 지어 사는 군집성 말벌도 마찬가지다. 계급이 높은 벌일수록 머리의 검은 반점이 점점 크고 많아지는데, 이것은 경쟁자들과의 잦은 다툼을 견뎠다는 훈장이다. 머리에 검은 반점을 많이 가

그림 4.4 노랑배박새 수컷. 배 한가운데의 검은 배지를 보라. © Jianxu Zhang

진 채 사회적 지위를 속이는 사기꾼이 있다면 머지않아 호되게 대가를 치르게 된다.[38]

이런 모든 경우에 지위를 나타내는 배지의 크기는 물리적인 다툼의 수준과 관련이 있다. 마치 체급별로 구분해 치르는 복싱 경기처럼 배지가 크면 더 큰 도전과 맞닥뜨린다. 이처럼 사회적인 강제 속에서 지위 배지는 큰 비용을 요구하므로, 동물은 자신의 능력을 정직하게 드러내지 않으면 안 된다. 또한 언제든 다른 개체로부터 시험을 받을 준비가 되어 있어야 한다.

지금까지 우리는 같은 종의 개체가 핸디캡의 원리를 적용해 정직한 정보를 전달하는 사례를 살펴보았다. 그런데 이 원리는 다른 종 사이의 정직한 의사소통에도 적용된다. 예컨대 청소부 물고기의 고객 중 상당수는 여러 청소부에게 신용도 점수를 매기는 시스템을 사용한다. 이를 통해 고객은 서비스 품질을 감독해 사기꾼, 특히 무임승차자를 걸러낼 수 있다.[39] 마찬가지로 포식자에게 쫓기면 사슴 종 가운데 상당수가 엉덩이의 흰색 무늬로 포식자의 존재를 알리며, 영양은 펄쩍 뛰어오르는 스토팅stotting 행동(관심 끌기 행동)을 보인다. 두 가지 모두 추적자에게 동일한 정보를 보낸다. '난 아주 쌩쌩하고 적합도가 높아. 그러니 나 때문에 시간 낭비하지 말기를.'[40]

⚔

우리 인간 역시 정직한 신호를 사용한다. 여성의 아름다움과 관련된 신체적 형질, 즉 흠집 없는 피부, 윤기 나는 머리카락, 완벽한 허리와 엉덩이 비율은 모두 젊음을 알리는 신호다. 진화 심리학자들이 밝힌 바에 따르면 궁극적으로 이것은 생식 능력으로 해석되는데, 이 능력이야말로 원초적인 남성의 눈에 가장 중요하게 여겨진다.[41]

정직한 신호는 호기심을 자아내는 여체의 특징에만 적용되는 것이 아니다. 이 신호 체계는 인류 문화에 훨씬 더 널리 퍼져 있다. 예를 들어 꽤 많은 원시 사회가 젊은이들에게 노래나 춤, 레슬링 같은 종목에 대한 공개적인 경쟁의 장을 제공한다. 이 대회를 통해 여성들은 배우자를 선택할 기회를 얻는다. 우승자는 배우자가 되기에 더욱 바람직하다고 여겨지기 때문이다. 오늘날의 스포츠도 이런 원시 시대의 대회에서 유래한 것으로 보인다. 이런 대회는 개인의 기술이나 강점, 역량을 정직하게 표출하도록 하며 핸디캡의 원리에 뿌리를 두고 있다.[42]

예를 들어 말리에서는 축제 기간에 도곤족 남성들이 커다란 가면을 쓰고 춤을 춘다. 이 가면은 무척이나 무거워서 몇 명의 도우미가 붙어야만 춤추는 사람의 머리에 씌울 수 있다. 무거운 가면을 쓴 남성들은

그림 4.5 커다란 가면을 쓰고 춤을 추는 도곤족 남성
© Erwin Bolwidt, CC BY-NC 2.0 라이선스, 원본에서 수정하지 않음

발을 헛디뎌 넘어지기라도 하면 목이 부러질 수 있기에 아주 조심스럽게 춤을 춘다. 그렇기에 가장 큰 가면을 쓰고 춤을 출 수 있는 남성은 가장 강한 사람들뿐이다([그림 4.5] 참조). 어른들의 세계를 맛보려는 아이들은 작은 가면을 착용한다.[43]

수렵 채집 사회에서 남성은 덩치가 큰 사냥감을 쫓는 경향이 있다. 그러면 사냥꾼은 채집자보다 반드시 더 많은 열량을 무리에 제공하는 것은 아님에도 더 큰 위험을 감수하게 된다.[44] 사냥이 채집에 비해 단백

질이나 열량을 적게 제공하면 식량 공급 수단으로서의 주요 기능을 잃는 셈이다. 대신 사냥은 남성이 기술, 용맹성, 지능을 드러내고 자신이 무적이라고 뽐내는 기회가 된다. 즉 비용이 많이 드는 신호를 보내는 데 이용되는 것이다.

성공적인 사냥꾼들이 전리품을 가져와 다른 사람들과 공유하는 데는 이유가 있다. 이들은 자신의 관대함을 지역 사회에 보여주고 사회적 자원을 얻을 기회로 활용하려 한다. 따라서 전리품을 공유하는 것은 미묘한 핸디캡 역할을 한다. 이 대외 캠페인을 통해 파라과이의 아체족부터 동아프리카의 하자족에 이르는 여러 원주민 사회 구성원은 더 나은 평판, 높은 사회적 지위, 정치적 영향력을 누릴 수 있고, 그에 따라 번식 성공률은 더 높아진다.[45]

커다란 동물을 사냥하는 것만이 작은 무리에서 남성의 기량을 보여주는 방법은 아니다. 오스트레일리아 토레스 해협에 있는 머레이 제도 주민들의 예를 살펴보자. 머레이섬 원주민은 주식인 참마를 재배한다. 하지만 남성과 여성은 재배 방식이 매우 다르다. 여성의 주요 관심사는 가족이 먹을 식량을 충분히 확보하고자 땅을 얕게 파고 가능한 많은 참마를 재배해 수확량을 극대화하는 것이다. 반면에 남성은 효율성이나 생산성에 그다지 관심을 두지 않는다. 그보다는 지역 사회에서 열리는 커다란 참마 재배 경쟁에서 이겨 명성을 누리고자 이 작물을 재배한다. 남성들은 이런 행사를 준비하기 위해 크고 깊은 구멍을 힘들여 파고 작물을 열심히 돌보는데, 그 이유는 참마가 최대한 크게 자라도록 하기 위해서다. 문제는 이렇게 남성이 참마 하나를 돌볼 때마다 여성들의 방식으로 하면 20개는 키울 만한 엄청난 비용이 든다는 것이다. 하지만 남성은 어떻게든 대회에서 잘 해내고 싶기에 이런 점은 전혀 신경 쓰지 않는다. 우승하면 즉시 이름을 날리고 사람들의 존경을 받게 된다. 그러면 지역 사회에서 더 큰 정치적 권력과 사회적 영향력을 행사할 가능성이 높아진다.[46] 그렇기에 남성의 경우 참마는 식탁에 오르는 식재료가 아니라 자신의 재배 기술을 그대로 정직하게 과시하고 사회적·정치적 이득을 얻기 위한 수단이다.

나는 어린 시절 대부분을 동중국해 근처 할머니 댁에서 자랐기에 시골 생활에 대해 잘 안다. 200명 남짓한 마을 주민들은 다들 이웃집에 숟가락이 몇 개 있는지까지 속속들이 알았다. 이런 작고 긴밀하게 엮인 전형적인 사회에서 개인의 사생활이나 비밀을 지켜준다는 생각은 아예 없었다. 바다거북이나 큰 물고기를 잡는다든지, 독사를 죽인다든지, 커다란 나무 꼭대기에 올랐다든지 하는 놀라운 일을 하면 곧 마을 전체에 소문이 퍼졌다. 하지만 이런 특출한 업적이 조개 한 바구니나 쌀가마니 같은 평범한 보상으로 이어지지는 않았다. 그보다는 마을에서 사람들이 "와아!" 하고 15분 넘게 감탄할 만한 즉각적인 명성이 생겼다. 더 중요한 것은 마을 주민들, 특히 여성들 사이에서 상당한 화제를 불러일으킨다는 점이었다. 따라서 이런 업적을 쌓으면 진화적 적합도는 확실히 높아질 것이다.

이렇듯 비용이 많이 드는 신호는 시골 마을뿐만 아니라 산업 사회에도 존재한다. 페라리, 루이비통, 온갖 종류의 값비싼 디지털 기기 등 어디에서나 그 예를 볼 수 있다. 이렇게 신분을 드러내려는 사치품은 지금으로부터 한 세기 전의 경제학자 소스타인 베블런Thorstein Veblen이 '과시적 소비'라고 불렀던 개념의 핵심에 자리한다([그림 4.6] 참조).[47]

그림 4.6 람보르기니는 보통 과시적 소비를 하려는 계층을 타깃으로 하며, 종종 남성들의 원초적인 본능에 영합하려는 다소 저속한 의도를 담아 광고한다.
© crguerra, CC BY-NC 2.0 라이선스, 원본에서 수정하지 않음

파티에 여학생들이 있을 때 자신의 신체적 기량을 뽐내고자 술병을 들고 꿀꺽꿀꺽 마시는 남자 대학생들도 그런 예다.

특히 젊은 남성들은 동료 앞에서 무모하게 운전한다든지 자동차 경주, 스카이다이빙, 번지점프처럼 위험한 스포츠를 시도하는 등 공개적으로 위험한 행동을 하는 경향이 있다. 이런 행동을 해도 무사하다는 사실을 보여주어 자신이 무적임을 증명하고 싶어 하기 때문이다. 폭력배들 사이에서도 같은 원칙이 적용된다. 이들이 위험을 감수하는 행동을 하면 동료의 존경과 인정을 받을 수 있다.[48]

핸디캡 원리는 구애 상황에서 더 쉽게 드러난다. 예를 들어 많은 남성이 헌신의 약속으로 약혼녀나 신부에게 줄 다이아몬드 반지를 구입하려고 큰 빚을 지곤 하는데, 이는 여성들이 종종 애정과 충실함의 증

거로 보석 반지를 요구하기 때문으로 알려져 있다. 하지만 최근 연구에 따르면 다이아몬드 반지는 짝짓기 상대로서 남성의 자질과 가치를 상징한다. 여성은 매력적이지 않은 남성과 약혼할 때 매력적인 남성에 비해 더 크고 값비싼 다이아몬드를 원한다. 핸디캡이 커도 외모가 뛰어나면 그 프리미엄 가치로 상쇄되는 듯하다.[49]

사실 다이아몬드는 유리를 자르거나 롤렉스처럼 과시적 소비 수단인 기계식 손목시계를 만드는 것 말고는 실용적인 가치가 거의 없다. 다이아몬드라는 광물 자체가 사실 그렇게 귀한 것도 아니다. 시베리아의 소행성 분화구에서 채굴되는 다이아몬드로도 향후 3,000년 동안 전세계 공급량을 감당할 수 있을 것으로 추정된다.[50] 게다가 다이아몬드는 아주 단단해서 자르기 어려우므로 정형화된 기하학적 모양 말고는 예술적 디자인을 첨가할 여지도 거의 없다. 창의성이 요구되는 유리나 대부분의 금속 가공 작업과는 비교할 수도 없을 정도다. 결국 다이아몬드가 특별한 보석으로 여겨지는 유일한 근거는 사람들의 인식뿐이다. 안타깝게도 오늘날 전 세계적으로 연마하지 않은 다이아몬드 유통 시장의 80퍼센트 이상을 지배하는 다국적 기업 드 비어스 그룹의 독점 때문에 이 광물의 시장 가치는 지나치게 부풀려 있다.

이처럼 다이아몬드가 본래의 가치와 상관없이 동서양 사회 모두에서 애정의 상징으로 진화한 데는 두 가지 큰 이유가 있다. 첫째는 값비싼 가격으로 인해 다이아몬드가 이상적인 부유함을 드러내는 대용물이 되기 때문이다. 1캐럿짜리 다이아몬드 약혼반지의 가격은 6,000달러로, 일반적인 미국 남성에게는 상당한 부담이 된다. 이러한 선물은 전통적으로 남성이 가족을 부양할 만큼 충분한 수입을 올릴 능력이 있음을 의미한다. 둘째는 잠깐 빌리면 어느 정도 감당 가능한 BMW 자동차와는 달리, 다이아몬드 반지는 약혼녀에게 영원히 주는 선물이라는 점이다. 그렇기 때문에 약혼이 깨지면 대부분 반지를 돌려주곤 한다. 일단 여성에게 다이아몬드 반지를 주고 나면 남성은 재정적인 부양이라는 계약을 체결하는 셈이다. 이제 남성은 원하든 원하지 않든 관계에 얽매이게 된다. 이것은 아시아나 아프리카의 일부 전통 사회에서 여전히 행해지고 있는 '신붓값 치르기(신랑이 결혼하면서 신부 가족에게 귀중품이나 상당한 노동을 제공하는)'와 동일하다.

성평등이 어느 정도 이루어지고 경제가 발달한 오늘날에는 많은 여성이 더는 남성에게 가족 부양 의무를 무조건 기대하지는 않는다. 그 결과 큰 자산을 가졌음을 드러내는 정직한 신호로서 다이아몬드의 가치는 상당히 떨어졌다. 값비싼 핸디캡으로서의 기능이 약화되면서, 다이아몬드가 높은 가치를 지녔던 근거가 흔들리기 시작했다. 드 비어스 그룹의 유명한 슬로건인 "다이아몬드는 영원하다"는 언젠가 과거의 이야기가 될 것으로 예상된다.

한편 몇몇 값비싼 신호는 꽤 미묘하게 작동한다. 예를 들어 선물은 사회적 교류에서 흔하게 쓰이는 만큼 그 안에 내포한 정직한 신호가 간과되는 경향이 있다. 비싼 선물은 일반적으로 커다란 성의를 담았음을 뜻하는 값비싼 신호다. 반면에 여러분이 누군가에게 감사의 마음을 전하기 위해 싸구려 상점에서 구입한 장신구를 선물했다면 인색해 보일 수밖에 없다.

이처럼 관대함은 일종의 핸디캡으로 작용한다. 관대함을 베푸는 대신 좋은 평판이라는 형태로 상당한 사회적 평판을 얻을 수 있기 때문이다. 사람들은 자신이 얼마나 관대한지 보여주기 위해 경쟁하곤 한다.[51] 헌혈이 좋은 예다. 헌혈은 건강에 꽤 좋다고 널리 알려져 있는데, 서양보다 동양 사회에서 특히 그렇다. 그런 이유로 헌혈은 자신의 건강과 관대함을 타인에게 과시하는 값비싼 신호다. 이 두 가지를 통해 우리는 사회에서 다른 사람들로부터 존경을 받을 수 있다.[52]

값비싼 신호는 신뢰나 연대, 헌신, 믿음을 보여주는 데 특히 적합하다. 이러한 신호를 표현하는 방식은 다양한데, 영국의 스톤헨지, 이스터섬의 동상 같은 거대한 기념물부터 감정적·경제적 이점을 지닌 정교한 종교의식까지 이에 속한다.[53] 언뜻 보기에 할례나 단식, 독사와 같은 위험한 동물을 다루는 여러 종교적 관습은 수수께끼 같고 비합리적인 것처럼 보인다. 하지만 이러한 의식을 일종의 핸디캡으로 간주하면 바로 이해가 된다. 자신의 헌신을 보여주고 신뢰와 충성심을 쌓으며 협력을 촉진하는 동시에 추종자들 사이에서 벌어지는 무임승차를 방지할 수 있기 때문이다.[54] 이는 또 다른 역설적 현상에 대한 설득력 있는 설명을 제공한다. 어떤 종교 관습이 부담스럽고 자유를 구속할수록 교인들이 더 많이 참여하고 기부금을 내는 경우가 그렇다.[55] 불교나 가톨릭을 비롯한 종교 교리를 실천하는 사제들이 신실한 신앙심을 증명하고자 기꺼이 자손을 포기하는 이유 또한 같은 논리로 설명할 수 있다. 이 모든 정교하고 부담이 큰 의식은 동일한 목적을 달성하기 위한 핸디캡이다. 말만이 아니라 행동으로 보이라는 것이다.

반면에 값싸게 재현할 수 있는 신호는 진정성을 보여주는 데 효과적이지 않은 경우가 많다. 정치인들은 항상 성경에 손을 대고 신에게 맹세하곤 하는데, 이런 의례적인 행동은 비용이 많이 들지 않기에 핸디캡이 되지 않는다. 정치인들은 선거 유세 동안 구속력 없는 약속을 남발하지만, 일단 당선되어 취임하면 그 약속 자체를 잊고 자신을 뽑아준 유권자보다 자기 이익을 더 챙기곤 한다. 정치인들의 가장 흔하고 지독한 관행 중 하나는, 마치 회전문처럼 높은 자리에 있을 때는 기업의 이익을 위해 호의를 베풀다가 퇴임 후에는 연봉이 높고 한가한 자리를 꿰차는 것이다. 그래서인지 오늘날 미국에서 정치가는 가장 신뢰받지 못하는 직업 중 하나로 손꼽힌다.

핸디캡의 원리에 관한 한 정치인들의 공약은 그렇게 인상적이지 않다. 그보다는 마음속 깊이 사죄한다는 것을 행동으로 보여주고자 손가락 하나를 자르는 의식이 훨씬 대단하다. 이것은 일본의 폭력 조직인 야쿠자가 고안해 실천으로 옮긴 의식이다. 정치인들이 진정으로 대중의 신뢰를 얻고자 한다면, 퇴임 후 가까운 친족을 포함해 누구도 10년 동안 기업의 요직에 오르지 못하도록 하는 실질적인 핸디캡을 두어야 한다. 이런 합리적인 제도는 정치인들이 의지만 있다면 어렵지 않게 시행할 수 있다.

🎵

이 장에서는 정직에 드는 비용을 알아본 다음, 정직이 속임수보다 나은 방책이 될 수 있도록 이러한 부담을 상쇄하는 방법에 대해 살펴보았다. 예컨대 핸디캡의 원리를 활용해 짝짓기 상대를 선택하는 성 선택의 맥락에서 정직이 어떻게 우위를 점할 수 있는지를 보여준다. 이어서 짝짓기 상대의 자질을 측정하고, 동물과 인간의 사회적 상호작용에서 나타나는 모든 형태의 의사소통에서 정직성의 수준을 평가하는 데까지 이 핸디캡 원리를 확장했다.

진화론이 알려준 지혜에 기반한 간단한 속임수 방지 규칙 세 가지(빅3 법칙)는 다음과 같다.

A. 가짜로 만들기 어렵거나 비용이 많이 드는 특성에 의존하라(예컨대 친족 관계, 지능, 평판).

B. 상대가 정직성을 드러내도록 핸디캡을 부과하라(예컨대 사제의 독신과 순결, 값비싼 선물, 남학생 기숙사나 신병 훈련소의 신참 괴롭히기 등).

C. 규칙을 준수하도록 감시하고 위반한 자를 처벌하라.

이러한 규칙들은 인간이라는 종의 정직성을 높이는 데도 쉽게 응용할 수 있다. 규칙 A는 자연적으로 존재하는 정직한 신호에 대한 것이지만, 규칙 B와 C는 대체로 제도적인 수단을 통해 정직성을 증진하는 방식이다. 이 규칙의 목표는 속임수의 비용을 높이거나 수익성을 낮춰 속임수의 보상을 정직의 보상보다 낮추는 것이다. 여기서 비용은 돈(선물의 가치), 안전(신참을 못살게 구는 의식), 평판(독신과 순결을 유지하기)처럼 사람들에게 중요한 모든 것에서 발생할 수 있다.

좋은 소식이 있다면 곤란한 상황에서도 이런 규칙을 쉽게 따를 수 있다는 것이다. 놀랍게도 인간보다 훨씬 덜 똑똑한 동물인 흡혈박쥐가 우리에게 영감을 준다. 피를 빨아먹는다는 끔찍한 악명에도 불구하고 이 동물은 빅3 법칙을 활용해 친사회적인 사회를 구축하는 모범을 보인다.

흡혈박쥐가 3일 정도 계속 아무것도 먹지 못하면 아마 굶어 죽을 것이다. 문제는 피를 제공할 희생양을 찾는 사냥이 성공할지 여부가 아예 불투명하다는 것이다. 상당수의 박쥐가 사냥을 떠났다가 실패한다. 특히 두 살이 채 안 된 박쥐는 하룻밤에 3분의 1가량 허탕을 친다. 이 문제를 해결하기 위해 흡혈박쥐는 무리에서 식량이 넉넉한 개체들이 배를 곯게 된 개체들에게 피를 제공하는 일종의 사회보험 제도를 도입했다. 하지만 무임승차자가 지나치게 많아지면 이러한 식량 공유 시스템은 무너지기 십상이다. 흡혈박쥐는 다음 두 가지 조치를 취해 이 문제를 피했다.

1. 각 무리는 개체에 따라 다른 소리와 냄새로 서로를 구분하는, 유전적으로 가까운 박쥐들로 이루어진다. 친족 관계를 거짓으로 만들어내기는 어려운 법이다. 여기서 규칙 A가 적용된다.
2. 박쥐들은 무리에서 친족이 아닌 관계를 인정하기는 하지만, 이는 상호 보답하는 개체들에 한한다. 구성원들이 다른 구성원의 평판을 주시하면 무임승차자들은 무리에서 배척당하고 떨어져나가게 된다. 여기서 규칙 C가 적용된다.[56]

규칙 B가 박쥐 무리에서 정직한 식량 공유 시스템을 강화하는 데 쓰이는지 여부는 알려지지 않았다. 하지만 박쥐들은 식량 공유량이 많은 개체를 짝으로 선호하며, 이들이 먹이나 몸단장 서비스 같은 더 큰 보답을 받는 듯하다. 어쨌든 우리는 박쥐가 빅3 법칙 가운데 최소한 두 가지를 채택해 친사회적 무리를 구축하는 방식을 엿볼 수 있다. 흡혈박쥐 무리는 정직을 통해 승리를 거두는 모범적인 시스템을 구현한다.

지금까지 우리는 속임수가 어떻게 이루어지며, 그토록 만연한 사기꾼 가운데 정직한 개체가 어떻게 살아남고 번영할 수 있는지 알아보았다. 1장에서 언급한 것처럼, 이제 우리가 다음으로 다룰 문제는 속임수와 반-속임수 사이의 군비 경쟁이다. 이러한 현상이 우리를 어디로 데려갈까? 이 질문의 답을 찾기 위해서는 5장으로 넘어가야 한다.

5장

혁신의 촉매제, 속임수

부모라면 누구나 인정하듯 자녀 양육은 어려운 법이다. 시간과 에너지, 비용이 거의 모두 자녀에게 돌아가는 상황에서 양육은 우리가 스스로 짊어진 일종의 짐처럼 느껴진다. 소냐 스펜스Sonya Spence의 노래 「공짜No Charge」의 가사를 보면 잘 드러난다. "9개월 동안 뱃속에 품고 다녔던 비용…… 공짜 / 몇 년이고 오랫동안 키워온 비용…… 공짜."[1]

하지만 아무리 부모가 오랫동안 온 힘을 다해 희생하더라도 반드시 노력에 대한 보상을 받는 것은 아니다. 배은망덕하거나 실망스러운 아이들도 드물지 않다. 그럼에도 사람들 대부분은 이런 값비싼 비용과 난관을 감수하더라도 아이를 양육할 가치가 있다고 생각한다. 왜 우리에게는 아이를 갖고 싶은 충동이 생길까? 왜 우리는 자신이 가진 모든 자원을 아무 대가 없이 아이를 키우는 데 쏟아부어야 할까? 답은 간단하다. 진화가 우리에게 그런 의무를 부여했기 때문이다. 자손을 갖지 않으면 부모로부터 물려받은 유전자는 우리와 함께 끝날 것이다. 이는 수십억 년 동안 이어져온, 가히 천문학적 확률을 뚫고 살아남은 유전적 유산의 종말을 의미한다.

그래도 좋은 소식이 있다면 의무에서 면제된 생활을 즐기겠다고 꼭 자녀 출산을 포기할 필요는 없다는 것이다. 쉬운 방법이 하나 있다. 부모가 짊어져야 할 부담을 타인에게 대신 지우면 된다. 돈이 없다고? 괜찮다. 특히 여러분에게 날개가 있다면 말이다.

바로 생물학자들에게 '기생하는 새'로 알려진, 다른 새의 둥지에 알 낳는 새들 이야기다. 뻐꾸기는 그중 가장 악명 높은 종이다. 하지만 다른 새의 노동을 착취한다는 나쁜 평판과는 달리 뻐꾸기 종의 약 60퍼센트는 알을 제대로 부화시켜 자기 새끼를 키운다. 물론 불행히도 나머지 40퍼센트는 부정행위를 저지르며 뻐꾸기라는 종 전체의 명성을 더럽히지만 말이다.

1장 시작할 무렵에 등장했던 다른 새끼를 죽이는 뻐꾸기를 기억하는가? 이제 흥미롭고 구체적인 세부 사항으로 들어가보자. 번식기 동안 암컷 뻐꾸기는 숙주 새의 둥지 근처에 숨어 호시탐탐 기회를 노린다. 그러다 이때다 싶으면 암컷 뻐꾸기는 둥지를 급습해 숙주의 알 가운데 하나를 버리고 자기 알로 바꿔치기한다.[2] 이 작업은 매우 효율적이어서 채 2분을 넘지 않으며, 때로는 10초로 끝난다(이 분야의 최고 기록은 청동흑조가 세운 5초다). 가게 물건을 슬쩍할 때처럼 빠른 속도와 은밀함만이 알을 몰래 바꿔치는 성공의 열쇠다. 일이 끝나면 뻐꾸기는 자신의 다른 새끼를 키울 새로운 대리모를 찾아 나선다.

둥지 기생('탁란'이라고도 하는)은 매우 수익성이 높은 번식 전략이 될 수 있다. 예를 들어 보통의 뻐꾸기 암컷은 한 번의 번식기에 25개 이상의 알을 차례로 낳을 수 있는데, 이것은 보통의 명금류 어미가 번식기에 감당할 수 있는 수보다 훨씬 많다. 뻐꾸기가 육아를 외부에 위탁하지 않는다면 키우기가 불가능하다. 그렇다면 뻐꾸기는 어떻게 다른 새에게 새끼의 유모 역할을 공짜로 맡길 수 있을까?

간단히 답하면, 뻐꾸기는 속임수의 제2법칙을 실천에 옮긴다. 뻐꾸기 어미는 숙주들의 인지적 허점을 악용하는데, 유라시아에서 흔히 볼 수 있는 유럽개개비, 바위종다리, 유럽울새, 알락할미새, 풀밭종다리가 뻐꾸기의 숙주다. 이 정도 커다란 규모의 사기를 성사시키고자 뻐꾸기는 대담한 속임수를 개발했다. 뻐꾸기가 어떤 식으로 해나가는지 순서대로 추적하기 위해 먼저 이 새가 유럽개개비를 속이는 사례에 집중해보자.

이전 장에서 진화는 강력하고 창의적이기는 하지만 환경과 무관한 생존 기술을 유기체에 부여할 수는 없다는 사실을 배웠다. 많은 새가 진화의 역사 속에서 알을 돌보아야 할 선택 압력이 없었기 때문에 자신의 알 크기를 구별하지 못한다.

동물의 행동 연구에 기여한 공로로 노벨상을 받은 니코 틴버겐Niko Tinbergen은 크기와 모양, 색, 반점 패턴이 다양한 가짜 알을 거위와 물떼새에게 주고 실험한 적이 있다. 그 결과 틴버겐은 이 새들이 자기 알 모양에 대해 막연하게만 알고 있다는 사실에 놀랐다. 모양만 적당히 맞으면 날개 아래 품곤 했던 것이다. 더 특이한 사실은 자기 알보다 훨씬 큰 알을 선호한다는 점이다. 틴버겐의 제자 한 명이 둥지에 앉아 있는 어미 거위 앞에 배구공을 놓은 적이 있다. 다들 장난으로 알고 웃어넘기려 했지만, 거위가 실제로 이 커다란 둥근 물체를 자기 알로 취급하려 하면서 이 일화는 일약 유명해졌다![3]

거위는 자신의 알 크기를 전혀 분별하지 못하며, 간단한 다음 규칙을 무조건 따른다. '내 둥지 안이나 근처에 있는 둥근 물체는 내 알이다.' 여러분은 거위를 바보 같다고 생각하며 쉽게 넘겨버릴지도 모른다. 하지만 이러한 경험 법칙에는 사실 오랫동안 거위에게 유효하게 작용해온 깊은 진화적 지혜가 담겨 있다. 거위가 살아가는 세계에서는 알 모양의 물체가 거의 없으므로 이 규칙은 거의 실패하지 않는다. 따라서 거위가 알에 대해 신경 써야 할 것은 모양뿐이며, 크기는 전혀 중요하지 않다. 둥지 앞에 배구공이 떡하니 나타날 확률이 대체 얼마나 될까?

거위에게 적용되는 원리는 개개비에게도 적용되는 것으로 보인다. 다시 말해 개개비는 거위와 거의 유사한 법칙을 따른다. 이런 인지적 허점과 결함 덕분에 뻐꾸기 새끼들은 공짜 점심을 먹게 된다.

하지만 둥지 기생이 진화한 경로가 직선적이지는 않다. 그 경로는 빈도 의존적 선택 과정에 따라 구불구불 구부러진다. 기생자인 뻐꾸기와 숙주인 개개비 사이에 음의 되먹임 고리가 형성되기 때문이다. 개개비의 입장에서 볼 때 둥지가 뻐꾸기의 타깃이 될 가능성이 낮다면, 굳이 필요 이상으로 예리한 인지 능력을 갖추지 않아도 된다. 그 에너지를 절약해 다른 곳에 더 효과적으로 활용하는 것이 바람직하다. 앞서 3장에서 멕시코의 깊은 동굴 속에 사는 눈이 보이지 않는 물고기에게도 이러한 원리가 작동한다.

하지만 개개비의 둥지에 뻐꾸기가 꽤 자주 기생한다면, 둥지에서 다른 새의 알을 발견하고 내보내는 신속한 인지 체계를 갖추는 것은 개개비의 적합도를 지키는 데 필수적인 일이다. 이런 점에서 개개비는 둥근 물체라면 무엇이든 모성 본능이 발동하는 거위와는 다르다. 개개비는 자신의 알과 뻐꾸기의 알을 구별하는 능력이 어느 정도 있다. 이러한 능력은 뻐꾸기의 희생양이 되는 일이 잦을수록 향상된다.[4]

진화는 보통 느리고 점진적인 과정이며, 가시적인 변화를 일으키려면 여러 세대를 거쳐야 하기에 시간이 걸린다. 뻐꾸기가 기생할지도 모를 위협에 직면한 개개비가 인지 능력을 연마하기 위해 자연 선택에 의존하다가는 긴급한 사안을 해결할 수 없다. 이제 개개비 어미는 자신이 가지고 있는 모든 것을 활용해야 한다. 가해자의 알을 받아들일지 말지 결정할 때 지금 당장 지닌 제한된 인지 능력을 최대한 활용하려면 어떻게 해야 할까?

간단히 말하면 개개비가 자신에게 유리한 쪽으로 확률을 따지면 된다. 이론적으로 둥지에 기생하는 알이 자주 나오면 거짓 음성false negative(기생 알이 있는데도 없다고 판단하는 것-옮긴이)이 발생할 가능성은 적어진다. 어미는 둥지에서 조금이라도 의심스러운 알이 생기면 공격적인 태도로 내쳐야 한다. 반면에 둥지에 기생하는 알이 거의 없다면 거짓 양성false positive(기생 알이 없는데도 있다고 판단하는 것-옮긴이)이 나올 가능성이 커진다. 이런 경우 공격적인 태도를 취하다가는 자신의 알을 거부할 위험이 높아진다. 그렇게 되면 자신의 아기를 목욕물과 함께 버리는 꼴이 될 수도 있다.[5]

행동생물학자 닉 데이비스Nick Davies와 동료들의 연구에 따르면 야생에서 개개비는 정확히 다음과 같은 행동을 한다. 만약 뻐꾸기가 둥지에 남긴 알이 30퍼센트에 달하면, 개개비는 둥지에 기생하는 알이 드문 경우에 비해 알을 둥지 밖으로 밀어낼 가능성이 높다. 하지만 기생하는 알이 6퍼센트로 떨어지면, 뻐꾸기 용의자가 근처를 배회하는 모습을 발견하지 않는 한 알을 내던지지는 않는다.[6] 물론 개개비가 확률 이론을 아는 것은 아니다. 그렇지만 이들의 인지 능력만으로도, 마치 수학적으로 확률을 계산하는 복잡한 공식을 알고 있기라도 하듯 무의식적으로 위험을 감지하고 추적하는 것이 가능하다.

이런 속임수 대항 전술에 압박을 받은 뻐꾸기는 다시 숙주를 이길 수 있는 새로운 전략을 고안해야 한다. 뻐꾸기가 무엇을 할 수 있을까? 속임수의 제2법칙은 세 가지 성공 전략을 알려준다. 하나는 개개비가 도저히 눈치 챌 수 없을 만큼 숙주의 알과 닮은 알을 낳는 것이다. 하지만 그렇게 되면 개개비는 인지 능력을 예리하게 갈고닦아 게임에서 이기려 할 것이고, 그에 따라 뻐꾸기는 모방 기술을 더욱 연마하도록 자극받을 것이다. 양측 모두에게 이런 진화적 군비 경쟁은 한 단계에서 승리했다고 해도 다음 단계에서 곧장 다시 겨뤄야 할 비디오 게임과 같다([그림 5.1] 참조).

뻐꾸기가 갈 두 번째 길은 인지 능력이 떨어지는 새로운 숙주를 찾는 것이다. 이러한 움직임은 지역의 조류 커뮤니티에 진화적인 파급 효과를 일으켜 관련된 모든 종이 자신의 전략을 재조정하기에 이를 것이다. 뻐꾸기가 잠재적 숙주 후보군을 넓히면, 원래 희생자였던 개개비는 한숨 돌리며 어려움을 피할 수 있다. 하지만 이것이 개개비에게 반드시 좋은 소식은 아니다. 만약 개개비가 군비 경쟁에서 벗어나 뻐꾸기 알과 자신의 알을 구별하는 능력을 잃는다면, 언젠가는 뻐꾸기에게 크게 당

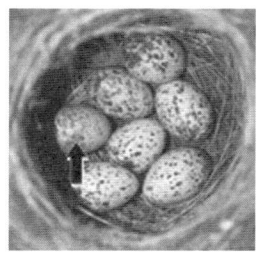  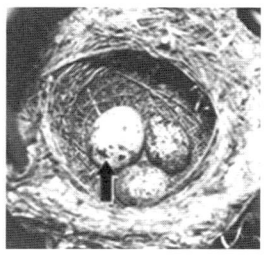

그림 5.1 뻐꾸기 알(화살표로 표시한)은 유럽의 세 지역에서 각각 세 종류 숙주의 알을 모방한다 (Igic et al. 2012). 왼쪽: 헝가리큰개개비(*Acrocephalus arundinaceus*), 가운데: 핀란드붉은꼬리딱새(*Phoenicurus phoencurus*), 오른쪽: 체코개개비(*Acrocephalus scirpaceus*).

할 희생양으로 남을 것이다.

남의 둥지에 기생하려는 뻐꾸기는 목표를 달성하기 위해 다양한 진화적 전략을 활용한다. 그중에는 전문적으로 자신이 고른 몇몇 숙주만 이용하는 방식도 있고, 일반적으로 여러 종의 둥지에 알을 낳는 방식도 있다. 뻐꾸기는 보통 10종 넘는 숙주에 기생한다. 하지만 각각의 뻐꾸기 개체는 접근 가능한 모든 숙주 중 특정 종의 알만 모방하는 등 희생양을 최대한 착취하는 방식에 집중한다. 이렇게 전략적으로 특정 종의 전문가가 되면 뻐꾸기 개체들은 두 가지 문제를 일석이조로 해결할 수 있다. 하나는 숙주가 제한된 선택지 내에서 공짜 유모를 찾는 같은 종 동료와의 경쟁이 줄어든다는 점이다. 또 다른 하나는 여러 숙주를 모방하는 팔방미인이 되었다가 오히려 어떤 숙주도 제대로 속이지 못하게 될 위험을 피하는 것이다.

하지만 뻐꾸기가 개개비의 둥지에 자기 알을 몰래 잠입시켰다 해도 이것은 시작일 뿐이다. 앞으로 하나하나 과정을 밟을 때마다 계속해서 속임수를 성공시켜야 한다. 마치 휴대전화나 게임 콘솔의 신작을 상업적으로 출시하는 것과 같다. 처리 속도가 빠른 칩에만 의존할 수는 없다. 시장에서 제품이 잘 팔리려면 하드웨어, 소프트웨어, 주변기기, 서비스 등 모든 것이 패키지의 일부가 되어야 한다. 마찬가지로 뻐꾸기 역시 둥지 기생을 성공으로 이끌려면 다양한 전략과 도구가 필요하다.

개개비 둥지에 알을 몰래 넣은 뒤 뻐꾸기가 해결해야 할 다음 과제는 숙주의 알보다 자기 알을 먼저 부화시키는 것이다. 여기에 실패하면 뻐꾸기 새끼는 먹이를 두고 벌어지는 경쟁에서 개개비 새끼를 이기지 못할 가능성이 크다. 설상가상으로 뻐꾸기 알은 개개비 알보다 크고 부화하는 데 시간도 더 많이 걸린다. 새끼가 살아남으려면 뻐꾸기 어미가 어떻게 해야 할까?

어미가 목표를 달성하는 데는 두 가지 방법이 도움이 된다. 첫 번째, 아직 알을 낳는 중인 개개비 개체를 고르는 것이다. 그러면 뻐꾸기 알이 부화하는 데 필요한 시간을 벌 수 있다. 두 번째, 알이 크면 부화에 시간이 걸리지만 이를 극복하고 발달 속도를 더 빠르게 높이는 것이다. 이것이 바로 뻐꾸기가 사용하는 방식이기도 하다. 더 나아가 뻐꾸기나 벌꿀길잡이새같이 남의 둥지에 기생하는 몇몇 종은 더 믿음직한 세 번째 방식도 진화시켰다. 몸속에서 알을 미리 키운 다음 숙주의 둥지에 알을 집어넣는 것이다.[7]

뻐꾸기가 해결해야 할 까다로운 문제는 아직 끝나지 않았다. 뻐꾸기 새끼는 숙주 새끼보다 덩치가 크고 식욕도 왕성한데 몸집이 작은 유모가 제공하는 먹이를 어떻게 충분히 확보할 수 있을까? 해결책은 식량이다. 하지만 뻐꾸기 새끼는 단순히 배를 채우는 데 그치지 않는다. 알에서 나온 뒤 뻐꾸기 새끼는 개개비가 열심히 모아온 먹이를 독차지하기 위해 개개비 알을 전부 둥지 밖으로 밀어낸다. 개개비가 당혹스러워 어찌할 줄 모르고 지켜보는 동안 이 대학살이 일어난다고 알려져 있다. 물론 살생을 저지르는 것만 빼면 뻐꾸기 새끼는 어미가 먹이를 계속 가져오도록 짹짹대며 애원하고 날개를 파닥거리는 귀여운 이미지이긴 하다. 충분히 자라 강해지면 그동안 고생한 어미에게 고맙다는 말은 전혀 없이 날아가겠지만 말이다([그림 5.2] 참조).

뻐꾸기가 개개비를 능가하는 세 번째 방법은 시력이 나쁜 개개비 인지 체계의 약점을 노리는 것이다. 특히 뻐꾸기는 개개비의 학습 과정에서 생기는 허점을 간파하고, 개개비의 마지막 방어선인 자기 알과 위조품을 시각적으로 구별하는 과정을 피해간다. 이것은 싸움터에 군사를 배치하는 전통적인 방법과 유사하다. 적의 전선이 강력하면 방어가 약한 측면을 공격하기 위해 이동하는 것이 바람직한 법이다.

뻐꾸기는 다음과 같이 행동한다. 개개비는 다른 대부분의 새와 마찬가지로 사진을 찍듯 비가역적인 학습인 각인을 통해 새끼를 인식한다.

그림 5.2　뻐꾸기 새끼에게 먹이를 주는 개개비(몸집 차이를 보라!)
© Minden Pictures

그렇기에 배운 내용이 잘못되었더라도 일부러 잊어 되돌릴 수가 없다. 예컨대 오리 새끼와 거위 새끼는 각인을 통해 개든 사람이든 상관없이 움직이는 물체를 어미로 인식한다.

각인은 주로 동물 새끼에게 작동하는 방식이지만, 이 경우에는 개개비 새엄마에게도 작동한다. 개개비 어미가 자기 둥지에서 뻐꾸기 새끼에 처음 각인되면, 이후로는 뻐꾸기 새끼만 자기 새끼로 취급하고 막상 진짜는 거부하게 된다.[8] 물론 이렇게 막대한 비용이 발생할수록 자연선택에 따라 개개비는 자기 새끼를 알아볼 새로운 방법을 찾아야 할 수도 있다. 그렇지만 이런 불상사가 드물게 발생하는 편이라면, 개개비 개체군은 오래된 원칙을 계속 고수해도 별로 손해를 보지 않을 것이다. '내 둥지에 있는 새끼는 다 내 아기다'가 그 원칙이다. 그에 따라 개개비는 자기 새끼와 뻐꾸기 새끼를 구별할 수 있는 인지 능력을 발전시킬 기회를 잃을 수도 있다.

✗

부유한 가문 태생인 찰스 다윈은 일을 해서 돈을 벌지 않아도 되었기에 과학에 전념하며 총 25권의 저서를 남겼다. 그중 가장 많이 인용된 문장은 『종의 기원』의 마지막 구절이다.

처음에 몇몇 혹은 하나의 형태로 숨결을 불어넣은 생명은, 불변의 중력 법칙 아래 이 행성이 회전하는 동안 다양한 힘의 작용을 통해 그토록 단순한 시작에서부터 가장 아름답고 경이로우며 무한한 형태로 전개되었고, 지금도 계속 전개되고 있다. 이러한 생명에 대한 시각에는 장엄함이 깃들어 있다.

이 기나긴 시적 산문은 진화가 어떻게 화려하고 복잡한 다양성을 만들어내는지 요약해 드러낸다. 그동안 과학자들은 포식자와 먹잇감, 기생자와 숙주, 세균과 면역 체계, 암컷과 수컷처럼 서로 짝을 이룬 군비 경쟁을 통해 생명체의 다양성이 진화한 방식에 대해 살펴보았다. 하지만 아직 우리의 관심을 충분히 받지 못한 진화 게임의 한 축이 있다. '속임수'와 '속임수 대응 전략'이라는 서로 대항하는 한 쌍이다.

속임수와 이에 대한 대응 전략 사이의 상호작용이 어떻게 생명체의 다양성과 복잡성을 만들어낼까?

생물학적으로 경쟁하는 모든 쌍이 그렇듯 속임수와 속임수 대응 전략은 끝없는 순환을 통해 생물 다양성을 풍부하게 한다. 마치 고양이와 쥐 사이에 벌어지는 군비 경쟁과 비슷하다. 맞서는 상대보다 뛰어나야 한다는 필요성은 두 가지 측면에서 혁신을 촉진한다. 즉 속임수를 쓰려는 계획이 대응 전략을 촉발하면, 그에 따라 그 전략에 다시 대응하는 움직임이 나타나는 식으로 무한정 이어지는 것이다. 체스를 생각해보자. 누군가 새로운 수를 고안해도 선수들이 각자 우위를 점하고자 노력하는 사이에 새로운 대응 전략이 등장한다. 이 과정에서 시간이 지남에 따라 이론적으로 무한한 수의 전술이 고안된다. 생물학에서는 이 과정이 새로운 행동적, 생리적, 형태적, 정신적 형질로 나타나며, 이 모든 것이 속임수에서 비롯한다.

앞서 살펴본 뻐꾸기의 사례는 속임수가 어떻게 '그토록 단순한 시작'에서 '가장 아름답고 경이로우며 무한한 형태'로 꽃을 피울 수 있는지에 대해 핵심적인 관점을 제공한다. 실제로 120종 넘는 새들이 '전문적인' 둥지 기생자로 진화했다. 여기에는 흑조, 물닭, 기생성 핀치, 벌꿀길잡이새 등 전 세계의 다종다양한 새가 포함된다. 남아메리카의 검은머리오리도 이러한 방식으로 속임수를 활용한다.

뻐꾸기와 개개비의 예처럼 속임수와 이에 대한 대응 전략의 군비 경쟁을 발달시킨 모든 종은 일단 행동 전략 면에서 재조정과 새로운 발명이라는 일련의 변화가 이루어진다. 그다음에는 생리, 형태, 생활사처럼 여타 다른 생물학적 형질이 뒤따른다. 어떤 생물학적 형질이 관여하는지는 기생자와 숙주에 따라 크게 다르겠지만, 진화적 모티프는 서로 닮아 있다. 비슷한 조건하에서 유사한 패턴이 나타나는 수렴 진화다. 3장에서 언급한 비유를 다시 적용하자면, 바퀴는 다양한 상황에서 여러 번 재발명될 수 있지만 동일한 필요를 충족한다.

이제 둥지 기생이라는 주제에 대한 몇 가지 주목할 만한 변형을 살펴보자. 이런 사례들은 뻐꾸기에서 관찰되는 것과는 다른 행동을 보여준다. 큰점박이뻐꾸기 부부는 까치 둥지에 기생하며 마치 보니와 클라이드(1930년대 미국 대공황 당시 연쇄 강도를 저질러 유명해진 커플-옮긴이)처럼 크게 한탕 벌인다. 이들은 일단 특정 까치 둥지를 목표로 하지만, 까치 부부가 알아채면 수컷 뻐꾸기는 가짜로 공격을 벌여 까치의 주의를 분산시킴으로써 둥지에서 멀어지게 한다. 그러면 암컷 뻐꾸기는 이 기회를 틈타 둥지에 몰래 들어가 하고자 하는 임무를 완수한다.[9] 아프리카에서는 벌꿀길잡이새가 벌잡이새 같은 여러 자생종의 둥지에 알을 낳는다.[10] 하지만 벌꿀길잡이새 새끼는 뻐꾸기 새끼보다 훨씬 더 사악하다. 일단 남의 둥지에서 부화한 벌꿀길잡이새 새끼는 숙주의 알을

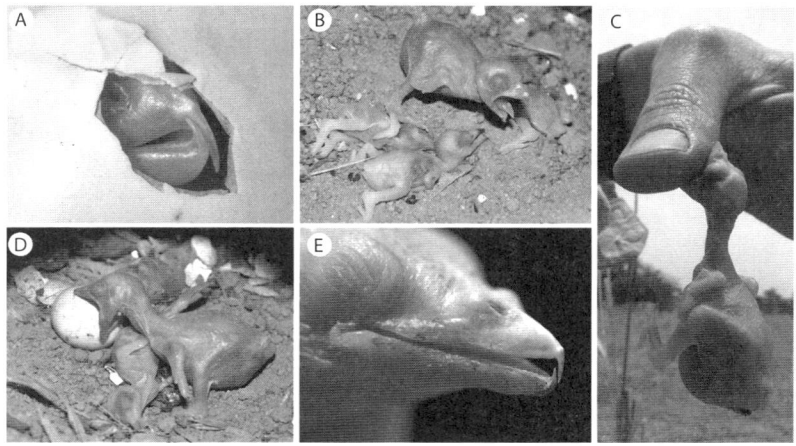

그림 5.3 알에서 깨어난 벌꿀길잡이새 새끼. Ⓐ 부리의 갈고리 구조 Ⓑ 벌잡이새 새끼 3마리를 막 죽인 모습 Ⓒ 사람의 손을 깨무는 모습 Ⓓ 알을 물어뜯는 벌잡이새의 모습 Ⓔ 생후 약 8일 된 새끼. © Spottiswoode and Koorevaar 2012, CC BY 4.0 라이선스, 원본에서 수정하지 않음

둥지 밖으로 밀어내는 대신, 이 특정 목적을 달성하기 위해 진화한 부리의 갈고리 모양 구조로 알이나 다른 새끼를 찌른다([그림 5.3] 참조). 이를 통해 벌꿀길잡이새 새끼는 숙주가 가져온 먹이를 독차지한다.

기생하는 새들의 새끼는 타고난 사기꾼이다. 이들은 왕성한 식욕을 채우기 위해 애원하는 울음소리를 더 크게 내서 숙주의 모성 본능을 자극한다. 일부 종은 밝은 노란색 반점 같은 형태학적 특징을 활용하여 연약하고 보살핌이 필요한 조류 새끼의 입을 모방해 유모가 지닌 인지 체계의 취약한 부분을 악용한다. 예컨대 일본에 서식하는 매사촌은 날개 안쪽에 노란색 반점이 있다. 그리고 날개를 파닥일 때마다 노란색 반점이 반짝이며 마치 '더 주세요!'라고 구걸하듯, 숙주에게 더 부지런히 먹이를 내놓으라고 재촉한다. 불쌍한 숙주인 새 어미는 '입'의 위치가 조금 이상한 기생자 새끼의 노란색 날개 반점에 먹이를 주다가도 이

따금 혼란에 빠진 모습을 보이기도 한다.[11]

그러자 둥지 기생자의 술수에 맞서 싸우기 위해 일부 숙주는 정교한 인지 능력 없이도 효과적인 영리한 전략을 발전시켰다. 오스트레일리아에 서식하는 요정굴뚝새가 그런 예다. 숙적인 호스필드청동뻐꾸기의 새끼와 자신의 새끼를 구별하기 위해 요정굴뚝새 어미는 새끼가 부화하기 전에 둥지의 은밀한 암호를 노래로 정한다. 그런 다음 뻐꾸기 새끼가 암호를 배울 틈을 주지 않고 자기 새끼들에게만 교육을 마친다. 부화한 새끼들은 이제 암호를 대지 않으면 먹이를 받을 수 없다. 기생하는 새끼는 결국 굶어죽게 된다.[12]

지금까지 살펴본 사례는 특정 종의 둥지에만 기생하는 전문가들이다. 여러 종에 기생하는 종들은 어떻게 다를까? 이들은 어떻게 해야 성공할 수 있을까? 이런 기생 종은 다양한 숙주에 적응해야 한다. 하지만 대부분 숙주는 자신의 알을 어느 정도는 인지하기 때문에 숙주의 알을 모방하는 일은 점점 어려워진다. 그리고 더 많은 종을 잠재적 숙주 목록에 추가하면서 숙주의 알을 모방하는 일은 더 이상 효율적이지 않게 된다. 가짜를 탐지하는 숙주의 능력을 기생자가 어떻게 능가할 수 있을까? 안됐지만 이에 대한 대답은 '할 수 없다'이다. 기생동물로 생계를 유지하려면 완전히 새로운 접근 방식이 필요하다.

실리콘밸리에서 일자리를 찾는다고 상상해보자. 여러분은 애플, 구글, 페이스북 같은 여러 빅테크 기업에 둘러싸여 있다. 하지만 여러분은 제너럴리스트다. 모든 것을 조금씩은 알고 있지만 개발자가 될 만한 프로그래밍 기술은 없다. 그렇다면 어떻게 해야 취직할 수 있을까? 한 가지 가능성은 관리자가 되는 것이다. 관리자가 되면 직접 프로그래밍하는 대신 다른 사람의 작업을 감독하는 것이 주요 업무가 된다. 어떻게 해야 좋은 관리자가 될 수 있을까? 당연히 답은 당근과 채찍을 활용하는 것이다. 친절한 상사는 대부분 당근을 사용하지만, 군림하는 상사는 거의 채찍에 의존한다. 전문가라기보다는 제너럴리스트인 둥지 기생자들도 종종 그렇게 한다. 이런 괴롭히기 전략의 대가 중 하나가 갈색머리흑조다.

흑조는 200여 종의 새 둥지에 몰래 알을 낳는 고약한 둥지 기생자다. 해당 지역에 서식하는 거의 모든 명금류의 둥지에 알을 낳을 정도다. 그렇다면 어떻게 이런 제너럴리스트로서 성공할 수 있었을까? 앞에서 설명했듯이 다양한 잠재적 숙주에서 비롯한 온갖 유형의 알을 전부 모방하는 것은 불가능하다. 그래서 흑조는 숙주에게 자기 새끼를 키우도록 강요한다.

이 새는 어떻게 그렇게 하는 걸까? 흑조는 먼저 숙주의 둥지에 하나 이상의 알을 낳은 다음 둥지를 지켜보며 근처에서 기다린다. 숙주가 기생하는 알을 거부하면 흑조는 숙주의 알과 새끼를 죽이고 둥지를 파괴해 보복한다.[13] 마치 마피아 보스를 위해 일하는 길거리 깡패처럼 행동하는 셈이다. 숙주의 재생산 지분을 빼앗은 뒤 흑조는 피해자에게 두 가지 선택지를 남기는데, 둘 다 좋지 않다. 흑조의 알을 받아들여 적합도를 부분적으로 손해 보거나, 흑조의 알을 거부해 적합도를 완전히 손해 보는 것이다. 이때 다윈주의적 적합도를 극대화하는 진화론의 관점에서 보면 숙주가 골라야 할 선택지는 분명하다. 그렇게 흑조는 다른 여러 종의 새들이 자기를 위해 유모 일을 하도록 유도한다.

이때 흑조의 채찍은 숙주의 모든 것을 파괴하겠다는 위협이다. 그리고 당근은 숙주가 자신의 새끼도 키울 수 있는 기회를 제공해 피해자가 기꺼이 그 일을 하도록 동기를 부여하는 것이다(이것이 인질로 하여금 인질범에게 기꺼이 협력하도록 하는 스톡홀름 증후군의 조류 버전인지는 불분명하다). 어쨌든 이는 어려운 상황에 놓인 숙주에게는 최선의 선택이다. 실제로 기생하는 알을 거부하는 새들은 자기를 괴롭히는 새에게 굽실거리는 새보다 새끼를 60퍼센트 더 적게 키운다.[14]

둥지 기생은 같은 종 안에서도 발생한다. 실제로 동일한 종 내에서 발생하는 둥지 기생은 많은 종에서 확인되며(현재 234종에서 발견되었고 그 수는 계속 늘고 있다), 다른 종 사이에서 일어나는 기생의 거의 두 배에 달한다. 논병아리, 뇌조, 물닭을 비롯해 찌르레기, 제비, 핀치, 베짜기새 같은 여러 명금류가 여기에 포함된다.[15] 같은 종의 둥지에 알을 몰래 넣는 것이 다른 종의 둥지에 넣는 것보다 훨씬 쉬운데, 속임수를 쓰거나 흔적을 덮을 필요성이 없기 때문이다. 그저 자기 둥지에 알을 낳은 다음 다른 새가 주의를 기울이지 않는 틈을 타서 옆 둥지에 알을 옮기기만 하면 된다. 이것이 바로 이 새들이 하는 일이다.

둥지 기생은 주로 조류의 사례를 통해 연구되었지만 양서류, 어류, 곤충 같은 다른 동물에서도 발견되었다.[16] 특히 사회성 곤충에서 흔히 볼 수 있다. 예컨대 수천 종의 벌이 다른 동물의 둥지에 알을 낳는다. 이런 현상은 같은 종 안에서도, 다른 종 사이에서도 발생한다. 그중 한 종은 뻐꾸기벌이라는 적절한 이름이 붙었다.[17] 뻐꾸기벌은 주로 유전적으로 가까운 꿀벌 종을 숙주로 고른다. 뻐꾸기와 마찬가지로 이 벌 또한 숙주의 둥지에 침입해 어린 개체를 잡아먹고, 자신의 알로 몰래 바꿔치기한다.

𝕏

지금까지 살펴본 것처럼 둥지 기생이라는 현상은 속임수와 속임수 대응 전략 사이의 진화적 군비 경쟁이 행동, 형태, 생활사 측면에서 복잡한 생물학적 형질의 출현으로 이어진다는 점을 보여준다. 이러한 군비 경쟁이 가져오는 또 다른 효과가 있을까? 군비 경쟁의 효과 중 하나로 사회적 지능을 들 수 있다.

이 주제에 대해 자세히 들여다보기 전에 '웨이슨Wason 선택 과제'라는 간단한 퍼즐을 먼저 살펴보자(이전에 해본 적 있더라도 다시 한번 보시라). 여러분에게는 4장의 카드가 주어진다. 각 카드의 한 면에는 문자가 있고 반대 면에는 숫자가 있다. 이제 여러분은 다음 질문에 답해야 한다. 만일 '카드의 한 면에 D가 있다면 반대 면에 3이 있다'를 확인하려면, 어떤 카드(들)를 뒤집어야 할까?

D   F   3   7

뒤집어야 하는 카드는 D와 7이다. 나머지 두 장은 상관없다. 당황스러운가? 많은 사람이 틀리는 문제다. 4명 중 3명 넘게 헛짚는다. 이 퍼즐을 전에 접한 적이 있더라도 다시 틀릴 수 있다. 왜 그럴까?

이 질문에 답하기 전에 상황을 조금 바꾸어 다시 도전해보자. 여러분은 별난 규칙이 있는 미국의 한 술집에 있다. 손님은 낯선 사람과 대화할 수 없지만 한쪽에는 자신의 나이가, 반대쪽에는 마시는 음료에 대한 진짜 정보가 적힌 카드를 제시해야 한다. 그리고 테이블에 앉아 음료를 마시며 즐거이 대화를 나누는 4명의 젊은이가 보인다. 그들 앞에는 다음과 같은 카드가 있다.

맥주   콜라   25   16

술집이 음주 관련 법률(알코올음료는 만 19세 이상만 마실 수 있다)을 준수했는지를 확인하려면 어떤 카드를 뒤집어봐야 할까?

정답은 '맥주'와 '16'이다. 간단하다. 그렇지 않은가? 이번에는 4명 중 3명 정도가 이 퍼즐을 맞혔다. 이 퍼즐의 논리적 구조가 이전 퍼즐과 정확히 같다는 사실을 이미 눈치챘을 것이다. 대부분 사람들이 이 퍼즐은 맞추지만 이전 퍼즐은 어려워하는 이유가 무엇일까? 맥락이 문제 해결에 중요한 단서를 제공하기 때문인 듯하다. 두 번째 퍼즐은 속임수 탐지라는 익숙한 시나리오를 제시하는 반면, 첫 번째 퍼즐은 추상적인 논리만 들이밀 뿐 우리 삶과는 실질적인 관련이 없어 보인다.[18] 이제 재미있는 연습은 이쯤 해두자. 이 퍼즐은 중요한 과학적 질문의 열쇠를 쥐고 있다. 지능은 어떻게 진화할까?

지능(좀 더 전문적인 용어로는 인지 능력)은 동물의 학습 또는 문제 해결 능력으로 측정되곤 한다. 동물이 지능을 발달시키는 원동력 중 하나는 예측할 수 없는 환경이다. 즉 유전적으로 전략을 미리 설계해 대처할 수 없는 환경이 지적 능력을 발휘하게 만든다. 예컨대 오징어, 갑오징어, 문어 같은 두족류는 포식자를 피하면서 먹잇감을 잡아야 한다. 이들이 불확실한 상황에서도 살아남으려면 학습을 통해 환경에 자신을 조정하고 적응해야 한다. 이러한 동물이 복잡한 신경계에 의해 뒷받침되는 높은 지능을 보이는 것은 당연하다.

만약 두족류가 사회적인 동물이었다면 훨씬 더 똑똑했을 것이다. 사회적 환경은 물리적 환경에 비해 훨씬 빠르게 변화할 수 있다. 따라서 사회적 동물은 동료들이 있는 환경과 물리적 환경의 복잡성에 동시에 적응해야 하므로 두 배로 힘들다.[19] 그 결과 어떤 종류든 사회생활을 하는 동물은 개인적 수준과 집단적 수준이라는 두 가지 종류의 지능이 발견된다.

개미, 꿀벌, 말벌 같은 진사회성eusocial 곤충을 통해 입증된 것처럼, 집단 지성은 주로 친족 관계로 연결된 동물에서 진화했다.[20] 이들은 공통된 유전적 이해관계를 지녔기에 동료들 사이의 충돌이 완화되어 매우 효율적이고 잘 조직된 사회를 꾸리며, 모든 구성원은 각자 일꾼, 유모, 여왕, 일하지 않는 수컷, 군인이라는 역할을 수행한다. 개체의 적합도는 사회 자체의 성공으로 위임되는 만큼 개체의 개성이나 통찰력은 집단 임무를 수행하는 능력이라는 측면에서만 의미가 있다. 그렇기에 진사회성 종은 집단 지성을 가진 사례로 유명하지 개체 수준의 지능이 대단한 동물로는 알려지지 않았다.

개체의 지능(앞으로 '지능'이라고 하면 이것을 뜻한다)은 상황에 따라 구성원들이 공통의 관심사와 상충되는 관심사를 둘 다 가지는 사회에서 필요하다. 이는 사회적인 조류와 포유류에서 종종 나타나는 일이다. 이런 동물에게 사회는 대체로 구성원들이 개체 수준의 적합도를 추구하는 수단으로 작용하며, 사회 자체의 성공은 진사회성 동물에 비해 훨씬 덜 중요하다. 또한 사회에서 최대의 성과를 내기 위해서는 개체가 주변 동료를 대할 때 전략을 짜고 실행할 강력한 도구가 필요하다. 바로 여기서 뇌가 본격적으로 활동하기 시작한다.

이들 동물에게 사회생활은 양날의 검이다. 한편으로는 동료와 협력하거나 동료를 조종해 적합도를 증진할 수 있다. 하지만 다른 한편으로는 동료의 착취에 희생될 수 있기에 주의해야 한다. 사회적 지능이 중요한 것도 이런 이유에서다. 사회적 지능은 복잡한 관계의 정글을 헤쳐나갈 최적의 경로를 찾고 자신을 뒷받침할 사회적 연결망을 쌓는 데 도움을 준다. 그 결과 영장류 뇌의 일부는 신뢰할 만한 친구와 기만적인 착취자를 구별하는 일을 비롯한 실질적인 문제를 해결하도록 진화했다. 반면에 추상적인 수학 문제를 풀고 논리 퍼즐을 해결하는 데 필요한 뇌는 상대적으로 덜 발달했다. 웨이슨 선택 과제에서 일반인들의 성적을 보면 쉽게 알 수 있다.

그러면 뇌가 큰 동물은 더 똑똑할까? 간단히 답할 문제가 아니다. 만약 사실이라면, 고래는 영장류보다 훨씬 똑똑해야 한다. 뇌는 신체나 사회 문제를 해결하는 것 말고도 호르몬 수치 조절, 주변 환경의 조건 감지, 신체 움직임 제어 등 신경 써야 할 일이 많다. 제트기에서도 내비게이션은 여러 기능 중 하나일 뿐 조종석의 크기와는 거의 관련이 없다. 영장류의 경우 뇌 크기는 식단과 관련이 있어서, 열매를 먹는 종은 잎을 먹는 종보다 뇌가 더 크다.[21] 열매는 잎에 비해 어디에 있는지 예측이 쉽지 않고 찾기 어렵기에 뇌가 더 크면 도움이 되는 듯하다.

하지만 두족류에서 살펴보았듯이 먹이를 찾는 데는 사회적 지능이 거의 필요하지 않을 수 있다. 사회적 지능이 뇌의 크기에 기여할까? 이에 대한 대답은 '그렇다'이지만, 포유류의 신피질처럼 고차원적인 인지적 작업에 관여하는 뇌의 일부만 여기에 해당한다. 흥미롭게도 뇌의 이 부위는 배우자와의 결합과 관련이 있다. 연애를 해본 사람이라면 누구나 상대방과 인생을 공유하려면 많은 관심과 노력이 필요하다는 사실을 안다. 의사소통과 조율을 거쳐 상대의 의도를 추측하고, 상대를 달래거나 속이기 위한 계획을 세우는 동시에 그들의 속임수를 파악해야 한다. 이것은 연애에 필요한 사회적인 여러 과제 가운데 몇 가지에 불과하다. 앞서 여러 차례 살펴본 것처럼, 사회는 협력이나 조종이 일어나는 공간일 뿐 아니라 개인의 적합도를 실현하는 장이다.

배우자 하나와 함께 사는 데 이토록 상당한 뇌 기능이 필요하다면, 여러 동료와 함께 사는 것은 뇌에 더욱 부담이 클 것이다. 영장류의 경우만 봐도 실제로 굉장한 부담이 된다. 더 많은 구성원을 지켜봐야 하기에, 큰 사회에 사는 동물은 다른 모든 조건이 동일할 때 사회적으로 더 똑똑해지는 경향이 있다.[22] 영장류는 나머지 뇌와 비교했을 때 신피질의 상대적인 크기가 자신이 사는 집단의 크기에 따라 증가한다([그림 5.4] 참조).[23] 이러한 사회적 뇌 가설에서 알 수 있듯이, 신피질은 주로 사회적인 문제와 관계를 다루기 위해 진화했을 가능성이 있다.[24]

이렇게 사회생활이 신피질의 확장을 촉진한다는 가설을 고려할 때 의아한 예가 하나 있다. 아프리카 사바나에서 거대한 무리를 지어 사는 물소나 영양 같은 종들은 어째서 뇌 크기에 비해 신피질이 그렇게 크지 않을까? 이 가설에는 한 가지 애로점이 숨어 있다. 물소나 영양은 먹이나 물, 안전을 위해 일시적으로 무리를 지으며, 모두가 서로를 아는 영구적인 무리를 형성하지는 못한다. 그래서 이런 종은 가설과 맞지 않는다. 그러면 지배적인 수컷 한 마리가 여러 암컷과 새끼를 데리고 무리

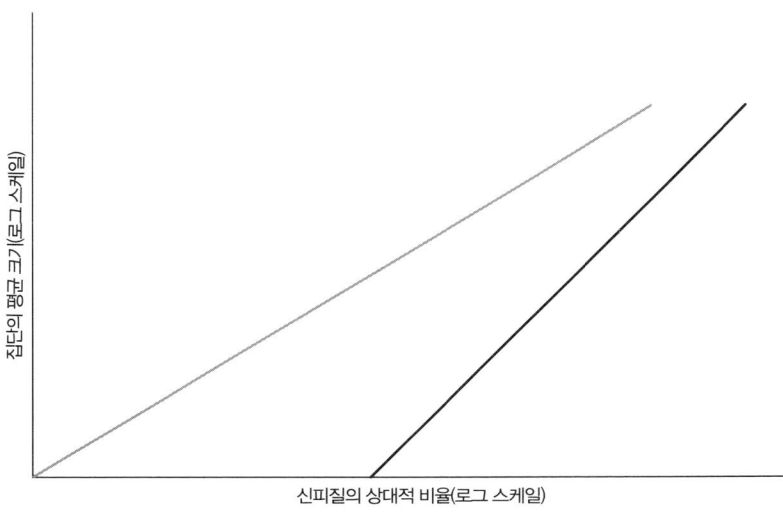

그림 5.4 원숭이(회색 선)와 유인원(검은 선)은 사회적 집단의 크기가 커짐에 따라 신피질의 크기도 증가한다(Dunbar and Shulz 2007에 실은 그래프를 다시 그림).

를 지어 다니는 사슴이나 코끼리물범은 어떨까? 이 경우에도 또 다른 애로사항이 있다. 수컷이 다른 수컷 경쟁 상대와 싸워 암컷 하렘과 새끼를 보호하려면 어마어마한 힘만 있으면 된다는 점이다.[25] 그래서 이종의 수컷은 사회적 환경을 개선하기 위해 복잡한 인지 기술을 갈고닦지 않아도 된다. 즉 동물의 배우자 결합이 신피질의 진화에 대해 알려주는 바가 있다고 해도, 그것은 동물이 상대방과 얼마나 자주 관계를 형성하고 그 관계에 얼마나 깊이 관여하는지에 달려 있다. 이처럼 영장류의 사회생활이 지닌 독특한 측면 덕분에 영장류는 일반적으로 뇌의 진화, 특히 신피질과 관련한 진화에서 다른 종에 비해 예외적이다.

사회적 뇌 가설에 따르면, 뇌가 수행하는 두 가지 주요 과제는 다음과 같다. 먼저 협력자와 사기꾼을 구별하는 것, 동시에 다른 개체를 효과적으로 조종하는 것이다. 이러한 이유로 영장류학자인 리처드 번 Richard Byrne은 사회적 지능을 '마키아벨리 지능'이라고 부른다. 1992년 앤드루 화이튼Andrew Whiten과 공저한 논문에서 번은 영장류가 전술과 속임수에 얼마나 자주 의존하는지 조사했으며, 그 결과 마카크원숭이, 개코원숭이, 침팬지가 다른 종들에 비해 두드러진다는 사실을 발견했다.[26] 이어 2004년에 번은 더 많은 증거를 수집해 속임수가 신피질의 진화와 관련이 있다는 사실을 보여주었다.[27]

영장류에게 마키아벨리즘이 존재한다는 것을 입증하려면, 사실 전술적 기만이 신피질과 관련되어 있다는 사실만으로는 충분치 않다. 무리 속 동료들이 실제로 다른 개체들의 생각을 알고 있다는 점도 보여줄 필요가 있다. 즉 다른 개체들도 자신과 같은 감정과 믿음, 욕구가 있다는 사실을 이해해야 한다. 심리학자들은 이 마음 읽기 능력을 보통 '마음 이론(theory of mind, ToM이라는 약자로 표기되곤 한다)'이라 부른다. 최근 크리스토퍼 크루페니Christopher Krupenye가 주도한 연구에서 침팬지, 보노보, 오랑우탄이 마음 이론을 지니고 있음이 확인되었다.[28] 사람이라면 한 살 미만의 아이에서도 정신적인 시각에 대한 분명한 징후가 나타날 수 있다. 하지만 잘못된 믿음에 대한 것을 포함하는 본격적인 ToM 능력은 네 살을 넘겨야 명확하게 드러난다.[29]

ToM이 중요한 까닭은 두뇌가 뛰어난 영장류가 다른 개체를 의도적으로 조종할 수 있게 해주기 때문이다. 이에 대한 다음의 흥미로운 설명을 살펴보자.

기존의 지도자가 체면을 잃는 장면을 처음 보았을 때 그가 보인 요란

한 반응과 큰 소리는 나를 놀라게 했다. 평소 점잖은 성격이던 이 알파 수컷은 지나가다가 자기 등을 친 도전자와 마주하자 예전의 모습을 알아볼 수 없을 정도였다.…… 알파 수컷이 반격하자 도전자는 간신히 피했다. 이제 어떤 일이 벌어질 것인가? 이 대립 구도의 한가운데에서 알파 수컷은 땅바닥에서 온몸을 비틀고 가엾게 비명을 지르며 무리의 나머지 구성원들이 위로해주기를 기다렸다.…… 알파 수컷은 마치 어미의 가슴에 안겼다가 억지로 밀려난 새끼처럼 행동했다.…… 그리고 시끄럽게 골을 부리는 와중에 어미의 태도가 누그러질지 지켜보는 새끼처럼 수컷은 자기에게 누가 다가오는지 주시했다. 주변에 모여든 무리가 충분히 커지자 수컷은 즉각 용기를 되찾았다. 그런 다음 자신의 지지자들과 함께 경쟁 상대와의 대결에 다시 열을 올렸다.[30]

이 에피소드는 영장류학자 프란스 드 발Frans de Waal의 침팬지 무리 관찰에서 비롯된 것이다. 그의 기록은 마치 민족지학자의 현장 노트처럼 인간 사회를 연상시킨다. 알파 수컷이 의도적으로 격렬한 감정을 드러내며 주변의 공감을 얻고 지지자를 모으는 모습을 보면 감탄하지 않을 수 없다. 고도의 사회적 지능이 없다면 어떻게 그런 교활한 전략을 수행할 수 있단 말인가?

마키아벨리 지능 가설은 확실히 납득이 가지만, 경쟁에서 동료를 능가하고자 이리저리 조종·조작하는 측면을 지나치게 강조했을지도 모른다. 우리는 인간 사회에서 기만적이고, 타인을 불신하며 사회나 윤리 규범에 무지했다가는 주변의 지지를 잃기에 십상이라는 사실을 다들 안다[31] (실제로 마키아벨리즘은 나르시시즘, 사이코패스와 함께 성격 연구 분야에서 사회인의 특성으로 바람직하지 않은 '어둠의 3요소'로 꼽는다).

일반적인 믿음과는 달리, 마키아벨리적 성향을 지닌 사람들의 지능이 굉장히 뛰어난 것은 아니다. 이들은 지능 검사에서 평범한 점수를 받는다. 많은 사람이 생각하듯 심리전에 더 능한 것도 아니다. 다만 이들은 사고방식이 남다르다. 남들이 공동 투자를 제안하면, 이들의 뇌는 '그래, 좋은 생각이야!'라며 공평한 몫에 만족하기보다 어떻게든 더 많은 이익을 얻기 위한 전략을 세우고 계획을 구상한다. 이는 사회·정서적 반응을 차분하게 가라앉히곤 해서, 차갑고 계산적인 인상으로 비치곤 한다.[32] 그런 모습은 언뜻 보기에는 지능이 뛰어나고 매력적으로 비치며 다른 사람을 끌어당길 수 있다. 하지만 장기적으로는 이기적으로 보여 남을 조종하고 착취하려는 경향이 역효과를 내기 쉽다. 결국 이들은 평균적인 보통 사람보다 사회에서 더 성공을 거두지는 못한다.[33]

마키아벨리즘을 실천하는 사람이 희귀하다는 것은, 속임수에 의존하는 모든 전략이 그렇듯 마키아벨리즘 역시 소수만이 선택해서 그 길을 걷는 대안적인 접근 방식이라는 뜻이다. 따라서 남을 조종하는 것이 아닌 협력이야말로 사회적으로 살아갈 주된 동기를 제공한다. 다시 말해, 사회적 지능의 진화가 이루어지려면 신뢰, 상호작용, 중재 등 다양한 친사회적 활동을 통해 사회생활의 고유한 이점을 실현하는 것이 핵심 과제라 할 수 있다.[34] 그에 따라 영장류의 사회적 뇌는 사회생활에서 발생하는 난관을 해소하고 구성원의 적합도를 높일 사회적 환경을 조성하도록 진화했다. 사회적 진화를 저녁 만찬이라고 한다면 마키아벨리즘은 애피타이저일 뿐이고, 협력이야말로 메인 요리다.

리처드 번 역시 최근 들어 마키아벨리 지능 가설의 적용 범위를 확장하고, 사회적 지능 진화에서 전략적 기만의 비중을 낮추었다.

야심 찬 왕자에게 조언할 때, 마키아벨리는 타인에게 친근하게 굴고 협력적이며 상냥하고 관대한 것이 중요하다고 강조했다. 그렇게 하지 않는 게 나은 경우를 제외하면 말이다. 마찬가지로 마키아벨리 지능MI 가설이 속임수와 명백한 정치적 조작에만 적용되지는 않는다. 우정 형성, 화해, 연합과 동맹, 친족 지원, 상호 이타주의에서 나타나는 세련된 사회적 기술에도 적용된다.[35]

타인과 협력하려면 아무래도 친구가 있는 것이 바람직하다. 사실 친구는 많으면 많을수록 좋다. 하지만 문제가 하나 있다. 친구의 범위가 확장될수록 그 안에 사기꾼과 남을 조종하는 자가 포함될 가능성도 높아진다는 것이다. 어떻게 하면 속임수에 당할 위험을 줄이면서 협력의 이점을 최대한 끌어올릴 수 있을까? 한 가지 해결책은 여러분의 사회적 지능을 높이는 것이다. 즉 누가 정직하고 누가 그렇지 않은지 정확하게 구분하기 위해 인지 체계를 연마해야 한다. 웨이슨 선택 과제에서 볼 수 있듯이, 우리는 구체적인 시나리오가 주어졌을 때 잠재적인 속임수를 더 잘 탐지한다. 이에 더해 기억력이 뛰어나다면 사기꾼에게 속지 않을 가능성이 더욱 높아진다. 우리는 사기꾼이 아닌 사람보다 사기꾼들의 얼굴을 훨씬 더 잘 기억하기 때문이다.[36]

그런데 여기 또 다른 문제가 있다. 개인의 수(n)가 늘면서 사회는 기하급수적으로 복잡해진다. 단순히 둘을 짝지어 상호작용하는 경우의 수만 해도(둘보다 더 많은 개체 간의 상호작용을 고려하지 않고) n(n-1)/2인데, 이 수는 2차 함수의 형태로 증가한다. 3명 이상의 사회적 연결망을 고려하면 상황은 무한히 복잡해질 수 있다. 그렇지만 사회적 지능은 무한하지 않으며, 거짓을 적발하는 능력 또한 실제로 상당히 제한적이다.[37] 그러면 사회가 커질수록 우리의 사회적 지능은 절대 그 복잡성을 따라잡지 못할 것이다. 어떻게 대처해야 할까? 답은 의외로 단순하다. 친구의 수를 줄여라. 우리에게는 그다지 친구가 많이 필요하지 않다. 가깝고 신뢰할 만하며 안정적인 친구 무리만 있으면 된다. 양보다는 질이다.

그렇다면 우리는 얼마나 많은 가까운 친구들과 안정적이고 신뢰할 만한 사회적 관계를 유지할 수 있을까? 이 질문에 답하기 전에 일단 가까운 친구의 무리에 누가 포함되는지 정의해보자. 인류학자 로빈 던바 Robin Dunbar에 따르면, "술집에서 우연히 마주쳐 즉석에서 어울려 술을 마신다 해도 스스럼없이 어울릴 수 있는 사람들"이 바로 그 정의다.[38] 재미있는 농담 같지만, 이 비공식적인 정의는 '가까운 친구'가 어떤 사람들인지에 대해 많은 것을 알려준다. 여러분은 그들의 나이와 성격, 무리 속 다른 사람들과의 관계에 대해 잘 안다. 저속한 농담을 하거나 장난스럽게 놀려 대도 전혀 거리낌 없이 편안할 것이다. 이러한 기준을 적용하면 우연히 만난 지인들이나 고객, 학생, 동료처럼 일과 관련된 사람들은 대부분 친구에서 제외된다. 그럼 이제 몇 명이 남았을까? 던바는 대략 100에서 230명 사이일 것이라 추정하며, 다소 개인차가 있더라도 평균적으로 150명 남짓일 것이라 말한다.[39] 바로 '던바의 수'라고 알려진 숫자다.

흥미롭게도 던바의 수는 대개 영장류에서 얻은 데이터를 기반으로 도출한 숫자지만, 원시 부족 사회나 전통적인 인간 사회의 일반적인 집단 규모와도 맞아떨어진다. 예컨대 기독교 후터파(종교 개혁 시기에 등장한 급진적인 재세례파의 한 분파-옮긴이)에서는 한 공동체의 구성원 숫자가 이 수를 넘어서면 공동체를 둘로 나눈다. 또한 이 숫자는 고대와 현대를 통틀어 군대에서 기본 단위로 편성되는 군인 수와도 비슷하다. 심지어 페이스북 친구, 테러리스트 무리, 사이버 범죄 네트워크 같은 다양한 커뮤니티 역시 대략적으로 던바의 수를 따른다.[40]

이런 일치는 단순한 우연일까? 쉽게 단정 짓기 어렵다. 오히려 사회에서 나타나는 협력과 속임수의 줄다리기를 고려하면 던바의 수는 과학적인 가치가 있을지도 모른다. 여러분이 생판 처음 만난 사람과 당장 막역한 친구가 될 수 없는 것은 당연한 일이다. '모두는 하나를 위해, 하나는 모두를 위해' 따위의 유토피아적인 이상에 기대어 인심을 썼다가는 곧 빈털터리가 될지도 모른다. 따라서 신중을 기해 협력자가 사기꾼이 아닌지 확실하게 살펴야 한다. 도움을 주고 협력하려 하는 척만 하고 사실은 당신의 신뢰를 이용하는 자일 수도 있기 때문이다. 진짜 협력자와 사기꾼을 구별하려면 그들이 실제로 어떤 사람인지, 됨됨이는 어떠한지, 누구와 주로 어울리는지, 도움이 필요할 때 신뢰할 수 있는지를 알아야 한다. 이런 상황에서 친구의 범위가 지나치게 넓어지면, 그들의 개인정보를 주기적으로 추적·평가하고 업데이트할 시간과 기회가 부족해진다. 모든 이와 지속적으로 관계를 쌓아갈 만큼 시간이나 자원도 충분치 않다. 그렇기에 긴밀한 관계를 유지할 수 있는 친구의 수에는 제한이 생긴다.

인맥 관리에는 비용이 많이 든다. 던바에 따르면 이미 긴밀한 관계망에 속한 구성원들은 무리 밖의 다른 사람들과 교류하고 다양한 방식으로 관계를 맺기 위해 자신의 시간 절반을 투자해야 할지도 모른다. 그러면 생산적인 활동을 할 수 있는 시간은 반밖에 남지 않는다. 인맥 관리에 더 많은 시간을 할애하다가는 시간이 부족해질 것이다. 그에 따라 불편함을 느끼지 않고 맥주 파티에 낄 수 있는 친구의 수에 상한선이 걸린다. 이처럼 150명은 구성원들이 사회적 친밀감을 유지할 수 있는 집단 규모의 상한선인 듯하다. 그런 이유로 부족 사회, 동일한 방식으로 생계를 유지하는 마을, 군부대의 규모는 모두 이 숫자에 근접한다.[41] 실제든 가상이든 친구가 수백, 수천 명이라고 뽐내는 사람들의 주장은 어느 정도 가감해서 들어야 한다. 이들은 우정의 질과 양이 어떻게 다른지 차이를 모르는 게 분명하다.

이때 사회적 지능은 정량적 지능이라고도 불리는 비사회적 인지 지능과는 다르다는 점을 유의해야 한다. 후자는 타인의 마음을 읽고 행동을 평가하기보다는 문제 해결력을 더 강조한다. 그렇기에 인지적으로는 똑똑하지만 사회적으로는 어색하기 그지없는 전형적인 괴짜가 존재한다. 반면에 세상 물정에 밝고 친구가 많은 사람은 학교 성적이 좋지 않을 수 있다. 이러한 고정관념은 두 가지 지능이 다소 개별적으로 진화했음을 시사한다. 하지만 복잡하고 경쟁이 치열한 현대 사회에서 성공할 확률이 가장 높은 사람은 두 지능 모두에서 뛰어나야 한다.

다행히도 두 가지 유형의 지능은 함께 사용되곤 한다. 문제는 지능이 잘못된 목적으로 사용될 수 있다는 것이다. 심리학 연구에 따르면 인지적으로 똑똑한 아이는 기회를 잘 포착하고 활용하므로 사람들에게 거짓말을 할 가능성이 더 높다.[42] 동시에 이런 아이들은 남에게 조종당하는 것을 피하고자 거짓말을 감지하는 데도 능숙한 경향이 있다. 사회적 지능과 인지적 지능이 잘 결합된 아이가 범죄 행동을 저지르는 경우는 드물지만, 성인이라면 그렇게 될 수도 있다. 회사, 금융권, 정부에서 부정행위가 일어나는 소위 화이트칼라 범죄는 똑똑한 고학력자들이 압도적으로 많이 저지르는 것으로 추정되며, 이들은 종종 법적 처벌을 피해간다. 미국에서 2000년대 부동산 버블 시기에 대규모 금융기업 범죄로 기소된 고위 은행가들이 몇 명인지 아는가?[43]

이제 사회적 지능에서 짝짓기 상대 찾기로 주제를 바꿔보자. 상대에 대한 선호도는 속임수, 특히 타인을 조종함에 따라 추진되는 진화의 경로에 어떤 영향을 미칠까?

우리는 이미 앞 장에서 암컷의 인지적 편향에 대해 살펴보았다. 이러한 편향성이 수컷에 의해 악용되는 일은 성 선택에서 흔히 발생한다. 하지만 1980년대 이전의 과학자들은 이러한 편향성이 존재한다는 사실을 미처 알지 못했다. 생물학자 낸시 벌리Nancy Burley도 그중 한 사람이었다.

1980년대에 벌리는 미국 일리노이대학교의 조류 사육장에서 금화조 암컷이 짝을 선택하는 방식에 관해 연구하고 있었다. 새의 다리에 서로 다른 색 끈을 묶어서 개체를 구별하고 행동과 번식 이력을 추적하는 표준적인 방법을 사용한 연구였다. 그런데 놀랍게도 이런 별것 아닌 듯한 변화가 새의 성생활에 큰 영향을 미친다는 사실이 드러났다. 암컷 금화조는 다리에 빨간색 끈이 묶인 수컷에는 홀딱 빠지는 반면 초록색 끈이 묶인 수컷은 아예 거부했다.[44] 빨간색이 수컷 다리의 주황빛을 더욱 두드러지게 하여, 암컷의 눈에 한층 매력적으로 보이는 효과를 낸 것으로 보인다. 왜 암컷 금화조는 원래 자연에 존재하지도 않았던 이상한 인공물에 속아 넘어갔을까?

당시 오스틴에 자리한 텍사스대학교의 연구자 알렉산드라 바솔로Alexandra Basolo는 조류가 아닌 작은 어류에서 이 해답을 찾았다. 검상꼬리송사리를 연구하던 바솔로는 수컷의 꼬리지느러미에 길쭉한 검 모양의 구조가 자리하고 있음을 발견했다([그림 5.5] 참조). 하지만 검상꼬리송사리와 같이 시포포루스Xiphophorus속에 속하는 가까운 친척인 플래티에는 그런 구조가 없었다. 바솔로는 원래 자연적으로 검 모양이 없는 플래티의 수컷에 이런 구조가 생기면 어떤 일이 벌어질지 궁금했다.

그래서 바솔로는 검 모양 구조를 이 물고기에 수술로 꿰매 붙여보았

그림 5.5 검상꼬리송사리. 수컷의 꼬리지느러미에 검 모양 구조가 있다.
ⓒ 길 로젠탈 연구실

다. 그러자 물고기가 보인 반응은 벌리가 연구한 금화조 암컷이 붉은색 끈을 맨 수컷에게 보인 반응과 비슷했다. 미용 수술을 등에 업자 수컷 플래티는 갑자기 암컷에게 성적으로 더욱 매력적인 존재가 되었다. 비록 수컷 플래티에게는 자연적으로 그런 구조가 없지만, 암컷 플래티는 검 모양 구조를 선호하는 게 분명했다. 수컷 검상꼬리송사리는 검 모양 구조를 진화시켰지만, 수컷 플래티는 그렇지 않았다.[45]

1990년대 중반 성 선택 연구의 패러다임이 바뀌고 있음을 감지하고 텍사스 오스틴에 있는 라이언 연구소로 과학 순례 여행을 떠난 적이 있다. 마이크 라이언과 스탠 랜드Stan Rand를 만나기 위해서였다. 유감스럽게도 내가 도착했을 때 두 사람은 이제 막 기발한 프로젝트를 마무리하던 참이었다. 이들은 유전자 마커(동위효소[동일한 유전자 자리에 있는 다른 대립유전자의 산물인 효소-옮긴이]나 미토콘드리아 DNA 등)를 사용해서 현존하는 피살레무스Physalaemus속 개구리 8종이 진화하며 갈라진 가지치기 패턴이 드러나는 가계도를 만들었다. 그런 다음 이들은 2종의 조상이 사용한 짝짓기 울음소리를 추정해 그 소리에서 공통된 특징을 뽑아냈다.[46] 이 방법을 단계별로 거친 결과 두 사람은 결국 피살레무스속 8종 모두의 조상이 어떤 울음소리를 냈는지 알아냈다. 암컷의 반응을 시험하기 위해 두 사람은 현존하는 다른 종인 퉁가라개구리túngara frog의 울음소리를 재생해보았다. 예상대로 암컷은 다른 종의 수컷보다 자기 종의 수컷에게 더 열정적으로 반응했다. 더 나아가 암컷은 유전적으로 더 가까운 종의 수컷 울음소리를 선호하는데, 이때 현재의 친척인지 조상의 친척인지는 상관없는 경우가 많았다. 퉁가라개구리가 그 종과 갈라지기 훨씬 전부터 수컷 울음소리가 가진 몇몇 특징에 대한 암컷

의 선호도가 존재하는 것이 분명했다.[47]

비록 메인요리를 즐기기에는 너무 늦었지만, 저녁 만찬을 완전히 놓친 것은 아니었다. 나는 당시 박사 과정을 밟던 길 로젠탈Gil Rosenthal이 수행한 창의적인 실험에 매료되었다. 로젠탈은 바솔로가 사용한 수술 절차 대신 수컷의 이미지를 조작해 매혹적인 검의 길이를 변경한 비디오 클립을 암컷 물고기에게 보여주었다. 로젠탈은 농담 삼아 이 영상을 '물고기 포르노'라 부르기도 했다. 그러자 암컷은 검이 짧거나 없는 수컷보다 긴 검을 가진 가상의 수컷에게 더욱 빠져들었다. 이미 존재하는 선호도의 편향성이 다시 확인된 순간이었다.[48]

제비 한 마리가 보인다 해도 봄이 오지 않을 수 있지만, 여러 마리가 보이면 봄이다. 라이언의 연구소에서 발견된 흥미로운 결과는 기존의 인지적 편향이 척추동물뿐 아니라 무척추동물에서도 널리 퍼져 있다는 점을 시사했다. 예컨대 농게류와 물진드기 역시 수컷이 암컷의 감각적 허점을 틈타 암컷을 이용하는 것으로 밝혀졌다[49] (더 많은 사례는 라이언이 2019년에 펴낸 저서 『뇌는 왜 아름다움에 끌리는가』에서 찾아볼 수 있다).

당연히 영장류에서도 이런 감각 착취는 흔하다. 많은 영장류는 자신이 서식하는 숲에서 잘 익은 과일이 띠는 빨간색과 주황색을 선호하는 것으로 알려져 있다.[50] 이를 활용해 남아메리카 정글에 서식하는 대머리우아카리를 비롯한 일부 종은 암컷을 유혹하기 위해 머리에 이와 같은 밝은색을 띤다. 이러한 발견은 모두 생명체에 숨겨진 지각적 편향성이 광범위하게 존재하고 있음을 시사한다. 30년 전 텍사스 오스틴에서 얼핏 발견된 징후가 지금은 정립된 과학적 사실로 거듭났다.

오스틴의 연구자들이 음악과 맥주, 텍사스 바비큐로 자신들의 발견을 축하하는 동안 낸시 벌리는 캘리포니아에서 조용히 돌파구를 찾고 있었다. 1998년 우연히 금화조의 성생활과 다리에 묶은 끈 사이의 연관성을 발견한 뒤, 10년이 지나 벌리와 그의 협력자 리처드 시만스키 Richard Symanski는 수컷 금화조와 금정조의 머리에 깃털을 부착하는 새로운 연구 결과를 발표했다([그림 5.6] 참조). 이에 따르면 암컷은 흰색 깃털을 가진 수컷은 좋아하지만 빨간색이나 초록색 깃털을 가진 수컷은 싫어했다. 이 새들은 원래 머리에 깃털이 없는 종들이다. 그런데 암컷이 그런 깃털을 지니고 있다는 이유만으로, 펑크족처럼 보이는 깃털 달린 수컷에게 끌리는 까닭은 무엇일까?

두 사람이 어떤 결론을 내렸을지 짐작할 수 있을 것이다. 암컷 금화조는 숨겨진 선호도, 즉 이미 존재하는 인지적 편향성을 가지고 있다. 하지만 벌리와 시만스키는 이 결과에도 여전히 만족하지 못했다. 다윈이 말했듯이 암컷 금화조는 "아름다움에 대한 취향"을 가졌을지도 모른다.[51] 이때부터 여러 동물에서 발견되는 감각적 편향에 대한 단절된 정보가 모여 더욱 명확한 그림이 그려지기 시작했다. 이는 인류가 오랫

그림 5.6 수컷 금화조(왼쪽 3마리)는 원래 머리에 깃털이 없다. 하지만 수컷의 머리 위에 깃털, 특히 흰색 깃털을 붙이면 암컷(오른쪽 2마리)들이 열정적으로 푹 빠질 것이다.
ⓒ Jim Bendon, CC BY-SA 2.0 라이선스, 원본에서 수정하지 않음

동안 우리 종에만 존재한다고 자부했던 어떤 것에 대한 진화론적 설명이 가능함을 암시했다. 바로 예술이다.

✗

예술가들은 인지적 편향성과 결함을 활용하는 착시에 크게 의존해 자신들이 원하는 효과를 창출하곤 한다. 즉 이들은 속임수의 제2법칙을 이용하는 셈이다. 불이나 햇빛 같은 대상을 캔버스에 담으려면 우리의 시각 체계를 속이지 않고서는 표현하기 어렵다. 예컨대 우리는 서로 다른 배경에 놓인 사물을 각각 다르게 인식하기 때문에, 흰색 줄무늬로 둘러싸인 회색 물체가 검은색 줄무늬로 둘러싸인 회색 물체보다 더 밝아 보일 수 있다. 이것이 바로 '화이트 착시'라 불리는 현상이다([그림 5.7] 참조).[52] 비슷한 원리로 노란색 물체 또한 더욱 밝게 빛나 보일 수 있다. 렘브란트는 이러한 착시 현상을 성공적으로 활용한 화가다([도판 11] 참조). 이런 그의 방식은 인물 사진 분야에서 '렘브란트 조명'으로 잘 알려진 인기 있는 조명 기술로 발전했다.

시각적 착시는 훨씬 더 정교한 방식으로 활용될 수 있다. 이러한 응용 방식 중 하나가 예리한 사업가의 면모를 지닌 파리 사람 뒤랑도에 의해 발견되었다. 그는 외모가 떨어지는 여성이 옆에 있을 때, 평범해 보이는 여성의 외모가 더욱 돋보인다는 사실을 관찰했다. 이 관찰에서 영감을 얻어 그는 기발한 아이디어를 떠올렸다. 파리에는 더 매력적으로 보이고 싶어 하는 부유한 여성들이 많았기에, 그들 옆에 설 못생긴 여성을 빌려주는 사업을 운영하면 큰 수익을 낼 수 있을 터였다. 뒤랑도는 이 아이디어를 실천에 옮겼고, 사업은 곧 상당히 번창했다.

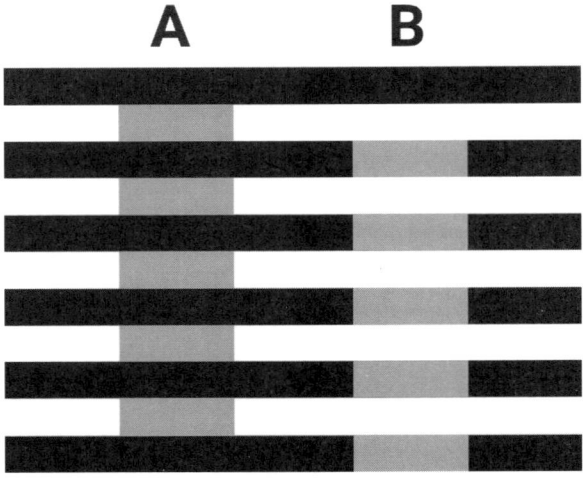

그림 5.7 화이트의 착시. 두 회색 기둥(A와 B)은 같은 색이지만 작은 회색 직사각형 위아래의 색이 하나는 검은색, 하나는 흰색이어서 다르게 보인다. © Wikipedia.org의 이미지, 퍼블릭 도메인

하지만 여기까지 읽고 더 궁금해졌다고 해서 '뒤랑도의 사업'을 구글에서 검색할 필요는 없다. 프랑스 작가 에밀 졸라Émil Zola가 1866년에 쓴 단편 소설 「렌타포일」에 나오는 가상의 줄거리이기 때문이다. 졸라는 소설을 이렇게 끝맺는다. "미래 세대는 뒤랑도를 고마워할 것이다. 지금껏 판매되지 않았던 상품이 팔릴 시장을 만들고 연애가 더 쉬워지는 패션 아이템을 발명했기 때문이다."

하지만 에밀 졸라, 당신이 처음 생각한 게 아니다! 물고기들이 뒤랑도를 수백만 년은 앞섰다. 예컨대 수컷 구피는 색깔 반점이 작아서 매력이 덜한 수컷과 함께 어울리는 방식으로 암컷에게 더 매력적으로 보이려 한다.[53] 기만적인 속임수로 짝짓기 시장에서 자기 가치를 높이려는 것이다.[54]

물고기가 이런 술수를 쓰다니 깜짝 놀랐는가? 오스트레일리아의 바우어새는 한술 더 뜬다. 수컷 바우어새의 깃털은 그다지 특별할 게 없다. 하지만 수컷은 짝짓기 철에 암컷에게 깊은 인상을 주려고 유혹하는 역할 외에는 아무런 기능도 없는 정교한 장식물인 바우어를 통해 이런 단점을 보완한다. 그러면 암컷은 바우어가 얼마나 잘 만들어졌는지를 기준으로 수컷을 고른다. 수컷은 암컷에게 잘 보여 짝을 얻고자 혼신의 힘을 기울여 새로운 장식을 덧붙이며 바우어를 만든다. 암컷이 빨간색이나 파란색 물체에 끌린다면, 수컷은 꽃이나 열매, 심지어 근처 인가에서 플라스틱 빨래집게까지 물어와 화려하게 꾸밀 장식품을 모을 것이다. 수컷들이 서로의 장식품을 훔쳐다가 바우어를 장식하기도 한다.

최근의 연구는 더욱 놀라운 사실을 밝혀냈다. 큰바우어새 수컷은 '강제 원근법'이라 불리는 잘 알려진 예술적 착시 현상을 활용해 자기 바우어 장식의 매력을 높인다. 강제 원근법이란 [그림 5.8]에서 볼 수 있듯, 작은 물체가 더 멀리 있는 것처럼 보이도록 활용되는 시각적 기법을 말한다.[55]

예술가 동물들의 시각적인 속임수가 다소 원시적으로 느껴지는 데 비해 인간 예술가들은 훨씬 꼼꼼하고 정교한 방식을 사용한다. 르네상스 시대부터 화가들은 착시 현상을 찾아내 체계적으로 활용했다. 사람들을 속여 평평한 캔버스에서 맛있는 과일, 탁 트인 풍경, 아름다운 인체를 감상하게 하기 위해서였다.[56] 이런 착시 효과는 현대 회화에서 더욱 중요한 의미를 지닌다. 고전 회화가 실물을 담아내는 데 집중했다면, 현대 회화는 점점 추상적으로 변해가기 때문이다.[57]

그림 5.8 강제 원근법의 예. Ⓐ 착시 효과를 활용하는 바우어새. 큰 물체는 전략적으로 바우어 입구에서 멀리 배치되는 반면, 작은 물체는 입구 근처나 입구 바로 안쪽에 배치되어 결과적으로 바우어가 실제보다 더 크게 보이는 착시를 일으킨다. © dracophylla, CC BY−NC−SA 2.0 라이선스. 원본에서 수정하지 않음 Ⓑ 이 건물에서는 같은 크기의 대상이라도 멀리 있을 때 더 작아 보인다. © Lixing Sun

19세기 중반 사진이 발명되면서 현실을 담아내는 회화는 전례 없는 도전을 마주했다. 그림이 더 저렴하고 빨리 완성되는 사진으로 대체되는 것은 시간문제였다. 위기를 맞은 예술가들은 예술적 표현 측면에서 사실주의를 넘어서는 대안을 모색했다. 이런 선구자들 가운데는 프랑스의 여러 인상주의자가 있었으며, 그중 마네와 모네가 이 유파에서 가장 널리 알려진 인물이다. (앵그르나 다비드 같은) 주류 신고전주의와 (들라크루아 같은) 낭만주의자들이 완강하게 버티고 거부했음에도, 결국 인상주의는 승리를 거두었다. 이후로 시각 예술은 우리가 인식하는 '객관적인' 현실에서 점점 더 멀어지는 방향으로 발전했다.

추상 미술이 곧 지나갈 유행일까? 분명 그렇지 않다. 몇몇 전통적인 미술 비평가와 감정가들의 지속적인 공격에도 추상 미술은 새로운 양식으로 자리 잡고 번성하는 중이다. 추상 미술은 비교적 최근에 제작되었음에도 경매에 출품되었을 때, 훨씬 오래된 사실주의 회화보다 높은 가격에 낙찰되는 경우가 많다(뭉크, 피카소, 폴락의 작품을 생각해보라). 이유가 뭘까?

추상 미술이 뛰어난 이유는 주로 감각을 자유롭게 표현하는 능력에 있다. 게다가 추상화는 즉시 이해할 수 없는 만큼 감상자는 작품을 해석하기 위해 상상력을 발휘해야 한다. 그에 따라 예술 작품의 창작과 감상은 각각 두 가지의 주관적인 과정으로 분리된다. 종종 예술가가 의도하는 바는 관객이 생각하는 것과 정반대다. 이처럼 예술을 감상하는 것은 의미를 재해석하고 감각을 재창조하는 독립적인 과정이 된다. 예술의 감상 자체가 예술이 되는 것이다.

내 경험에 비추어볼 때, 피카소의 「게르니카」를 처음 접했을 당시 작품 속에 담긴 이면의 이야기를 이해하지는 못했지만, 이미지가 불러일으키는 직관적 감각은 분명히 느낄 수 있었다. 이러한 창의적인 정신적 과정을 통해 감상자는 스스로 의식하지 못한 채 자기 내면세계의 한 측면을 발견할 기회를 얻게 된다. 이 사실을 잘 알고 있던 피카소는 다음과 같이 말했다. "그림은 미적인 조작이 아니다. 그것은 이 기묘하고 적대적인 세계와 우리 사이를 중재하는 마법의 한 형태이며, 우리의 공포뿐만 아니라 욕망에 형태를 부여하고 그 기운을 시각적으로 드러내는 방식이다."

예술적 착시의 장막 뒤에는 감각 착취가 숨어 있다. 암컷 새들이 강하게 매료되는 낸시 벌리의 붉은 띠 맨 수컷이나 흰 깃털을 꽂은 수컷 금화조와 달리, 예술 작품의 상당수가 대중의 찬사를 받지는 못한다. 그렇다고 해서 예술가들이 새로운 시도를 멈추는 것은 아니다. 수컷 금화조의 흰 깃털처럼 결국에는 대박을 터뜨릴 수도 있다. 물론 실패하는 경우가 더 많지만 말이다. 이런 의미에서 예술적 창작은 시행착오의 연속이다. 운 좋은 소수 예술가는 다양한 관객이 매력적으로 느낄 만한 형태와 스타일, 장르를 고안하지만, 대다수 예술가는 실패한다. 이런 현실을 고려하면 여러 주요 예술 사조(무시무시하게도 무슨 '주의', '이즘'으로 끝나는 이름들)는 대중의 인정을 받은 스타일을 사후에 확인하는 것에 지나지 않을 수 있다.

음악도 거의 같은 방식으로 작동한다. 우리는 내이에 있는 달팽이관 안에 말려 들어간 얇은 조각 같은 조직인 코르티기관을 통해 소리를 감지한다. 이 기관의 기저부는 고음에 더 민감한 반면, 정점은 저음에 더 민감하다. 그렇기에 다른 모든 요소(음량, 음색, 화음, 리듬 같은)를 동일하게 유지하는 것은 음악 경험을 풍부하게 하는 한 가지 방법이다. 저음역(첼로 같은)에서 고음역(바이올린 같은)에 이르는 소리를 만들어내 우리의 전체 지각 범위를 흥분시키기 때문이다. 사람의 귀를 체계적으로 이용하는 셈이다. 음악은 바흐나 헨델의 앙상블에서 출발해 베토벤과 바그너의 여러 곡을 거쳐, 베를리오즈와 리하르트 슈트라우스의 100곡이 넘는 작품으로 발전해왔다. 이러한 흐름 속에서 시간이 지남에 따라 교향곡이 점점 더 복잡해진 이유도 아마 여기에 있을 것이다.

하지만 음향 경험을 극대화하기 위해 이처럼 인정사정없는 힘을 활용하는 방식은 핵심을 놓치게 된다. 우리가 음악을 새롭고 풍부하며 흥미롭다고 인식하려면 단순히 양이 많아야 하는 것은 아니다. 코르티기관의 전체 음역대가 교향곡으로 꽉 차는 것이 능사가 아니다. 음악에 대한 인지는 단순히 귀의 주변부에서 소리를 감지하는 것 이상이다. 중추 신경계의 두 상위 단계인 하측 변연계와 좌측 상위 전두두정엽 연결망에서도 인지가 발생한다.[58] 음악은 이런 상위 단계의 인지에 따라 뇌간 반사, 평가적 조건화, 감정 전염, 시각적 이미지, 일화 기억, 기대를 생성하거나 저버리기 등 최소 여섯 가지의 심리 과정을 통해 우리의 감정을 자극한다.[59] 그렇기 때문에 리듬, 음의 높낮이, 음색, 조율, 화음 같은 음악적 요소뿐만 아니라 작품의 전체적인 특성이 어우러져 풍부한 미적 경험을 만들어낸다. 그에 따라 음악은 듣기 좋은 멜로디라는 느낌, 마음의 진정과 감동, 아름다움과 평화로움에 대한 감각처럼 복잡한 감정을 불러일으킬 수 있다.[60]

클래식이든, 재즈나 팝이든 장르에 상관없이 음악이 마음에 들면 우리의 머릿속 피질-선조체-시상 회로에 불이 켜진다. 반면에 음악이 마음에 들지 않으면 오른쪽 편도체나 청각 피질이 개입해 음악을 무시하거나 꺼버린다.[61] 그런 이유로 클래식보다 훨씬 단순한 팝 음악은 특히 20세기 이후로 계속해서 다른 분야의 빈 곳을 메우며 자기만의 역할을 하고 있다. 오늘날 수많은 사람에게 팝 음악 없는 삶은 상상도 할 수 없는 일이다. 팝 음악은 아직 탐구되지 않은 청중의 인지적 선호도를 발견해 성공을 거둔 것으로 보인다.

오늘날 뇌에서 음악 인지가 어떻게 이루어지는지는 아직 충분히 밝혀지지 않았다. 그 결과 음악 창작 분야는 항상 그렇듯, 광범위한 청중의 취향을 저격하는 데 있어 운에 크게 좌우되므로 모 아니면 도이다. AI와 빅데이터의 도움을 받아도 히트곡을 연달아 작곡할 성공률은 여전히 매우 떨어진다.

분명 플래티의 길쭉한 검 모양 구조나 바우어새의 강제 원근법, 금화조의 머리 깃털과 같은 발견들이 하등하고 단순한 동물에서만 특이하게 나타나는 것은 아니다. 이러한 사례로부터 인간의 세련된 음악과 미술의 소박한 기원을 추적할 수 있다. 그것은 시행착오를 통해 발견되었으며, 이미 존재하는 인지적 선호에 뿌리를 두었을 가능성이 크다.

라이언의 감각 착취 가설은 감각의 편향성이 정적이며, 그것을 이용하기 위해 진화하는 형질보다 훨씬 느리게 진화한다고 가정한다. 이렇게 하면 어떤 형질이 가장 잘 작동할 때까지 변이를 실험할 만큼 충분한 시간을 확보할 수 있다. 이 가정은 대부분의 시나리오에서 유효하다. 곤충, 어류, 개구리, 영장류에서 살펴보았듯이 신호로 사용되는 형질은 일반적으로 그 형질에 대한 선호보다 빠르게 진화하기 때문이다. 하지만 예외도 있다. 감각 착취 가설이 과학적 아이디어를 자유롭게 펼칠 수 있는 시장 경제에서 독점적인 위치를 차지하지 못하는 경우가 바로 그것이다.

둥지 기생의 진화 사례에서 알 수 있듯이, 개개비의 둥지에 기생자가 높은 비율로 침범할 때 개개비는 뻐꾸기의 기만적인 술수에 대응할 더 날카로운 인지 능력을 진화시킬 수 있다. 이처럼 모든 감각적 편향성이 오랜 기간 정체되는 것은 아니며, 일부는 빠르게 진화한다. 짝짓기 상대를 고르는 성 선택의 맥락에서도 마찬가지다. 수컷의 형질에 반응하는 암컷의 선호도는 특히 그것이 환경의 변화에 따라 촉발될 때 서로 조정을 거쳐 함께 진화할 수 있다. 생물학자 존 엔들러John Endler는 이런 형질과 선호도 사이의 진화적 파드되pas de deux(발레에서 둘이 추는 춤-옮긴이)를 '감각적 구동'이라고 부른다.[62]

이러한 공진화 과정은 수컷의 형질과 그 형질에 대한 암컷의 선호도가 유전적으로 결합할 때 발생한다. 예컨대 수컷의 특정 부위가 좀 더 크게 발현되도록 형질을 암호화하는 유전자가 암컷에서는 수컷의 해당 형질에 대한 강한 선호를 발현시킨다. 수컷 형질과 암컷 선호도 사이의 이러한 양의 피드백은 시간이 지남에 따라 점점 과장되어 결국 고삐가 풀리는 '폭주 과정'으로 이어질 수 있다. 그에 따라 공작의 화려한 꼬리, 남을 따라 하며 이리저리 바뀌는 금조의 노랫소리, 바우어새의 정교한 바우어 장식 같은 조류의 극적인 특징이 생겨난다. 이러한 아이디어를 처음으로 제안한 사람은 영국의 진화생물학자 로널드 A. 피셔 Ronald A. Fisher였다.

피셔가 제안한 '폭주 과정'은 성 선택 연구에서 앞서 살핀 핸디캡 가설과 경쟁할 만한 대안으로 자주 언급된다.[63] 두 아이디어가 실제로 크게 다른 것은 아니지만 말이다.[64] 피셔의 과정이 선호도가 빠르게 진화하는 상황에만 적용된다면, 핸디캡 가설은 선호도의 진화 속도가 어떻든 상관없이 작동한다.[65] 이렇게 보면 핸디캡 가설은 피셔의 폭주 과정에 비해 성 선택이라는 현상을 더욱 포괄적으로 설명하는 셈이다.[66]

하지만 그렇다고 해서 피셔의 폭주 과정이 갖는 중요성을 경시해서는 안 된다. 이 개념은 생물학적 진화와 문화적 진화 모두에 들어맞기 때문이다. 나는 2013년 『이코노미스트』지에서 비트코인이 개당 300달러 넘는 가격에 거래되고 있다는 기사를 읽으며 이 사실을 깨닫게 되었다. 비록 당시에는 가격이 터무니없이 비싸 보였지만, 나는 여전히 재미 삼아 몇 개를 더 구매할까 생각 중이었다. 하지만 디지털 화폐가 종종 수상한 거래에 사용된다는 사실을 알게 된 나는 구매를 단념했다. 도쿄에 본사를 둔 마운트곡스 같은 거래소에 계좌를 개설하는 것도 안전하지 않아 보였다. 그렇지만 이후로 비트코인의 가치는 조금씩 꾸준히 상승했다. 때로는 격하게 오르내리기도 했지만, 결국 2021년 4월 14일에 개당 6만 4,000달러를 돌파했다. 여기서 가격 상승과 수요 증가 사이의 연결을 형질과 선호도 사이의 유전적 연결로 대체하기만 하면, 이 폭주 과정은 피셔가 구상한 진화 경로를 정확히 따라간다.

일반적으로 모든 상품은 수요가 증가할수록 가격이 상승하고, 공급이 수요를 따라잡지 못하면 가격이 치솟는다. 코로나19 팬데믹 초기에 3M사의 N95 수술용 마스크 가격이 단기간에 몇 배나 뛴 것도 그런 이유에서였다. 이는 경제학 입문 강의에서 가르치는 기본 원리다. 하지만 행동경제학에 따르면 그 밖의 두 가지 심리적 이유로도 가격이 상승할 수 있다. 하나는 소유 효과다. 머그잔이든 화장실 휴지든, 마이크로소프트사의 주식이든, 우리는 스스로 소유한 제품을 판매할 때 원래 지급한 가격보다 더 높은 가격을 요구하곤 한다. 다른 하나는 마케팅 위약 효과로, 가격이 높아질수록 오히려 선호도가 높아지는 경향이다.[67]

이를 실제로 검증하려면 동일한 와인 두 병을 준비해 하나에는 10달러, 다른 하나에는 100달러의 가격표를 붙인 뒤 파티에서 친구들 앞에 내놓아보라. 친구들은 백이면 백 100달러짜리 와인이 더 맛있다고 말할 것이다. 100달러짜리에 200달러짜리 가격표를 붙인다면 선호도는 더욱 높아지기 마련이다. 이것이 바로 피셔식 '폭주 과정'이 진행되는 방식이다. 비트코인도 마찬가지다. 전 세계적인 수요를 충족하고자 약 2,000만 개의 코인만 소량 공급되는 데다 소유주들의 소유 효과와 마케팅 위약 효과가 따르기 때문에 비트코인은 가격이 급등할 수밖에 없다.[68] 보통 디지털 화폐, 예술 작품, 패션, 아이디어와 같은 경우에는 실체와 밈 사이에 양의 피드백이 작동한다. 이에 대한 선호가 자리 잡으면, 피셔의 폭주 과정에 따라 유행으로 발전할 가능성이 크다.

생물학적 과정과 문화적 과정의 주된 차이가 있다면 문화의 경우 선호도가 빠르게 변한다는 것이다. 유행은 본질상 빠르게 왔다가 사라진다. 금융 시장에서는 17세기의 고전적인 사례인 네덜란드의 튤립 열풍과 18세기의 남해회사 광풍(1720년 영국에서 발생한 역사상 가장 유명한 주식 거품 사례-옮긴이), 21세기의 인터넷과 부동산 거품에 이르기까지 모두 피셔의 궤적을 따른다. 경제학자 제임스 갤브레이스James Galbraith가 2010년 의회 증언에서 지적했듯이, 이러한 거품의 배후에는 헐값에 매입한 주식을 허위 정보로 폭등시킨 뒤 팔아치우는 식의 사기가 발견된다.[69] 이때 가치 평가와 속임수, 광풍, 궁극적인 파멸이 연달아 일어난다.

앞서 살펴본 것처럼, 거의 모든 일시적인 유행의 이면에는 기만적인 조작과 속임수의 요소가 존재한다. 특히 예술 작품을 둘러싸고 이런 일이 자주 발생한다. 예컨대 2017년 11월 17일 크리스티 경매에서 「살바토르 문디(구세주)」(65.6cm×45.4cm)라는 제목의 작은 그림이 4억 5,000만 달러 넘는 가격에 낙찰되어 당시 그림 가격으로 신기록을 세웠다. 야구선수 알렉스 로드리게스Alex Rodriguez나 영화배우 리어나도 디캐프리오Leonardo DiCaprio를 포함한 약 2만 7,000여 명의 부유층이 이 작품에 관심을 보였지만, 대부분은 금세 경매 과정에서 밀려났다. 대단한 소동이 일었지만, 경매는 단 19분 만에 끝났다.

하지만 정말 놀라운 점은 1958년에 이 그림이 단 125달러(오늘날의 가치로)에 팔렸고, 당시만 해도 '엉망진창이고 어두우며 우울한 그림' 으로 묘사되었다는 것이다. 그러다 2010년 세계적인 미술 보존 전문가이자 복원가, 역사학자인 다이앤 모데스티니Dianne Modestini가 5년에 걸친 프로젝트를 통해 이 그림을 장인의 손길로 되살렸다([도판 12] 참조). 여기에 더해 이 그림이 레오나르도 다빈치Leonardo da Vinci의 마지막 작품이라는 설이 갑자기 등장하면서 사람들은 작품에 대한 마음의 문을 열기 시작했다. 이 설을 등에 업은 뒤 그림을 원하는 수요가 증가하기 시작했으며, 가격은 꾸준히 상승하다가 어느 순간 급등했다. 철저한 검증을 통해 사실 여부를 확인하려는 시도가 이어지고 있지만, 다빈치와 관련된 이 설은 아직 입증되지 않았다. 일부 전문가들은 여전히 회의적이다. 그렇지만 익명의 낙찰자 한 사람이 이 이야기를 믿는 한[70] 진위 여부 같은 건 그다지 중요하지 않다.[71]

「살바토르 문디」의 가격은 터무니없을 정도로 높지만, 창작자에 관한 이야기가 사실인지 여부는 확실하지 않다. 이처럼 수요가 증가하고 예술 작품의 가치가 상승하는 상황에서는, 그것이 진본인지 여부가 반드시 중요한 요소로 작용하지 않는 경우가 많다. 1961년 이탈리아의 유명한 개념 예술가(전통적인 물리적 형태, 미학보다 작품에 포함된 개념을 더 중시하는 예술가-옮긴이) 피에로 만초니Piero Manzoni는 통조림 깡통으로 90개의 예술 작품을 만들어 '메르다 디아티스타(예술가의 똥)'라는 제목을 붙였다. 이후로 이 작품은 박물관과 개인 수집가들의 관심을 끌었다. 2002년에 런던의 명망 있는 테이트 미술관은 그중 하나인 '캔 004'를 6만 1,000달러에 사들여 이미 소장 중인 다른 여러 캔에 추가했다. 하지만 사실 이 캔 작품은 엉터리였다. 이 예술가 겸 장난꾸러기는 그 사실을 숨기지도 않고 모든 캔에 이탈리아어와 영어로 '메르다 디아티스타'라는 딱지를 붙인 뒤 "내용물 30그램, 1961년에 신선한 상태에서 생산하고 캔에 보존함"이라는 노골적인 설명을 달았다.

만초니는 이것이 "예술계와 예술가, 예술 비평에 대한 반항적인 조롱 행위"라고 밝혔다. 그럼에도 테이트 미술관의 대변인은 만초니가 "매우 중요한 국제적 예술가"라고 주장하며 박물관의 조치를 옹호했으며, 캔 004를 사들인 것은 "아주 적은 돈으로 매우 중요한 작품을 구매한 것"이라고 말했다. 미술품 거래가 얼마나 수익성이 높은지를 고려해보면, 아마 대변인의 말이 옳을 것이다. 비록 만초니라는 작가가 자신의 소화 찌꺼기, 즉 배설물로 제작한 엉터리 예술품이라는 아이러니가 존재했지만 말이다. 오늘날에도 「메르다 디아티스타」는 여전히 만초니 작품 수집가들 사이에 수요가 많다. 이 깡통은 고압증기 살균법을 제대로 거치지 않은 탓에 시간이 흐르면서 내용물이 절반 이상 새거나 부패했지만, 남은 캔은 오히려 더 비싸졌다.[72]

두 사례 모두 예술 작품에 대한 수요가 높아지는 한, 양의 피드백을 거쳐 가격이 치솟을 수 있다는 사실을 알려준다. 그 대상이 검증되지 않은 걸작인지, 사람의 배설물이 든 캔인지는 상관없다.

이 장에서는 속임수가 일련의 진화적 변화와 혁신을 일으키는 촉매제가 되어 행동, 생리, 형태, 생활사는 물론이고 생물학적 세계의 아름다움에 이르기까지 새로운 형질을 이끌어낸다는 점을 살펴보았다. 특히 속임수와 속임수 대응 전략 사이의 끊임없는 군비 경쟁은 동물과 인간 모두에서 사회적 지능과 예술 같은 복잡한 속성이 출현하도록 촉진한다. 속임수라는 촉매가 없다면, 우리 세상에는 생물학적·문화적 다채로움이 사라져 상당히 지루해질 것이다.

여전히 속임수에 대해 착잡한 감정이 든다면, 나 역시 그 생각에 동의한다. 특정 유형의 속임수를 정당화할 수 있는지 판단하려면 이 주제에 대한 새로운 철학적 관점이 필요하다. 그러나 본격적으로 논의하기에 앞서, 인류라는 종에서 나타나는 속임수와 자기기만에 대해 더 깊이 들여다볼 필요가 있다.

6장

인간이 저지르는 속임수의 패턴

1971년 여름, 푸른색 팬암 항공사 유니폼을 깔끔하게 차려입은 젊은 파일럿이 이끄는 8명의 미국 승무원 팀이 런던, 파리, 마드리드, 로마 등 유럽 여러 도시를 순회하고 있었다. 당시 전 세계에서 가장 유명한 항공사였던 팬암의 이미지를 홍보하는 것이 이들의 임무였다. 단정하게 차려입은 여행객들이 빠르고 편안하며 우아하게 비행기를 이용할 수 있도록 돕는 회사라는 이미지였다. 이것은 부유층에게 어울리는 라이프스타일이었다. 각 도시의 번화가를 행진하던 팬암 승무원들은 언제나 큰 인기를 끌었다.

하지만 이것은 당시 23세였던 가짜 파일럿 프랭크 애버그네일 주니어Frank Abagnale Jr.가 구상하고 기획한 거대한 사기극이었다. 그를 따르던 승무원들은 애버그네일이 애리조나대학교에서 수백 명의 지원자

가운데 직접 선발한 대학생이었다. 이들 중 그 누구도 팬암과 관련이 없었다. 하지만 애버그네일은 이 사기로 그야말로 잭팟을 터뜨렸다. 화려한 퍼레이드 일행과 함께 공짜로 두 달에 걸쳐 유럽을 대대적으로 한 바퀴 돌았을 뿐 아니라 주머니에 30만 달러(오늘날의 가치로 수백만 달러)가 들어왔기 때문이다. 유럽 도시의 가장 번화한 길거리에서 대놓고 펼쳐진 이 행각은 근래 역사상 가장 대담한 사기극이었을지도 모른다.

더 궁금하다면 애버그네일의 자서전 『캐치 미 이프 유 캔(잡을 테면 잡아 봐)』을 읽어보라. 동명의 영화를 관람해도 좋다.[1] 대담한 사기극을 성공시키는 애버그네일의 능력에 감탄을 금치 못할 것이다. 책에는 이런 내용이 담겨 있다.

> 그는 은행 수백 곳에서 돈을 훔치고, 전 세계 호텔의 절반에서 시트를 제외한 모든 걸 털었으며, 온갖 항공사를 속였는데 스튜어디스 대부분이 깜빡 속아 넘어갔다. 또한 미국 국방성 펜타곤의 벽을 도배할 만큼 가짜 수표를 유통시켰고, 자기가 만든 가짜 전문대학과 종합대학을 운영했으며, 20개국 경찰의 절반을 바보로 만들고, 200만 달러 넘게 돈을 뜯었다.

애버그네일이 어떻게 그런 대담하고 뻔뻔한 사기를 성공시킬 수 있었을까? 이것이 바로 이 장에서 답하고자 하는 질문이다.

인간이 사용하는 속임수는 규모, 다양성, 복잡성, 참신성의 측면에서 동물계에서 가히 독보적이다. 이것은 주로 세 가지 요인 때문이다. 사용하는 언어, 높은 지능, 인간 사회의 복잡성이 바로 그것이다. 언어는 거짓말과 속임수를 가능하게 하는 강력하고 새로운 도구를 제공하고, 지능은 계획을 더 쉽게 고안하도록 돕는다. 또한 사회가 복잡하기 때문에 사기가 개입할 여지가 생긴다. 속임수에 관한 책에서 인간이라는 종에 대한 논의가 포함되지 않는다면 클라이맥스 없는 드라마, 팥 없는 찐빵일 것이다.

애버그네일이 어떤 수법으로 사기를 쳤는지 살펴보려면, 먼저 인간의 속임수에 대한 다음 세 가지 질문에 대한 답을 찾아야 한다. 사기꾼은 무엇을 얻고자 사기를 칠까? 그들의 계획은 어떻게 작동하는가? 그들은 누구를 먹잇감으로 노리는가? 이 질문에 답하는 과정에서 인간이 저지르는 속임수의 패턴을 찾고, 그것이 생물 세계에서 나타나는 속임수라는 더 큰 그림에 어떻게 부합하는지 알아보는 것이 이 장의 목표다.

𝕏

사기 수법을 발전시킨 공로로 상을 준다면 애버그네일은 대적할 경쟁자가 없는 대상 후보일 것이다. 비록 고등학교를 중퇴했지만 그는 팬암 부조종사, 캘리포니아주 소아과 의사, 루이지애나주 변호사, 브리검영대학교 교수를 사칭해 남을 속이는 데 성공했다. 더욱 놀라운 것은 애버그네일이 불과 15세에서 21세 사이의 청소년기에 이런 사기 행각을 벌였다는 점이다. 그러다가 결국 유럽에서 붙잡혀 미국에 송환된 애버그네일은 비행기가 뉴욕의 존 F. 케네디 공항에 착륙한 직후 기적적으로 화장실에서 탈출했다. 이후 다시 체포되어 유죄 판결을 받고 교도소에 수감된 뒤에도, 교도관들에게 자신이 사실 FBI 비밀 요원이라고 속여 유유히 교도소를 빠져나갔다.

　이제 첫 번째 질문을 던질 때다. 사기꾼은 무엇 때문에 남을 속이는 걸까? 애버그네일의 위업을 바탕으로 추론하면 답은 '자원'이라는 한 가지로 귀결된다. 생물학자들은 생존에 도움이 되는 자원(식량이나 쉼터 같은)과 번식을 촉진하는 자원(짝짓기의 기회와 질을 높이는) 두 가지로 이 개념을 분류한다. 두 가지 모두 궁극적으로는 진화에 의미 있는 한 가지 속성인 다원주의적 적합도로 압축된다. 이러한 맥락에서 보면 인간의 속임수는 보편적이면서도 독특하다. 먼저 인간의 속임수는 다른 동물과 마찬가지로 생물학적 본능에 의해 주도되며, 동일한 두 가지 규칙을 사용하므로 보편적이다. 반면에 인간의 속임수는 다른 어떤 동물도 도달할 수 없을 정도의 다양성, 복잡성, 독창성을 보이기에 독특하다. 그뿐만 아니라 인간의 속임수는 사회 제도나 기술 혁신과 같은 인류 문화의 변화에 발맞추어 변화한다.

　우리 일상생활에서 남을 속여 얻을 수 있는 좋은 자원은 주로 물질적인 대가, 즉 돈이다.[2] 애버그네일은 자신의 직업, 기술, 학력을 비롯해 사기극에 필요한 모든 세부 사항을 치밀하게 꾸며내며 다양한 가짜 인격을 만들어 속임수를 저질렀다.[3] 그리고 가짜 신분으로 위장해 수표를 위조하고 1960년대에 자그마치 250만 달러를 현금화했다. 당시 미국에는 백만장자도 거의 없던 시절이었는데, 법적 음주 연령에 도달하지도 않은 애버그네일이 이미 그 자격을 얻은 것이다.

　돈을 노리는 사기는 다양한 형태로 나타난다. 암표 판매, 정직하지 않은 사업 관행, 조직의 자금 횡령, 월스트리트 폰지 사기, 페이퍼 컴퍼니에 돈을 숨겨 세탁하기 등이 그렇다. 구체적으로 살펴보면, 변호사와 컨설턴트는 고객에게 비용을 과다 청구하며, 의사와 치과의사는 환자를 과잉 진료한다. 일반 시민은 사망한 가족을 살아 있는 부양가족으로 꾸며 세금을 덜 내고, 화석 연료 회사는 과학적 증거를 무시하며 지구 온난화를 부인한다. 그리고 정치인이라면…… 이들이 부정행위에 가담하는 방식이 얼마나 다양한지는 굳이 입 아프게 설명할 필요도 없다.

물론 사람들은 돈 말고도 지위나 평판, 사회적 자격, 경력과 같은 비물질적인 자원을 위해 부정행위를 하기도 한다. 그렇지만 이런 자원도 결국 물질적 이득으로 전환할 수 있다. 예를 들어 대학 졸업장은 그 자체로 물질적 가치는 없지만, 성공적인 커리어와 더 나은 미래 소득으로 이어지는 통로다. 그렇기에 최근 FBI에 따르면 일부 부모들은 시험 점수를 위조하거나 과외 활동을 허위로 기재하고, 입학 사정관과 대학교의 스포츠 코치들에게 뇌물을 주는 등 자녀가 명문대학에 입학하도록 손을 쓴다. 그뿐만 아니라 대학생의 68퍼센트는 학교에 다니며 적어도 한 번은 시험과 과제에서 부정행위를 저지른다. 중요한 시험 일주일 전에 가족이 갑작스럽게 세상을 떠났다고 주장하는 학생들도 있는데 주로 할아버지, 할머니가 핑곗거리다. 흥미롭게도 학생의 성적에 반비례해서 사건의 발생률은 커진다.[4]

사람들은 자신의 사회적 지위를 인정받고 널리 알리기 위해 부정직한 전략을 다양하게 활용한다. 여기에는 자화자찬, 남의 공로를 빼앗기, 지위가 높은 사람에게 아첨하기가 포함된다. 우리는 직장 동료나 친구, 친척들과 더 나은 관계를 쌓기 위해 거의 매일 선의의 거짓말을 한다. 이러한 작은 위반은 사람들 대부분이 사회적 자본을 늘리기 위해 저지르는 수법이며, 나중에 물질적 이득으로 이어질 수 있다. 가수 빌리 조엘Billy Joel의 유명한 노래 가사 "다들 진실하지 않죠Everyone is so untrue"는 전혀 과장된 표현이 아니다.

애버그네일이 돈을 벌기 위해 사기를 친 것은 훨씬 더 기본적인 생물학적 욕구인 섹스 때문이었다. 15세 때 애버그네일은 데이트할 돈이 필요했지만, 그에게는 특별한 기술이 없었다. 육체노동은 그다지 돈벌이가 되지 않았기에 더 많은 돈을 벌고자 사소한 사기에 의존하기 시작했다. 이때부터 애버그네일은 미끄러운 낭떠러지로 떨어지듯 범행의 규모를 키워가며, 점점 더 대담하게 위험한 악의 구렁텅이 속으로 깊이 빠져들었다. 21세 무렵에는 이미 미국 50개 주와 전 세계 26개국에서 수표 사기를 저질러 피해자를 양산했다.

이런 동기 측면에서 애버그네일이 절대 유별나지는 않다. 짝짓기 상대를 얻기 위한 시장은 사기와 기만으로 가득 차 있다. 가장 흔한 예는 상대를 꼬이기 위해 사용하는 작은 거짓말이다. 온라인 데이트를 원하는 남성은 소득 수준을 과장하고 실제 키에 몇 센티미터를 덧붙여 매력적인 프로필을 만들고자 한다. 반면 여성은 체중에 대해 거짓말하는 편으로, 평균 6.7킬로그램쯤 깎는다고 한다.[5] 따라서 온라인에서 만난 사람을 처음 마주할 때는 프로필과 다소 달라도 지나치게 놀라지 마라.

기혼자들의 경우에는 바람을 피운다. 우리 종에서 불륜은 매우 흔해서 데이터에 따르면 매년 약 1.5~5퍼센트의 사람들이 혼외 성관계를 갖는다.[6] 이것은 결코 무시할 수 없는 비율이다. 기간을 개인의 일평생으로 늘리면 남성은 22~25퍼센트, 여성은 11~15퍼센트나 되기 때문이다.[7] 게다가 이런 수치는 부정을 저지른 남성과 여성의 고백을 기반으로 한 보수적인 추정치다. 다시 말해 실제로 발생하는 불륜의 수는 이보다 훨씬 많을 가능성이 크다.

어떤 사람들은 부정행위를 불명예로 여기지만, 또 다른 사람들은 그 것을 이익을 얻을 수 있는 기회로 여긴다. 이런 모험적인 시도를 하는 회사 중 한 곳이 기혼자를 위한 온라인 데이트 서비스를 제공하는 캐나 다의 애슐리 매디슨사다. 이 회사의 슬로건인 "인생은 짧다. 그러니 바 람을 피워라"는 불륜에 대한 변명처럼 들린다. 현재 이 회사의 고객 명 부에는 무려 6,000만 명이나 등록되어 있는데, 2015년 데이터베이스 해킹 사건을 통해 고객 대부분이 남성이라는 사실이 밝혀졌다. 제프 애 시튼Jeff Ashton(플로리다주 검사), 제이슨 도레Jason Doré(루이지애나주 공화 당 관계자), 조시 더거Josh Duggar(리얼리티 쇼 「19 키즈 앤 카운팅」이 배출한 소소한 스타)가 이 중 주목할 만한 고객으로 꼽혔다.[8] 하지만 여성 고객 이 품귀 상태였던 터라, 이 회사는 일방적으로 높은 남성들의 수요를 맞추기 위해 프로그래밍된 봇으로 여성을 사칭했다. 부정행위자들이 다시 사기의 피해자가 된 셈이다. 애슐리 매디슨사의 사업은 '사기꾼 의, 사기꾼에 의한, 사기꾼을 위한' 비즈니스였다.

애슐리 매디슨사 고객의 성별 불균형이 말해주듯, 인간 남성 역시 대부분의 수컷 동물과 마찬가지로 부정행위를 저지르고자 하는 동기 가 여성보다 강하다. 이것은 데이터에 의해 입증된 사실이다.[9] 존 F. 케 네디 대통령의 배우자 재키 케네디 오나시스Jackie Kennedy Onassis가 "아 내에게만 충실한 남성은 없다고 생각한다"고 유감스럽게 토로했듯 말 이다. 그럼에도 여성들이 저지르는 불륜의 규모를 축소해서는 안 된 다.[10] 여성들이 스스로 고백했듯이 여성의 성적 욕구가 배란기에 더 강 해지는 것은 분명하다.[11] 아마도 이 시기에 에스트라디올 수치가 높아지는 반면 프로게스테론 수치가 낮아지는 것과 관련이 있을지 모른다.[12] 흥미롭게도 배란 중인 여성은 피임약을 사용할 가능성이 훨씬 낮으며, 이는 불륜의 숨은 목적이 혼외 임신일 수도 있음을 암시한다.[13]

불륜에 영향을 미치는 생물학적·문화적 요인은 호르몬, 유전적 구성, 지능, 전통에 이르기까지 다양하다. 심지어 종교에 얼마나 독실한지가 영향을 주기도 한다. 통계에 따르면 극도로 종교적인 사람과 전혀 종교적이지 않은 사람은 중간 정도로 종교적인 사람보다 성적인 부정행위를 저지를 가능성이 더 높았다.[14] 하지만 현재로서는 불륜에 얽힌 이런 뒤집힌 종형 곡선이 나타나는 원인이 아직 밝혀지지는 않았다.

유전자 또한 성 관련 부정행위에 관여한다. 포유류의 뇌에서 바소프레신과 옥시토신 수용체를 암호화하는 유전자는 배우자 쌍 결합의 질과 관련이 있으며, 그에 따라 불륜에 어느 정도 영향을 준다고 알려져 있다.[15] 최근 연구에 따르면 혼외 관계에 대한 여성의 관심은 바소프레신 수용체 유전자의 특정한 변이 때문이라고 한다. 다른 많은 요인이 관여하기는 하지만, 이 유전자 변이만으로도 여성들의 성적인 문란함의 40퍼센트를 설명할 수 있다.[16] 또한 남성과 여성 모두에게 영향을 미치는 또 다른 변이가 도파민 D4 수용체 유전자에서 발견된다. 이러한 변이 하나 때문에 사람들은 스릴을 추구하는 성향을 띠며, 더욱 신나는 인생을 위해 새로운 것을 찾아 나서는데, 여기에 성생활이 포함된다. 그 결과 이 유전자를 가진 사람들에서 불륜과 문란함이 발현할 비율은 일반 인구에 비해 최대 50퍼센트까지 증가한다.[17]

사람들이 불륜을 저지르는 다양한 사례를 살펴보면, 다른 동물들과 공통적으로 드러나는 익숙한 하나의 패턴을 발견할 수 있다. 보통 남성은 재생산 기회를 넓히기 위해 부정행위를 하는 반면, 여성은 자녀를 키우기 위한 자원을 얻거나, 여기에 더해 더 나은 유전자를 획득하고자 부정행위를 저지른다.[18] 따라서 인간의 불륜은 다양하고 복잡하게 일어나지만 여전히 진화론, 특히 베이트먼의 규칙이 적용되는 테두리 안에 있다.

☙

이전 장에서 살펴보았듯이 대부분의 조류와 몇몇 포유류처럼 사회적인 일부일처제를 지키는 동물에서는 암컷이 자신의 이익을 위해 수컷 파트너를 속일 수 있다. 이런 혼외 친자 관계(영어권에서는 '뻐꾸기[cuckoo]'라는 단어에서 '바람을 피우다[cuckold]'라는 단어가 유래하기도 했다)는 특히 수컷이 자손을 돌보고 키우느라 많은 투자를 하는 상황에서 수컷의 적합도를 크게 떨어뜨린다. 이러한 이중 거래에 대응하기 위해 상당수의 수컷 동물은 자신의 유전자가 제대로 대물림되도록 짝짓기 상대를 단속하려 한다.

사람의 경우, 남성 몰래 저지른 혼외 관계의 비율은 전통 사회에서는 약 1퍼센트,[19] 현대 서구권 국가에서는 약 1.7퍼센트다.[20] 이 평균 비율이 낮아 보일지 모르지만, 그 안에서도 서로 다른 상황에서 나타나는 중대한 차이를 간과해서는 안 된다. 일부 문화권에서는 혼외 관계가 상대적으로 훨씬 더 중요하다. 예를 들어 나미비아의 힘바족은 혼외 관계의 비율이 17퍼센트까지 올라간다[21](외부자가 들어오면서 새로운 관계를 맺는 짝짓기 사냥이 흔하고 지속적인 것은 말할 필요도 없다[22]). 그런 만큼 짝짓기 상대를 단속하는 것은 더 중요해진다.

사람들이 짝짓기 상대를 단속하거나 관계를 끝내는 기본적인 방식은 다른 여러 동물과 비슷하다. 이혼, 관계 단절, 폭력 등이 그 예다. 이때 여성은 바람을 피우는 남성을 떠나는 경우가 많지만,[23] 남성은 물리적 힘을 휘두를 가능성이 더 높다. 이는 오늘날에도 여전히 우리 안에 남아 있는, 석기 시대부터 이어져 내려온 야성적인 생물학적 유산이다. 여성의 불륜은 구타나 강간, 아내 살해 같은 남성의 가정 폭력을 일으키는 가장 흔한 원인으로 꼽힌다.[24] 일부 문화권에서 여성이 혼외 관계를 맺지 못하게 억압하는 방식으로 강간과 명예 살인(가족의 명예를 훼손했다고 여겨지는 여성을 살해하는 악습-옮긴이)이 여전히 일어나고 있다는 사실이 안타깝다.

하지만 불륜에 대한 위협이나 보복은 혼외 부정행위를 억제하기 위한 수단일 뿐이다. 더 적극적인 대응책은 여성의 성생활을 통제하는 것이다. 이와 관련해 가부장 사회에서 남성은 다음 세 가지를 할 수 있다. 여성의 매력을 숨기고, 이동성을 제한하며, 여성의 성욕을 억누르는 것이다.[25] 이런 조치는 석기 시대부터 짝짓기 상대를 지키려는 목적에 부합하는 것일 뿐, 인간에게만 나타나는 행동은 아니다. 앞서 살펴본 것처럼 수컷 가터뱀은 짝짓기 상대에게 스쿠알렌이라는 화학 물질을 묻혀 경쟁자인 다른 수컷에게 매력적으로 보이지 않게 만든다고 알려져 있다. 하지만 인간은 독특한 언어 능력과 높은 지능, 사회의 복잡성 때문에 짝을 지키려는 조치가 훨씬 더 창의적인 방향으로 나아간다. 정교하고 드넓은 문화적 관습이 펼쳐지는 대목이다.

예를 들어 몇몇 전통 사회에서는 아내의 생식력이 가장 왕성한 기간에 남성이 집에 머무른다. 물론 배란이 이루어지는 구체적인 시기는 여성 자신조차 대부분 알기 힘들므로 남성이 추측해보았자 불완전한 경우가 많다. 이런 이유로 남성은 더욱 신뢰할 방법을 활용한다. 중세 유럽에서 사용한 정조대는 남성이 자리를 비운 사이에 아내를 단속하고자 만들어졌다.[26] 또한 여러 동양 문화권에서는 아내를 집 깊숙한 곳에 머물게 해서 다른 남성과의 접촉을 차단하기도 했다. 예컨대 일본어 '가내家內'는 자기 아내를 지칭하는 겸손한 표현이다. 중국인들은 여기서 한발 더 나아간다. 송나라(960~1279)에서 청나라(1644~1911)에 이르기까지 수 세기 동안 중국에서는 어린 여성들의 발 성장을 억제하기 위해 발을 강제로 싸매는 '전족'이 장려되는 대규모 문화적 관습이 지속되었다([그림 6.1] 참조). 이렇게 하면 여성이 자유롭게 어디든 돌아다니지 못하도록 이동성을 크게 떨어뜨릴 수 있었다.[27]

하지만 이런 관습을 중세적이고 야만적이라 웃어넘길 것만은 아니

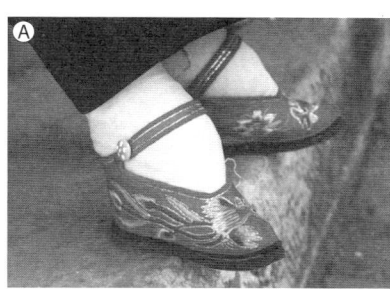
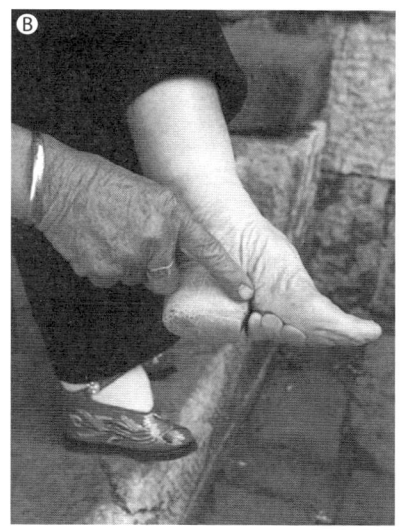

그림 6.1   전족을 한 여성의 발 Ⓐ 10센티미터 짜리 신발을 신은 여성 Ⓑ 전족으로 변형된 발 ⓒ Dr. John Bullas, CC BY-NC-SA 2.0 라이선스, 원본에서 수정하지 않음

다. 짝을 지키려는 남성의 본능에서 비롯한 이상한 법은 오늘날 미국에도 존재한다. 예를 들어 여성이 민소매 상의나 드레스를 입고 의회에 들어오지 못하도록 하는 법안이 그렇다. 또한 애리조나주 투손에서는 여성이 바지를 입을 수 없다는 규정이 있고, 오하이오주 클리블랜드에는 여성이 가슴골을 지나치게 노출할 수 없다는 법이 있다.[28] 물론 이처럼 이해하기 힘든 법이 실제로 시행되는 경우는 거의 없지만, 남성이 여성을 통제하던 시절을 떠올리게 하는 흔적이다.

비록 오늘날 서구 사회에서는 가부장제가 쇠락하고 있지만 여전히 이 제도가 살아 숨 쉬는 지역도 많다. 사우디아라비아는 최근 여성이 운전하지 못하도록 한 금지법을 없앤 것으로 찬사를 받았지만, 여러 아랍 국가의 여성들은 아직도 축구 경기를 보러 경기장에 혼자 갈 수 없고 여행할 때도 남성 친척을 대동해야 한다. 또한 일부 무슬림 국가에서 여성은 부르카, 히잡, 차도르 같은 덮개를 착용해야 한다. 이란 연구자인 파리드 파주히Farid Pazhoohi는 이런 문화적 관습의 생물학적 의미를 체계적으로 연구했다. 그 결과 얼굴의 특징과 몸의 곡선을 천으로 덮으면 여성의 성적인 매력이 감소하고 여성을 노리는 남성들과 눈을 마주치지 못한다는 대중적인 믿음은 사실임이 드러났다.[29]

하지만 남성의 짝짓기 상대 단속과 관련해 가장 논란이 되는 문화적 관행은 음핵 절제술, 음문 꿰매기와 같은 생식기 훼손 행위다. 오늘날에도 약 1억 3,000만 명의 여성이 이러한 고통스럽고 안전하지 않은 시술을 받았으며, 이는 주로 아프리카의 29개국에서 이루어졌다. 여성이 혼외 관계를 할 위험을 줄이고자 여성의 성에 대한 태도, 욕구, 행동을 제한하거나 통제하는 것이 생식기 절제의 목적이다.[30]

인간 사기꾼들은 남을 어떻게 속일까? 우리는 프랭크 애버그네일의 모험담에서 여러 해답을 찾을 수 있다. 엄청난 성공을 거둘 수 있었던 비결은 그가 세상 물정에 밝았기 때문이었다. 애버그네일은 평판이 나쁜 뒷골목에서 활동한 것이 아니라 정직하고 품위 있는 사람들로 붐비는 중심가에서 활동했다. 그의 재능은 남의 행동을 관찰하고 모방하는 데 있었다. 애버그네일은 가짜 신분을 뒤집어썼다 벗었다 할 정도로 솜씨가 좋은 인간 카멜레온이었다. 이러한 사회적인 위장 능력으로 타인의 신뢰를 얻었던 것이야말로 사기 계획이 승승장구하는 데 핵심적이었다.

애버그네일의 전략은 정교함의 수준이 더 높기는 하지만, 동물 사기꾼들이 활용하는 두 가지 방법을 완전히 아우른다. 즉 의사소통의 본래 요소를 악용하는 속임수의 제1법칙과 상대의 인지 체계에 존재하는 허점을 파고드는 제2법칙이 그것이다. 모든 인간 사기꾼은 이 제1법칙과 제2법칙을 써서 자신의 계획을 구상하고 실행에 옮긴다.

이제 인간이 저지르는 속임수에서 거짓말과 기만의 미묘한 차이에 대해 알아볼 때가 되었다. 거짓말이 제1법칙의 영역에서 상대에게 허위 정보를 전달하는 행위라면, 기만은 제2법칙의 영역에서 상대의 인지 체계가 지닌 편향이나 약점, 결함을 악용하는 과정이다. 하지만 상당수의 속임수는 두 가지 법칙이 모두 적용된다. 예컨대 아첨은 메시지를 위조하는 것(제1법칙)이며, 동시에 보통 자신에 대해 좋은 말을 듣고 싶어 하는 사람들의 인지적 편향성에 영합하는 것(제2법칙)이다.[31] 이

제 이 구분을 유념하면서 속임수나 사기라는 단어에 이 거짓말과 기만이 모두 포함되었다고 생각하자.

애버그네일은 속임수의 두 가지 법칙을 어떤 방식으로 능수능란하게 적용했을까? 언제나 사람들을 예리하게 관찰한 그는 인간의 본성에 대한 두 가지 통찰력을 바탕으로 최고의 사기꾼으로 거듭날 첫 발자국을 내디뎠다. 먼저 애버그네일은 사람들이 존경받는 직업에 종사하는 이들에게 자연스럽게 높은 신뢰를 보낸다는 사실을 발견했다. 이는 심리학자들이 '시스템 I 사고'라고 부르는 인지 편향으로, 직감에 따라 낯선 이를 판단하며 비판적 사고 대신 빠른 판단으로 넘어가는 경향을 뜻한다. 또한 애버그네일은 개인 수표를 현금으로 바꿀 때 직원들이 대개 신분증만 확인하는데, 그것이 쉽게 위조될 수 있다는 점을 관찰했다.[32] 그렇게 애버그네일은 특수한 공급처에서 조달한 조종사 유니폼을 입은 채 조종사 행세를 했다. 첫 번째 수표 위조에 성공한 후 애버그네일은 혼자 킥킥 웃으며 중얼댔다. "아무도 수표에 이상이 없는지 은행에 확인하지 않지."

시간이 지남에 따라 애버그네일은 사람들의 인지적 편향성을 더욱 악용해 사기 행각의 효율성을 높였다. 예컨대 특수 인쇄 장비와 재료를 사용해 전문가들이 만든 가짜 수표를 얻었다. 이렇게 위조한 수표는 육안 검사를 통과할 만큼 진짜처럼 보였다. 세부 사항에 관한 관심 덕분에 그는 잡히지 않고 가짜 수표를 계속 문제없이 쓸 수 있었다.

그뿐만 아니라 애버그네일은 은행 시스템의 허점을 체계적으로 이용했다. 당시 가짜 수표가 은행에서 부도 처리되는 데 약 5일 걸렸는데, 이 지연된 시간 동안 그는 현장에서 안전하게 자취를 감출 수 있었다.

또한 의심의 대상이 되거나 심문을 받으면 즉시 확인할 수 없는 허위 정보를 말해 상대방의 주의를 돌리는 데 능숙했다. 이런 식으로 그는 여대생 무리를 데리고 유럽 투어를 성공적으로 마칠 수 있었다. 이런 대대적인 퍼레이드가 아예 가짜라고는 누구도 의심하지 못했을 것이다. 설령 의심을 품은 사람이라도 복잡한 미로 같은 대기업의 관료 체계 속에서 누구에게 물어봐야 할지 알지 못했다. 한번은 애버그네일이 사기가 폭로되려던 찰나에 FBI 요원이라고 신분을 위장해 도망친 적도 있었다. FBI 요원에게 진짜냐고 추궁하는 사람은 거의 없을 것이다. 이런 영리한 수법은 그의 정체에 대해 의심을 품었던 사람들의 마음속 방어벽을 무장 해제했다.

어떻게 고작 10대였던 애버그네일이 수년간의 훈련이 필요한 전문가 행세를 그토록 능수능란하게 해냈는지 궁금한가? 간단히 답하자면 사람들은 외모로 타인을 판단하는 경향이 있기 때문이다. 애버그네일은 원래보다 훨씬 나이 들어 보였다. 이런 자연스러운 이점을 십분 활용하기 위해 그는 신분증 나이에 열 살을 더해 태어난 해를 1948년에서 1938년으로 위조했다. 가짜 나이와 유별나게 성숙한 외모가 맞아떨어지며 더 그럴듯해졌다.

여기에 더해 자신의 거짓말에 설득력을 더하고자 애버그네일은 여러모로 조사하고 공부했다. 어떤 직업으로 위장하든 관련 지식이나 용어를 철저하게 익혔다. 파일럿으로 위장할 때는 "공공 도서관을 자주 들르고 서점을 돌아다니며 파일럿, 비행기, 항공사에 대한 모든 자료를 손에 넣어 공부하기 시작했다." 그리고 의사인 척할 때는 "소아과에서 이루어질 법한 일상적인 대화에 자연스레 끼어들 수 있을 만큼 폭넓은 지식을 빠르게 습득해갔다." 사회학 교수로 가장할 때는 수업하기 전에 미리 사회학 수업을 청강했다. 이 모든 경우에 애버그네일은 피상적인 지식만으로도 해당 분야에 종사하는 사람들을 속일 수 있었다. 그러니 평범한 사람들의 눈을 속이는 것은 식은 죽 먹기였다.

애버그네일은 자신의 행동 수칙을 세 가지 요소로 정리했다.

첫 번째는 분위기다.…… 최고의 사기꾼들은 옷을 잘 차려입고 자신감과 권위를 내뿜는다. 그들은 보통 재선을 노리는 정치인들처럼 매력적이고 예의 바르며 무척 성실해 보인다.…… 두 번째는 관찰력이다. 일반인들이 간과하는 세부 사항과 항목을 파악할 눈썰미를 갖춰야 한다. 세 번째 요소는 철저한 연구다.…… 사기꾼의 유일한 무기는 두뇌다. 가짜 수표나 정교한 사기로 은행을 속이고자 마음먹은 사기꾼은 자신이 수행하려는 계획과 관련한 모든 정보를 조사한다.…… 나는 전 세계 웬만한 은행에 근무하는 직원이나 일반인 그 누구보다도 수표에 대해 잘 알고 있다.

이전 장에서 살펴본 것처럼 속임수와 속임수에 대한 탐지는 고양이와 쥐가 벌이는 게임과 같다. 한쪽이 다른 쪽을 앞서려고 애쓰기 때문이다. 애버그네일에 따르면 사기꾼이 신경 써야 할 가장 중요한 두 가지는 관찰과 연구다. 이 두 가지를 활용해 애버그네일은 개인이나 기관의 시스템에 난 틈새를 발견하고 다른 누구도 시도하지 않았던 새로운 계획을 창안해 게임에서 앞서 나갈 수 있었다. 즉 제2법칙을 창의적으로 활용한 것이 그가 사기에서 누구보다 성공을 거둔 핵심 비법이었다.

정교한 사기 수법이 우리의 경계심을 얼마나 쉽게 해제하는지 잘 보여주는 사례로 폰지 사기를 들 수 있다. 사람들은 아무래도 빠르게 돈을 벌 기회라고 하면 눈이 번쩍 뜨이는 법이다. 폰지 사기Ponzi scheme(다단계 금융사기-옮긴이)는 사람들의 이런 보편적인 편향을 교묘하게 활용해 설계되었다. 하지만 그 작동 방식은 우리 대부분을 속일 수 있을 만큼 복잡하고 모호하다. 유명한 사기꾼 버니 메이도프Bernie Madoff가 저지른 160억 달러 규모의 사기 피해자 대부분은 부자였으며, 상당수는 비즈니스나 금융 업무에 정통한 사람들이었다. 사기 수법을 단단히 둘러싼 속임수는 처음부터 피해자들의 이해 범위 밖에 있었다.

2000년대의 주택 거품은 더 많은 사람이 자신의 생활 맥락 속에서 쉽게 공감할 수 있는 사례다. 보통 부동산 투자자들은 위험을 최소화하면서 안정적인 수익을 추구하는 보수적인 성향이 있다. 하지만 당시 여러 해에 걸쳐 꾸준히 집값이 상승하자 사람들은 경계심을 늦추고 다른 가격은 몰라도 집값만큼은 계속 오르리라는 잘못된 믿음을 갖기 시작했다. 이러한 심각한 인지적 편향성을 바탕으로 많은 사람이 투기의 시류에 편승했다.

당시 은행가들은 대출 자격 기준을 완화해 대출 규모를 확대함으로써 부동산 거품을 부추겨 수익을 얻으려 했고, 그 결과 사람들의 편향성은 극대화되어 악용되었다. 투자 회사들은 담보 대출금을 주식처럼 거래할 수 있도록 CDO(부채담보부증권, 부동산 등의 자산으로 뒷받침되는 증권) 같은 새롭고 복잡한 금융 상품을 출시했다.[33] 신용 평가기관들 역시 이러한 상품을 뒷받침하는 대출의 건전성을 보장하며 이 퍼레이드에 동참했다.

거품이 쌓이는 동안 사기도 많이 일어났다. 자칭 투자 전문가들이 부동산으로 돈을 벌 수 있는 비밀을 알려주겠다는 강좌를 열며 떼를 지어 등장했다. 연금 기금 관리자와 기관 투자자들은 그 복잡성 뒤에 숨은 위험성을 거의 알지 못한 채, 새롭고 복잡한 투자 상품을 소개받았다. 월스트리트에서 가장 명망 있는 투자 회사로 손꼽힌 리먼브러더스가 파산했다는 사실은 노련한 투자 전문가들조차 이러한 '유해한 자산'에 돈을 투자하는 데 따르는 위험을 인지하지 못했음을 보여준다. 그뿐만 아니라 이 사건은 사람들 대부분이 이해하지 못할 만큼 금융 상품이 복잡하게 설계될 수 있음을 알려준다. 이러한 상품은 종종 황금알을 낳는 거위로 여겨졌지만, 결국에는 빛 좋은 개살구였다.

그러는 동안 노골적이든 은밀하게든 금융 관련 규정과 법을 위반하는 행위가 만연했다. 은행은 자격이 없는 고객에게 대출을 승인했으며, 투자 회사는 이런 대출 채권을 고위험 금융 상품으로 재포장해 정보가 부족한 투자자들에게 다시 팔아치웠다. 하지만 금융업자 중 이런 무책임하거나 비윤리적·불법적인 거래로 실제 손해를 입은 사람은 거의 없었다. 놀랍게도 미국에는 월스트리트의 CEO 중 유죄 판결을 받은 사람이 아무도 없었다. 이를 통해 인정받는 기관에서 부정행위를 저질러도 안전하게 넘어가는 경우가 많다는 사실을 알 수 있다. 책임자는 쉽게 들통나지 않으며, 적발되더라도 처벌받지 않고 빠져나가곤 한다. 이처럼 부정행위자에게 가하는 비용과 벌칙이 아예 없거나 사소하다면 부정행위를 막기 힘들다.

오늘날 애버그네일이 고안한 사기 중 일부는 유행에 뒤떨어졌을지도 모른다. 하지만 속임수의 두 가지 법칙을 창의적으로 적용한 그의 방식은 특히 디지털 세상에서 아직도 유효하다. 인터넷에서 벌어지는 사기가 무척 다양하지만, 한 가지 공통점은 우리의 경계심을 슬쩍 해제하는 참신함이다.

오늘날 점점 더 많은 비즈니스 거래가 온라인으로 이루어지면서 디지털 공간의 경제적인 역할이 커지고 있다. 게다가 방대하고 광범위한 인터넷은 사기꾼이 새로운 수법을 고안할 기회를 무한히 제공한다. 하지만 석기 시대 이후 우리의 인지 능력이 거의 개선되지 않았기에 새롭게 등장한 인터넷 사기를 탐지하기란 쉽지 않은 일이다. 빠르게 진화하는 인터넷 사기에 맞서 싸우고자 오래된 인지 도구 상자를 사용하는 것은 탱크와 미사일로 무장한 현대식 적군에 맞서 중세식 기사를 보내 돌격하게 하는 것과 같다. 우리가 첨단 기술에 능숙하고 혁신적임에도, 인터넷에 숨어 눈에 잘 띄지 않는 새로운 세대의 사기꾼들로부터 자신을 방어하는 데 어려움을 겪고 있는 것은 분명하다(사실 우리가 반격할 몇 가지 무기와 아이디어가 있지만, 이에 대해서는 마지막 장에서 다루겠다).

그렇다면 사기꾼은 어떻게 먹잇감을 고를까? 애버그네일은 수표 사기의 피해자를 신중하게 선택했다. 잘생긴 외모와 바람둥이 같은 태도, 존경받는 직업에 쉽게 마음이 흔들리는 젊은 여성 은행원처럼 순진한 사람들이 애버그네일이 선호하는 대상이었다. 애버그네일의 말을 빌리자면, "수표가 얼마나 믿을 만한지보다는 수표를 내미는 사람이 얼마나 그럴듯한지가 창구 직원과 계산원에게 영향을 미친다."

피해자를 선정하는 작업은 이보다 더 체계적으로 이루어지곤 한다.

한번 생각해보라. 여러분 중 상당수는 나이지리아 왕자라고 자처하는 사람이 투자금 명목으로 수백만 달러를 보내겠다고 약속하는 이메일을 받았을 것이다. 이 제안에 넘어가면 이제 '처리 수수료'로 수백 달러를 지불하라는 요청이 날아온다.

이런 이메일이 사기라는 것은 너무 뻔해서, 도대체 왜 이 왕자들이 성가시게 메일을 계속 뿌려대는지 궁금할 정도다. 그렇지만 사기꾼들은 결코 어리석지 않다. 겉보기에 명백하게 가짜로 보이는 메시지는, 정신적 허점을 지닌 사람들을 선별하기 위해 의도적으로 만들어진 것이다. 여기에 담긴 원리는 명백하다. 그런 메일에서 이상한 점을 당장 잡아낼 수 없다면 판단력이 부족해 잠재적인 피해자가 되기에 충분하기 때문이다. 다시 말해 사기꾼들은 판단력이 떨어지는 사람들, 명백한 것을 놓칠 만큼 정신적인 허점을 가진 사람들을 타깃으로 삼는다. 대부분 피해자가 인지 능력이 저하된 노인인 것도 당연하다.

이른바 '나이지리아 왕자'를 사칭한 사기는 돈, 성별, 사회적 지위 같은 자원을 얻고자 타인을 직접 겨냥하는 개인적 부정행위의 대표적 사례다. 이런 부정행위는 배우자, 친구, 친척, 동료, 지인, 비즈니스 파트너, 완전히 낯선 이 등 누구나 대상이 된다. 이러한 부정행위가 존재하는 것은 전혀 놀랍지 않다. 인간 말고도 다양한 동물이 이런 식으로 속임수를 저지르기 때문이다. 여기에는 지금쯤이면 여러분에게 매우 익숙할 두 가지 속임수의 법칙이 바탕이 된다.

반면에 침팬지나 보노보처럼 우리와 가까운 영장류 친척을 포함하는 동물들과 인류를 구별하도록 하는 부정행위가 있다. 이것을 '제도적 부정행위'라고 하는데, 세금이나 투표, 교육기관에서 이루어지는 시험,

사업 기회처럼 어떤 규칙과 시스템에 대해 저지르는 부정행위를 말한다. 여기서 피해자는 개인이라기보다는 기업, 학교, 비정부기구, 정부를 포함한 비인격적인 조직이다. 애버그네일의 사기 행각이 목표로 삼은 대상도 이런 조직이었다. 그는 이렇게 고백했다. "내 목표는 항상 은행이나 항공사, 호텔, 모텔을 비롯해 보험으로 보호받는 시설이나 조직이었다."

사회나 경제, 문화 관련 제도와 조직이 많아지면서 사기꾼들이 노릴 만한 완전히 새로운 기회의 장이 열렸다. 비록 피해자는 궁극적으로 여전히 사람이지만, 이런 경우 개인의 특성이 잘 드러나지 않거나 정의하기 어려운 경우가 많기에 우리의 동정심을 불러일으킬 가능성은 훨씬 낮다. 예컨대 뱅크 오브 아메리카가 100만 달러의 손실을 입었다면 우리는 어깨를 으쓱하며 "거참, 유감이군요!"라 말하고 지나갈 것이다. 반면에 언제나 미소를 짓는 친절한 주변 남성이나 여성이 1만 달러를 도둑맞았다면 느낌은 완전히 달라진다. 그렇기에 애버그네일이 경험했듯, 기관이 입는 사기 피해는 개인이 입는 피해와는 도덕적인 지위가 다를 수도 있다. 자신이 속일 조직이 소문이 나쁜 편이라면, 사기꾼은 마치 로빈 후드처럼 자신이 정당하다고 느낄 수도 있다. 이는 기관에 대한 부정행위가 만연한 또 다른 이유일 것이다.

잘 알려진 제도적 부정행위의 사례 중 하나가 남과 경쟁하는 스포츠에서 선수들이 저지르는 도핑이다. 이는 규칙에 대해 직접적으로 부정행위를 하는 동시에 다른 경쟁자에게 간접적인 피해를 입히는 행위다. 도핑해서 유명해진 선수로는 랜스 암스트롱Lance Armstrong(사이클링), 마리아 샤라포바Maria Sharapova(테니스), 디에고 마라도나Diego Maradona

(축구), 매리언 존스Marion Jones(육상)가 있다. 도핑은 스포츠의 페어플레이 정신에 위배되지만, 명성과 상업적 이득이라는 막대한 보상이 뒤따르기에 여전히 일부 선수들에게 부정행위를 부추긴다. 예컨대 2011년과 2013년 세계육상선수권대회에서는 각각 18퍼센트, 15퍼센트에 달하는 선수들이 성적 향상을 위해 금지 약물을 사용했다.[34] 올림픽을 비롯해 여러 프로 스포츠도 상황은 비슷하다. 도핑을 저지르는 선수들은 최첨단 기술을 사용하는 경우가 많아, 수년이 지나도 당장은 적발되지 않을 수 있다. 부정행위가 드러날 때쯤이면 이미 선수들은 돈을 충분히 벌었을 테고, 스캔들은 대부분 무의미해질 것이다. 그런 이유로 스포츠 분야에서는 도핑을 막기가 매우 어렵다.

무임승차는 특히 대규모 조직에서 사기보다 훨씬 더 흔히 나타나는 부정행위다. 개인의 기여도와 조직의 노력이 함께 작용할 때, 이런 무임승차는 잘 드러나지 않으며 성공하기 쉽다. 예컨대 특정 교사 한 사람이 업무를 조금 소홀히 하더라도 학교 전체의 교육적 질과는 큰 상관이 없다. 대부분의 경우 그 영향이 미미해 경찰에 신고할 가치가 없을 때 무임승차가 용인되곤 한다. 비록 성실하게 조직에 기여한 사람들이 무임승차자를 원망하더라도 기관은 정당한 조치를 취하지 못할 수도 있다. 직장인이라면 한 번쯤 이런 상황을 경험했을 것이다.[35]

하지만 제도적 부정행위들, 특히 무임승차는 협동심을 무너뜨리고 특정 상황에서는 팀원들을 위험에 빠뜨릴 수 있다. 로버트 '보위' 버그달Robert "Bowe" Bergdahl의 예를 살펴보자. 2009년 6월 30일 버그달은 아프가니스탄에서 자신의 임무를 저버리고 이탈했다. 이후 5년 동안 탈레반에 체포되어 억류되었다가 오바마 행정부가 중개한 거래를 통해 관타나모만에 억류된 탈레반 포로 5명과 교환되었다. 미국인 가운데 상당수는 버그달이 탈영병이라 '그럴 만한 가치가 없다'고 여겼기에 '나쁜 거래'가 이뤄진 데 대해 분노했다.[36]

탈영병은 노골적인 배신자까지는 아니더라도 확실히 부정행위를 저질렀다. 군부대의 전투력은 구성원 모두의 절대적인 충성심에 달려 있는 법이다. 버그달 같은 불량한 병사는 팀원들을 심각한 위험에 빠뜨리고 부대의 전투력을 떨어뜨린다. 그 위험이 매우 크기 때문에 탈영과 같은 부정행위는 반드시 금지해야 한다. 군에서 탈영에 대한 처벌이 매우 가혹하며 경우에 따라 즉결 처형이 이루어지기도 하는 것은 이러한 이유에서다.

때로는 조직 전체가 제도적 부정행위를 저지르기도 한다. 대표적인 사례가 자동차를 생산하는 대기업 폭스바겐이 배출가스 기준을 조작한 사건이다. 폭스바겐은 2015년에 비틀, 제타, 골프, 파사트, 아우디 등 여러 모델에 '차단 장치'라 알려진 속임수를 위한 정교한 장치를 장착해 탄소 배출량 수치를 실제보다 낮게 조작했다. 이 사실이 적발된 후 폭스바겐은 35만 대에 이르는 결함 차량을 리콜하느라 74억 달러의 손실을 입었고, 유럽에서만 회사의 시장 가치가 800억 달러 떨어졌다. 폭스바겐이 전 세계 여러 나라에 상장되어 있었던 만큼 손실은 이보다 훨씬 컸을 것이다. 그 결과 폭스바겐은 사업에 심각한 타격을 입었고, 비용을 지불하느라 공장과 자산을 매각하며 여러 국가에 걸친 사업을 축소할 수밖에 없었다.

폭스바겐 같은 거대 기업이 왜 부정행위를 저질렀을까? 득보다 실이 훨씬 크다는 사실을 인지하지 못했던 걸까? 이에 대한 답은 조직 역시 개인이 운영한다는 데 있다. 대부분의 영리 조직에서는 보통 연간 또는 분기별 손익으로 측정되는 단기 성과를 기준으로 개인에게 보상을 준다. 또한 대기업이라는 환경 자체가 무임승차를 부추겨, 그 안에서 개인이 잘못을 저질러도 책임이 분산될 수 있다.

여러분이 비슷한 상황에 놓였다고 상상해보라. 회사에서는 매년 성과 평가가 이루어지며, 그에 따라 급여와 보너스, 승진이 결정된다. 여러분은 뭔가 잘못되면 회사가 희생양을 쉽게 찾으리라는 사실을 알게된다. 물론 처음에는 '나는 정직한 사람이니 도덕적 원칙을 따를 거야'라고 스스로에게 말할 것이다. 하지만 얼마 지나지 않아 속임수를 써서 다른 사람의 공로를 가로채는 것으로 악명 높은 동료 조가 그 '뛰어난 성과' 덕분에 급여가 인상되었다는 사실이 드러난다. 이 시스템은 여러분에게 불리하다. 부정행위를 저질러도 그에 따르는 불이익이 매우 적다면 부정행위는 당연히 널리 퍼질 것이다.

동료 조가 웰스파고 은행의 전 CEO였던 존 스텀프John Stumpf라면 어떨까? 웰스파고는 은행의 성과를 거짓으로 높이고자 수백만 개의 가짜 계좌를 만들었다. 스텀프가 이 일을 직접 지시했는지는 알 수 없지만, 이 불법적인 관행은 최소한 누군가의 승인을 받았던 것 같다. 그러다 2016년 스캔들이 폭로되면서 은행은 소송에 걸려 27억 달러의 벌금을 물어야 했다.[37] 결국 스텀프는 자리에서 물러났다.

자신이 아직 책임자로 있는 동안 부정행위가 드러났다는 점에서 스텀프는 운이 없었다. 기업에서 벌어지는 이러한 부정행위는 스포츠 분야의 도핑과 마찬가지로 오랫동안 적발되지 않는 경우가 허다하다. 부정행위가 적발될 때쯤이면 당시의 회사 경영진은 이미 은퇴했거나 이직한 상태다. 그러니 들통난다고 해도 이들은 두려워하지 않는다. 1990년대 미국 의회 청문회에 소환된 담배회사 CEO들도 그랬다. 이들은 거짓말을 늘어놓을 준비가 되어 있었다. 니코틴에 중독성이 있느냐는 질문을 받자 이들은 다들 회사 내부의 연구 결과와는 반대로 "니코틴이 중독성이 있다고는 생각하지 않습니다"라는 대답을 했다. 회사 자체의 연구 결과를 충분히 알고 있었음에도 말이다. 이 사례는 제도적 부정행위의 또 다른 측면을 분명히 드러낸다. 사기 행위가 팽배하면 그것이 표준이 되어 그에 따르는 위험은 적어지거나 아예 없어진다. 2008년 미국에서 부동산 거품이 막 꺼졌을 때도 바로 그런 일이 벌어졌다. 대형 은행의 운영진들이 막대한 손실에 대해 직접 비용을 지불하거나 교도소에 가야 했다면 이들은 과연 부정행위를 저질렀을까?

2011년 그리스의 부채 위기에서 알 수 있듯이 제도적 무임승차는 국가 전체를 파산시킬 수도 있다. 그리스는 예전부터 다른 유럽 국가에 비해 상대적으로 가난한 편이었다. 그럼에도 1990년대 이후로 그리스 정부는 과도한 부채를 일으켜 국민의 생활 수준을 높이고자 했다. 더 많은 그리스인이 좋은 집을 사고, 고급 자가용을 몰고, 해외로 휴가를 떠나게 했던 것이다. 정부가 지나치게 관대한 연금 제도를 운용하고 실업자들이 안락하게 지낼 혜택을 주며 공무원에게 보너스를 몰아주는 동안 부채는 산더미처럼 불어났다. 심지어 저소득층이 휴가를 보내도록 비용을 지불하는 '모두를 위한 관광' 프로그램까지 도입될 정도였다.[38] 정치인들은 무분별하게 부채를 늘리며 유권자들의 인기를 얻었지만, 그리스 경제 전체는 지속 불가능한 상태에 빠졌고 결국 사치를 위한 거대한 폰지 사기와 다름없게 되었다.[39] 이렇듯 수년간 통제되지 않은 무임승차가 이어졌던 만큼 그리스 경제가 파탄을 맞은 것은 전혀 놀랍지 않다.

𝅫

조직에서 일어나는 무임승차는 사람들이 생각하는 것보다 훨씬 더 많이 일어난다. 어떤 조직에 허점이 있으면 흔히 이런 일이 벌어진다. 규정이 느슨한 협회든 잘 조직된 조합이든, 사기업이든 공립학교든, 작은 마을이든 큰 국가든 상관없이 이런 허점은 존재할 수 있다.

미국 대학을 예로 들어보자. 1990년대까지만 해도 고등교육 기관의 운영진 구성은 대체로 단순해서, 보통 총장과 한두 명의 부총장, 한 명의 교무처장이 최고위직을 맡았다. 이에 비하면 오늘날의 대학은 정치학자 벤저민 긴즈버그Benjamin Ginsberg가 『대학 교수의 몰락The Fall of the Faculty』에서 한탄했듯 "부총장, 준 부총장, 부총장 보조, 교무처장, 준 교무처장, 부교무처장, 교무처장 보조까지 군대를 방불케 하는 직위들로 가득 차 있으며, 각각의 직위에 다시 직원과 조수들이 딸려 있다." 게다가 이러한 전문 행정가들 대부분은 교육이나 연구에는 관심이나 경험이 거의 없으며, "경영 그 자체를 목적"으로 여긴다.[40]

긴즈버그에 따르면 2011년을 기준으로 봤을 때 이전 20년에 비해 대학 교직원과 학생 수가 약 50퍼센트 증가한 데 비해 전임 관리자는 85퍼센트나 증가했다고 한다. "1997년에서 2007년까지 미국 사립대학에서는 학생 100명당 관리자의 비율이 약 30퍼센트 증가했다.……같은 기간 예시바나 웨이크 포리스트를 비롯한 몇몇 대학은 관리와 지

원 업무를 맡은 인력의 규모가 300퍼센트나 늘었다."⁴¹

런던 정치경제대학교LSE에서 연구하는 데이비드 그레이버David Graeber 역시 이러한 우려를 공유한다. 그레이버는 2018년 5월 6일 『고등교육 크로니클The Chronicle of Higher Education』지에 이런 글을 썼다. "관리 통제주의가 자리 잡으면서, 대학에는 관리와 경영의 업무를 끊임없이 이어가는 직원 집단이 생겨났다. 이들은 전략, 성과 목표, 회계 감사, 심의, 평가, 새롭게 갱신된 전략 등의 업무를 이어가지만, 이러한 업무는 대학 구성원들의 실제 생활과는 거의 완전히 단절된 방식으로 이루어진다." 왜 이런 일이 생겼을까?

간단히 대답하자면 관료주의 때문이다. 관료주의는 너무 널리 퍼져 있어서, 종종 서로 맞물리는 숙주와 기생충 같은 체계라고 조롱받곤 한다. 이런 특징은 19세기 수학자 오거스터스 드 모르간Augustus de Morgan이 지은 시에 잘 드러난다.

큰 벼룩 등을 작은 벼룩이 물고 있네
그러면 작은 벼룩 등을 더 작은 벼룩이 물고, 이렇게 무한정 이어지지
큰 벼룩도 다시 자기보다 큰 벼룩을 문다네
그리고 그 벼룩은 더 큰 벼룩을, 더 큰 벼룩은 더, 더 큰 벼룩을 물지

관료주의는 무임승차를 통해 제도적 부정행위가 펼쳐지는 주된 사회적 장이 될 수 있다. 그래서 관료주의라는 단어는 비효율성과 중복, 불필요한 규칙과 절차라는 부정적인 의미를 담는 경우가 많다. 그럼에도 관료주의가 원래부터 나쁜 것은 아니다. 오히려 모든 조직, 특히 대

규모 조직을 운영하는 데는 필수적이다. 19세기 말에서 20세기 초에 활동한 독일 사회학자 막스 베버Max Weber도 그렇게 생각했다.

베버는 관료제가 잘 작동하면 질서를 보존하고 효율성을 높이며 정실주의를 근절하고 거래 비용을 절감할 수 있다고 믿었다. 그런 이유로 오늘날 관료제는 정부의 행정기관, 군부대, 교회, 정당, 공기업과 민간 기업, 대학, 전문가 협회, 비정부기구를 아우르며 공공 부문과 민간 부문 모두에 적용되었다.[42] 베버는 이런 관료제의 부상을 서구 문명이 진보했다는 이정표로 받아들였다.

하지만 동시대 소설가였던 프란츠 카프카Franz Kafka는 관료제에 대한 베버의 장밋빛 견해에 동감하지 않았다. 카프카는 한때 보헤미아 노동자 상해보험 협회의 말단 직원으로 근무한 적이 있었다. 카프카는 여러 소설에 자신의 경험을 반영했는데, 특히 『재판』, 『성』, 『유형지에서』에 이러한 경험이 생생하게 묘사되어 있다. 이 세 편의 소설은 관료제의 비효율성, 무능, 잔혹함, 그리고 폭력을 고발하고 있다. 카프카에게 관료제는 관료들이 자신의 이익을 증진시키고자 시스템을 이용해 무임승차를 하는 수단에 불과했다. 마침내 카프카는 모든 형태의 관료제에 대한 믿음을 잃은 채 깊은 혐오에 빠져 글을 계속 써 내려갔다. "결국 모든 혁명은 증발하고 새로운 관료제의 끈적한 점액만 남는다."

베버와 카프카, 관료제에 관한 두 사람의 상반된 관점 중 무엇이 옳을까? 이에 대한 답은 복잡하다. 베버는 현대적인 정부 기관의 이론을 정립했으며 정부가 기름을 친 기계처럼 원활하게 굴러갈 수 있다고 믿었다. 베버가 구상한 관료제는 사회학자 랜디 호드슨Randy Hodson과 동료들이 요약한 다음의 다섯 가지 기본 요소를 갖추고 있었다.

(1) 명확한 명령 체계를 지닌 위계 구조

(2) 정규적인 모든 작업을 통제하는 철저하게 문서화된 규칙

(3) 기술적인 효율성을 위한 전문적인 부서들

(4) 관료들을 대상으로 하는 전문 분야의 공식적인 훈련 과정

(5) 직원들 전체를 아우르며 명확하게 잘 정의된 의무[43]

베버가 보기에 관료제는 다음과 같은 특성이 있어야만 했다. "정확성, 속도, 모호하지 않은 명료함, 보관된 데이터에 대한 지식, 연속성, 신중함, 통일성, 엄격한 종속성, 마찰이나 물질적·개인적 비용 감소."[44] 하지만 현실 세계에서 관료제는 베버가 생각하듯 차갑고 감정이 없는 기계가 아니라 이해관계를 가진 개인들로 구성되며, 이들에 의해 운영된다. 그러므로 베버가 말한 다섯 가지 요소는 왜곡, 남용되거나 완전히 침해될 수 있으며, 그에 따라 관료제는 제도적 무임승차가 일어나는 장이 된다. 각 요소에 대해 살펴보자.

맨 먼저 위계 구조라는 요소를 들여다보자. 이론적으로 관료제에서 위계는 각 구성원의 책임 소재를 명확히 정의해 업무 흐름을 간소화하고자 설정된다. 하지만 개별 관료들은 이러한 거시적 관점을 무시하고, 오히려 조직 내에서 살아남아 개인의 경력 속에서 야망을 실현하는 데 더욱 집중하는 경향이 있다. 예컨대 관료들은 국민을 섬기기보다는 고위층을 만족시키는 데 우선순위를 둘 수 있다. 관료들이 오만하고 공감 능력이 떨어지는 것처럼 보이는 이유는 이 때문이다.[45]

또한 부서장들은 자신의 위치를 이용해 더 많은 예산을 확보하고 인력을 확충함으로써 개인의 권력과 명성을 쌓으려 할 수 있다.[46] 영국 해

군에서 근무한 역사학자 시릴 노스코트 파킨슨Cyril Northcote Parkinson이 예리하게 관찰한 것처럼, 관료제는 효율성을 깎아먹으면서 성장하는 경향이 있다.[47] 1955년 『이코노미스트』지에 실린 에세이에서 파킨슨은 이렇게 썼다. "관료제에서는 업무를 완료하는 데 사용 가능한 시간을 채우기 위해 업무가 점점 확장된다." 이를 약간 농담을 섞어 '파킨슨의 법칙'이라 부른다. 파킨슨의 법칙 때문에 결국 더 많은 직원이 같은 양의 업무를 수행하게 된다. 1957년에 출간된 후속 저서에서 파킨슨은 영국 공무원의 관료제가 업무량과는 관계없이 5~7퍼센트의 지속적인 비율로 규모가 계속 커졌다고 계산했다. 다시 말해 관료제의 규모가 커지도록 이끈 두 가지 근본적인 원리는 다음과 같다. "관료는 경쟁자가 아닌 부하 직원을 늘리고자 하며", "관료는 서로를 위해 업무를 만들어 낸다."[48]

이렇듯 점점 더 많은 사람이 부서에 새로 들어오면 결국 해야 할 업무의 양보다 인원이 더 많아지는 지점에 도달하게 된다. 그러면 관료와 사무직 직원들은 자신이 농땡이를 피우는 게 아니라는 듯, 일하느라 바쁜 척한다. 하지만 부조리는 여기서 끝나지 않는다. 관료들 역시 자존감을 채우기 위해 다른 사람을 바쁘게 굴린다. 이에 대해 데이비드 그레이버David Graeber는 이렇게 말한다. "오늘날 대부분의 대학에서 교직원들은 연구, 강의, 글쓰기에는 점점 더 시간을 적게 들이는 반면, 자신들의 연구, 강의, 글쓰기 방식을 측정하고, 평가하며, 토론하고, 정량화하는 데 더 많은 시간을 쏟고 있다." 그레이버에 따르면 "부서장인 내가 맡은 역할의 최소한 90퍼센트는 헛된 짓거리다." 여러분에게도 어딘지 익숙하게 들리는가?

게다가 위계질서는 개인을 업무에 무능하게 만든다. 높은 직급은 돈과 권력, 특권, 명성을 가져다주므로 관료들은 자신이 그 직책에 적합하고 직무를 수행할 수 있는지와는 무관하게 승진 자체를 개인적 성공의 척도로 삼는다. 그 결과 관료들은 최대한 무능력해질 때까지 조직의 사다리를 계속 오르고 또 오른다. 바로 심리학자 로런스 피터Laurence Peter가 발견한 '피터의 법칙'이다.[49]

이제 관료제의 두 번째 요소인 문서화된 규칙으로 넘어가자. 베버는 문서화된 서면 규칙을 활용해 조직이 규칙적인 패턴과 투명성을 유지해야 한다고 생각했다. 하지만 현실 세계에서는 두 가지 이유로 인해 이러한 이상과 멀어지는 경우가 많다. 첫째는 규정의 모호성과 불명료함 때문에 제대로 실행되지 못할 수 있다는 것이다.[50] 이런 특성 때문에 해당 분야를 많이 아는 고위급 직원은 개인에게 유리하도록 정보를 조작하기도 한다. 둘째, 시간이 지남에 따라 규제 시스템에 새로운 규정이 점진적으로 추가되면서 복잡성이 증가해 새로운 허점이 발생한다.[51] 그에 따라 허점을 막으려는 잘못된 시도가 이어져 훨씬 더 많은 새로운 정책이 시행된다. 이런 사이클이 계속됨에 따라 관료제에서 이를 억제하려는 의도가 있더라도 무임승차가 발생할 기회는 점점 늘어난다.

이제 세 번째 요소인, 기술적인 효율성과 서비스의 질을 높이기 위한 전문 부서들로 넘어가보자. 실제로는 앞서 살펴본 것처럼 각 부서가 더 많은 권한과 통제권을 얻고자 영역을 야금야금 늘리려는 경향이 있다. 그러면 부서들이 서로의 영역을 침범해 업무나 인력이 점점 더 겹쳐진다. 미국의 정보기관을 예로 들어보자. 미국의 정보기관은 7개 연방 부서 산하의 17개 조직으로 구성되어 있어, 기능과 인력이 많이 중복된다.[52] 이와 같이 복잡하게 얽힌 시스템이라면 누구든 무임승차할 기회를 찾을 수 있다.

마지막으로 관료제의 네 번째와 다섯 번째 요소인 전문성 역시 부패할 수 있다. 관료들은 가능한 최대한의 역량을 발휘해야 한다. 이들은 주로 전문적인 특정 역할을 수행함으로써 일정한 소득을 얻는다. 하지만 이들이 자신의 직책을 맡으면서 얻게 되는 힘은 개인적 관계를 맺거나 심지어 특정인에게만 서비스를 제공하도록 장려하는 보이지 않는 자원이 되기도 한다. 그에 따라 관료들의 공적인 생활과 사생활 사이의 경계는 모호해진다.[53] 월스트리트와 증권거래위원회SEC 시장 규제 당국 간의 '은밀한' 관계가 그런 예다. 연구에 따르면 SEC는 이익을 높이기 위해 스톡옵션의 날짜를 조작하는(백데이팅) 사례나 이해관계가 비교적 적게 얽힌 사례들을 주로 감시한다. 그러면 개인이나 기업이 처벌을 받을 확률이 낮아질 수 있다.[54]

또한 관료들은 각자의 분야에서 전문성을 발휘하며 직무에 대한 전문가 역할을 할 것으로 기대되지만, 이들의 역량과 성과는 관리자가 아는 범위를 넘어서는 경우가 많다.[55] 그렇기에 관료들이 업무를 얼마나 잘 수행했는지를 질적으로 평가하기는 어렵고, 이를 감시하거나 성과가 저조하다고 질책하기는 더욱더 어렵다.[56] 관료들은 맡은 업무를 잘 수행하지 못하면 성과가 거의 없으므로 상사를 만족시키는 것 외에는 성실하게 일할 동기가 거의 없다. 이를 위해 관료들은 부정행위를 포함한 각종 수단을 동원할 것이다.

또한 관리자가 특정 지침을 밀어붙인다 해도 관료들은 자신의 성과를 인위적으로 높일 지름길을 찾아가기 쉽다.[57] 예컨대 텍사스에서 각 학군의 성적을 표준 시험 점수로 측정하자, 몇몇 학교의 관리자와 교사들은 성적이 낮은 학생들이 애초에 시험을 치르지 못하게 하는 부정행위를 저질렀다. 전체적으로 9.2퍼센트의 학생이 제외되었지만, 일부 학군에서는 그 비율이 35퍼센트에 달했다.[58] 심지어 더 미묘한 형태의 부정행위도 자행되었다. 학생들이 다른 과목을 배우거나 다른 활동을 할 시간에 표준 시험에서 좋은 성적을 거두도록 수업하는 식이었다.

게다가 관료들에게 특정 직무의 전문성을 요구하는 것은 정치적 허점으로 인해 위태로워질 수 있다. 예컨대 미국 대통령은 정치적 지지자들에게 강력한 직책을 부여해 그들에게 보답하곤 한다. 하지만 공교육 시스템에 대한 경험이 없는 사람에게 교육부 장관직을, 해당 기관의 폐지를 옹호하는 사람에게 에너지부 장관직을 주는 식이다.[59] 이렇게 자격 없고 무능한 사람들이 주요 직책을 많이 차지하면 정부는 심각한 사태에 빠질 위험을 감수해야 한다. 작가 마이클 루이스Michael Lewis는 미국에 만연한 이러한 문제를 '다섯 번째 위험'이라 부르며, 2019년에 동명의 저서를 출간했다.

최고위급 공무원이 후원과 정실주의를 통해 직위를 꿰차는 동안, 하위직 또한 비슷한 방식으로 자리를 얻을 수 있다. 친척이나 친구, 또는 채용 담당자와 정치적 견해를 공유하는 사람이 뽑히는 식이다(오늘날에는 대놓고 고위직의 편의를 봐주기 위해 상당수의 고위직 자리가 만들어지는 실정이다. 말 그대로 무임승차의 전형이다).

베버와 카프카는 관료제의 작동 방식에 대해 서로 대립하는 것처럼 보인다. 하지만 사실 두 사람의 견해는 동전의 양면과 같다. 베버는 제1차 세계대전 당시 하이델베르크에 있는 9개 군 병원을 총괄하는 직책을 맡았으며, 정부 행정을 위에서 아래로 내려다보는 낙관적 전망을 제시했다. 반면에 카프카는 소외된 말단 직원이었고 관료제를 아래에서 위로 바라보며 비효율성, 오만, 부패가 가득한 체계라는 비관적인 관점을 갖게 되었다. 베버가 최악의 시나리오로 간주할 만한 것이 카프카가 처한 현실이었다. 즉 인간의 삶이 관료주의라는 '강철 새장'에 갇혀 개인의 자유를 빼앗기는 모습이 그랬다.[60] 베버가 관료제의 효율성을 꿈꾼 위대한 설계자였다면, 카프카는 제도의 병적인 결함을 목도한 의사였다.

관료주의의 이런 측면은 2019년 여름 워싱턴의 그랜드 쿨리 댐에서 펼쳐지던 대규모 수력 발전 프로젝트 현장을 방문했던 당시를 떠올리게 한다. 발전기실을 둘러보는 중에 가이드가 거대한 기계를 가리키며, 이것을 설치하느라 겪었던 작은 문제에 대해 설명했다. "엔지니어 한 사람이 충분히 고칠 수 있는 문제였지만, 결국 6명의 이사를 거쳤고 회의도 여러 번 했죠." 내가 웃자 가이드가 덧붙였다. "정부 기관이 원래 이런 식이에요."

이러한 관료주의의 병폐를 어떻게 치료할 수 있을까? 관료주의의 비효율성은 운영 주체와는 상관없는 제도적인 문제인 만큼, 민영화를 한다고 해도 실망스러운 결과만 얻을 뿐이다. 예컨대 최근 수십 년 동안 고등교육 분야에서 행정 인력이 얼마나 늘었는지 보라. 4년제 사립대학이 국·공립대학을 훨씬 앞질렀다([그림 6.2] 참조).

민간 기업이 주도하는 미국 의료 체계 역시 행정 인력이 비대해졌

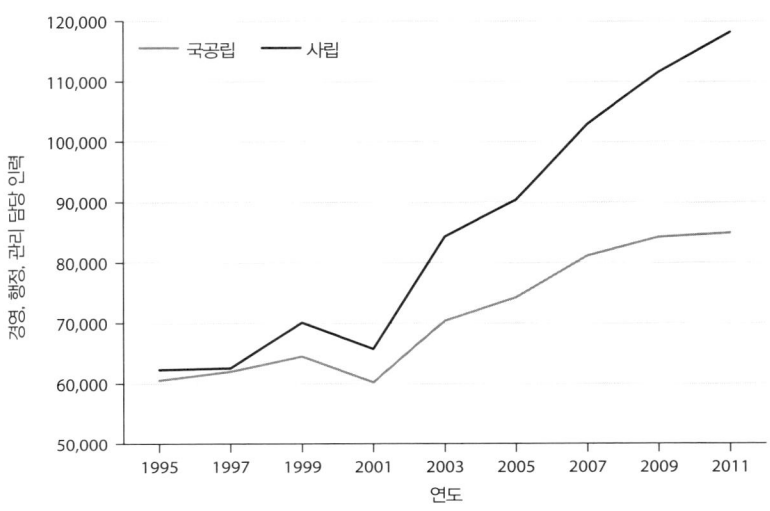

그림 6.2 1995년부터 2011년까지 사립대학과 국·공립대학에서 경영, 행정, 관리 인력의 성장률 ('NCES Digest 2018'에서 데이터를 참조함).

다. 오늘날에는 어느 병원을 가든 먼저 보험 문제를 처리하는 전문가부터 만나야 한다. 2010년 미국 국립 의학 아카데미의 연구에 따르면, 청구서 발부와 보험 관련 행정 비용이 실제로 필요한 비용보다 2배나 높았다. 2017년의 추산에 따르면 미국에서 의료 행정에 드는 총비용은 1조 1,000억 달러로, 의료 행정 비용이 세계 2위인 프랑스에 비해 45.6퍼센트 높았다. 또한 미국인의 1인당 연간 행정 비용은 1,059달러로, 캐나다인의 307달러에 비해 훨씬 높다.[61] 참고로 프랑스와 캐나다는 전 국민에 대해 보편적인 보건 관리를 시행하며, 캐나다는 단일 보험자 시스템(하나의 기관이 의료보험을 총괄하는 시스템으로 한국도 여기에 속한다-옮긴이)을 적용한다.

그렇다면 그 돈은 다 어디로 가는 것일까? 데이비드 그레이버는 그가 '불싯 잡('무의미한 일자리'라는 뜻으로, 그레이버가 같은 제목의 책을 출간하기도 했다)'이라 부르는, 이른바 무임승차자들에게 돈이 흘러간다고 단언한다. 그레이버는 직장인들이 생산성을 높이는 데 들이는 시간이 전체 노동 시간의 절반 정도라고 추정한다. 나머지 절반은 이메일이나 회의, 쓸데없는 행정 업무 같은 '무의미한 일'에 빨려 들어간다. 유럽의 여러 국가에서는 37~40퍼센트의 사람들이 자기 직업은 사회에 아무런 기여도 하지 못한다고 생각한다. 여기에는 로비, 텔레마케팅, 기업법, 재무와 경영 컨설팅 분야가 포함된다. 그레이버는 이러한 일자리의 절반이 사라져도 사회에 해가 없을 것이라고 주장한다.

경제학 분야의 연구에 따르면 전문가 중 상당수가 무임승차를 하고 있으며, 사회에 실제로 기여하는 것보다 많은 것을 가져가는 것으로 나타났다. 다음은 각종 전문가에게 1달러의 급여를 지급할 때마다 사회가 돌려받는 가치를 달러로 환산한 수치다(음의 값은 순손실이다): 의학 연구자 9달러, 학교 교사 1달러, 엔지니어 0.2달러, 컨설턴트와 IT 전문가 0달러, 변호사 −0.2달러, 광고업자와 마케팅 전문가 −0.3달러, 관리자 −0.8달러, 재정 담당자 −1.5달러.[62] 무임승차가 사회에 얼마나 심각한 문제인지 충분히 짐작할 수 있다!

여기서도 분명하게 드러나는 사실은 민영화가 관료주의의 무임승차 문제를 해결하는 방안이 아니라는 점이다. 반대로 상황이 악화될 수도 있다. 그 이유는 비교적 잘 알려져 있다. 이윤만 생각하는 체제가 군림하다 보면 조직의 수익을 높일 만한 것이면 무엇이든 용인되고 심지어 장려된다. 기업은 주주들로부터 오염이나 노동자의 건강, 생산 중 일어나는 사고에 따르는 비용을 외부로 돌려 비용을 절감하라는 압력을 받기도 한다.[63] 그러면 회사 소유주와 관리자는 임무 달성을 위해 직원에게 욕설이나 협박을 일삼고, 규칙을 선택적으로 적용하거나 개인적 문제와 일시적인 성과 부진을 이유로 사람들을 해고하는 지독한 상사가 될 수 있다. 그 결과 직장은 불안과 두려움이 넘쳐나는 장소가 된다.[64] 노동자 보호, 성평등, 사회적 약자 우대 정책의 필요성에 귀 기울이는 공공 부문과 달리 민간 기업은 이러한 복지나 공정성과 관련한 고려 사항을 무시할 가능성이 높다. 즉 오늘날 기업 문화에 반영된 민간 조직 내부의 관료제는 베버보다는 카프카에 가까운 셈이다.[65]

그렇다면 관료주의의 비효율성을 어떻게 해결할 수 있을까? 이 질문에 답하려면, 일단 문제가 생긴 곳이 어디인지 찾아야 한다. 미국 연방 정부의 사례에 초점을 맞추어보자.

🏃

1981년 1월 21일 대통령 취임 연설에서 로널드 레이건Ronald Reagan은 카프카식 포퓰리즘이 담긴 포괄적인 언설로 추종자들을 자극했다. "현재의 위기 상황에서 정부는 우리 문제에 대한 해결책을 주지 않으며, 정부 자체가 문제 덩어리다." 이 연설은 규제에 지나치게 의존하는 미국의 연방 관료주의, 즉 일부 보수주의자들이 선호하는 경멸적인 용어를 사용하자면 '큰 정부'를 비난하는 것으로 해석되곤 한다. 미국 정부에 대한 이러한 카프카식의 견해에 생각해볼 가치가 있을까?

미국 정부가 '거대하다'는 것은 분명하다. 연방 정부만 해도 약 2,000개의 기관과 279만 명의 공무원으로 구성된다. 2011년 워싱턴 DC에 본부를 둔 단체인 '정부의 낭비에 반대하는 시민들'은 텔레비전에 1분짜리 정보 해설식 광고를 내보냈다. 카리스마 넘치는 중국 지도자가 미국이 거대 정부와 낭비적인 지출로 몰락했다고 비웃으며 군중에게 연설하는 모습이 담긴 영상이었다.[66] 도발적이기는 해도 이 광고에는 치명적인 오류가 있었다. 중국 정부야말로 전 세계를 통틀어 가장 거대한 정부이기 때문이다. 중국 정부는 717만 명의 공무원을 두고 있으며, 여기에 더해 3,175만 명을 정부 예산으로 고용하고 있다. 중국의 인구는 미국의 3배 정도지만, 정부 규모는 13배나 더 크다. 나는 '정부의 낭비에 반대하는 시민들' 사무소에 전화를 걸어 이 문제를 지적했고, 얼마 지나지 않아 이 광고는 텔레비전에서 자취를 감췄다.

미국 정부는 상대적으로 규모가 작을 뿐 아니라 제2차 세계대전 이후 다른 나라에 비해 정부가 크게 성장한 것도 아니다. 1950년대에는 연방 정부가 전체 고용의 5퍼센트 이상을 차지했다면, 오늘날 그 수치는 2퍼센트 미만으로 감소했다. 이 기간에 인구는 2배로 증가하고 GDP는 7배 이상 성장했는데도 말이다.

규모가 문제가 아니라면 무엇이 문제일까? 정답은 구조다. 1930년대에 프랭클린 루스벨트Franklin Roosevelt 대통령이 현대 미국 정부의 기틀을 마련했을 때만 해도 조직은 효과적이고 효율적이었으며, 제2차 세계대전에서 승리해야 할 필요성에 잘 대응했다. 하지만 그 이후로 정부는 지속적으로 축소되어 예산이 삭감된 반면, 조직 구조는 점점 더 복잡해져 경직된 규칙과 명령으로 가득 차게 되었다. 예를 들어 케네디 내각의 행정 구조는 17개의 층위로 이루어졌지만, 트럼프가 취임했을 때는 71개나 되었다.[67] 행정부의 규모가 훨씬 큰 중국조차도 이렇게 시스템이 복잡하지는 않다. 이런 복잡한 관료제에 직면한 트럼프는 많은 보수주의자가 바라는 대로 2018년에 여러 기관을 없앴다. 불행히도 이 때 사라진 기관 가운데는 팬데믹 대응 사무실도 포함되었다. 그렇다면 트럼프의 접근 방식에는 어떤 문제가 있었을까?

미국 정치가 알렉산더 해밀턴Alexander Hamilton은 이렇게 말했다. "이론적으로 어떻든, 일을 제대로 수행하지 못하는 정부는 사실상 나쁜 정부다." 하지만 평상시에는 정부가 좋은지 나쁜지를 판단하기가 어렵다. 위기가 닥쳐야만 정부의 효율성에 대해 엄격하게 시험할 수 있다. 하지만 코로나19가 창궐하기 전에도 미국 정부는 이미 여러 차례 이런 시험에서 나쁜 성적을 거뒀다. 여기에는 2005년 허리케인 카트리나로 1,200명 이상이 사망한 사건과 2017년 허리케인 마리아로 3,000명 이상이 사망한 사건이 포함된다.

안타깝게도 이러한 위기는 미국 정부의 관료주의가 지닌 문제에 사람들이 관심을 기울이도록 이끌지 못했다. 그러다 코로나19 팬데믹이 미국을 황폐화하고 리더십, 대비, 대응 측면에서 심각한 결함이 드러나고 나서야 달라졌다. 인공호흡기나 개인 보호 장비 같은 기본적인 의료 기기조차 많이 부족했지만, 이미 최소한 6주 전부터 중국의 사례를 통해 이런 장비가 중요하다는 사실이 널리 알려진 상태였다. 가장 황당한 점은 정부가 바이러스 확산을 늦추기 위해 공공장소에서 개인들에게 마스크 착용을 의무화할 수도 없었다는 사실이다. CNN 앵커 파리드 자카리아Fareed Zakaria에 따르면 가장 큰 문제는 "연방 기관에 인력이 부족한 데다, 산더미 같은 규제와 정치가 개입된 명령과 규칙이 부담을 준 나머지 공무원들에게 적절한 권한과 재량권을 거의 주지 못하고 있다"는 점이었다. "확실히 기관과 공무원 모두 문제를 일으켜 연방 정부를 관료주의적 비효율성의 전형으로 만들어버렸다."

관료주의가 너무 비효율적이어서 제 기능을 제대로 수행할 수 없을 때, 망가진 시스템은 그야말로 무임승차자들이 들끓기 좋은 숙주가 된다. 그렇게 무임승차가 제도화되면 많은 사람이 사회의 공익에 기여하고 싶어 한들 시스템 내의 개인들은 부정행위의 흐름에 따를 수밖에 없다. 다시 말해 우리 정부가 지나치게 큰 것도, 무임승차자가 지나치게 많은 것도 아닐 수 있다. 단지 시스템이 효과적으로 제 역할을 다하기에는 장애물이 너무 많을 뿐이다. 이 문제의 핵심을 꿰뚫는다면 해결책은 분명해진다. 위계질서를 평탄화하고 복잡하게 얽힌 관료제의 층위를 줄여 구조를 단순화하는 것이다. 단순히 트럼프 대통령이 한 것처럼 무모하게 크기만 줄여서는 안 된다.

이 장에서는 다음 세 가지 질문에서 시작해 인간에게서 나타나는 부정행위에 대해 알아보았다. 사기꾼은 무엇을 위해 그런 짓을 할까? 사기꾼의 계획은 어떻게 작동할까? 사기꾼은 누구를 먹잇감으로 삼을까? 이 질문에 답하는 과정에서 우리는 인간의 속임수와 부정행위가 보편적이면서도 독특하다는 사실을 발견했다. 보편성에 대해 말하자면, 인간은 동일한 본능에 이끌리며 다른 동물들처럼 거짓말(제1법칙)과 기만(제2법칙)을 저지르고자 동일한 규칙을 사용한다. 독특성에 대해 말하자면, 인간의 부정행위는 우리 문화의 변화에 발맞추어 바뀌는데 이는 다양성과 복잡성, 독창성 면에서 다른 모든 생물 종을 훨씬 뛰어넘는다. 그뿐만 아니라 인간은 개체 수준에서, 제도 수준에서 부정행위를 하는데, 전자는 다른 모든 동물과 공유하는 특성이며 후자는 인간만의 독특한 특징이다.

우리는 이 장에서 거의 모든 인간 조직에서 팽배한 제도적 부정행위를 살펴보고자 정부의 관료주의에 초점을 맞추었다. 그리고 관료적 조직이 어떻게 무임승차자들에게 기회의 장이 되는지를 알아보았다. 하지만 관료주의의 비효율성을 극복하는 방법은 이 책에서 단 몇 페이지로 요약하기에는 너무나 방대한 주제다. 따라서 이 주제는 사회과학자, 특히 정부 행정을 연구하는 학자들에게 맡기고, 이제 부정행위라는 다음 주제로 넘어가는 것이 좋겠다. 바로 자기기만이다.

7장

자기기만, 인간은 어떻게
스스로를 속이는가?

아는 것을 안다고 하고, 모르는 것을 모른다고 하는 것이
바로 진정한 앎이다 知之爲知之 不知爲不知 是知也.
—공자

델포이의 아폴론 신전에 새겨진 "너 자신을 알라"라는 문구가 실제로 어떤 의미인지는 그동안 고전학자들 사이에서 치열한 논쟁거리였다.[1] 하지만 이 고대 격언의 중요성이 미국에서 널리 인정받게 된 계기는 1974년 미네소타주 워비곤 호수에 마을이 생기면서부터였다. 이곳은 인구가 900명 정도로 적었지만 꽤 특별한 마을이었다. 코미디 배우 개리슨 케일러Garrison Keillor에 따르면 "이 마을의 여성들은 강인하고 남성들은 잘생겼으며, 아이들은 모든 면에서 평균 이상이었다."

하지만 케일러는 수백 곳의 공영 라디오 방송국에서 송출되던 프로그램 「프레리 홈 컴패니언」의 코너 '워비곤 호수에서 전하는 소식'을 위해 자신이 이 마을과 주민을 가짜로 창조했다는 사실을 2014년에 고백했다. 케일러가 실토하기 전 1974년부터 2016년까지 42년 동안 미국의 수백만 명 청취자들은 자신이 실제보다 낫다고 자부하며, 능력을 벗어난 어리석은 짓을 하는 워비곤 호수 마을 주민들의 이야기를 들으며 배꼽을 잡고 웃었다.

그럼에도 케일러가 실제와 동떨어진 농담만 한 것은 아니다. 사람들 대부분은 워비곤 호수 마을 주민들과 크게 다르지 않기 때문이다. 심리학에서 '환영적 우월감'이라 알려진 '평균 이상 효과'는 우리 삶의 모든 측면에서 나타난다. 이 프로그램이 수십 년간 인기를 끈 것도 그런 이유 때문이다. 케일러가 들려준 가상의 이야기는 너무나 진짜 같았기에 청취자들 중 대다수가 워비곤 호수는 실존하는 장소라고 철석같이 믿었다. 많은 사람이 자신의 지식과 능력에 한계가 있다는 사실을 제대로 모르는 듯하다. 우리는 자신의 지식과 능력을 과대평가하는 경향이 있다. 즉 자기 자신을 속인다.

이런 자기기만이 얼마나 널리 퍼졌는지를 살펴보면 놀랍다. 예컨대 개인의 건강과 관련해, 사람들 대부분은 자신이 또래보다 더 건강하게 생활하며 수명도 더 길 것이라고 생각한다.[2] 90퍼센트 넘는 사람들이 자기가 평균보다 나은 운전자라고 생각한다.[3] 사회적 기술 면에서도 고등학생의 79퍼센트가 자신의 리더십이 평균 이상이라고 생각하며, 25퍼센트는 뻔뻔하게도 자신이 상위 1퍼센트 안에 든다고 여긴다.[4] 마찬가지로 많은 사람이 자기가 인기 있다고 과장해서 떠벌리며 친구 수를 부풀린다.[5] 학교나 직장의 성과 측면에서도 87퍼센트의 학생이 자신을 또래 평균보다 낫다고 평가하며, 교수의 90퍼센트 이상은 자신이 평균보다 잘 가르친다고 생각한다.[6] 자기가 소송에서 이길 수 있다고 생각하는 변호사라든가 자신이 업계 최고라고 생각하는 주식 트레이

더도 마찬가지다.[7]

　이렇듯 사람들은 자기기만이라는 마법에 빠져 자신의 수입과 매력, 행복, 기술, 타고난 자질, 도덕성을 과대평가한다. 그 결과 사람들은 종종 무의식적으로 자기를 과시하며 학교나 직장, 온라인에서 긍정적인 측면만 선택적으로 보여준다. 여러분의 페이스북 친구 중 직장에서 좌천되었다든가 재정적 어려움을 겪고 연인 관계에서 버림받는 등 인생의 어두운 면이 담긴 사진이나 동영상을 게시하는 사람이 얼마나 있는가? 거의 없을 것이다.

　이런 자기기만 때문에 우리는 성공을 자신의 노력이나 기술, 지능 덕분이라고 말하며, 실패는 자신과 동떨어진 외부적인 원인이나 문제 때문이라고 변명한다. 상황이 좋지 않을 때는 "내가 틀렸다"거나 "내가 망쳤다"라고 사실 그대로 진술하는 대신 "우리는 실수했다"라고 강변한다. 그리고 비난할 사람이 없더라도 어떻게든 희생양을 찾는다. 과거의 나와 현재의 나로 자아를 나눈 다음, 과거의 내가 그다지 잘하지 못했지만 현재의 나는 훨씬 나아지고 있다고 말한다.[8] 나아가 이제 새로운 내가 되었다고 주장하기도 한다.[9]

　이와 같은 자기도취적 성향 때문에 우리는 거울에 비친 자신의 모습을 사진 속 모습보다 선호한다. 거울 속 모습은 주로 자신만이 보지만, 사진은 다른 사람들까지 함께 볼 수 있기 때문이다.[10] 같은 이유로 우리는 인위적이지만 더 매력적으로 꾸며진 자신의 사진을 좋아한다.[11] 사람들은 대부분 어느 정도 자신에 대한 거짓 속에서 살아가는 셈이다.

　미국에서도 자기기만은 매우 흔한 일이다. 예컨대 정치가 밋 롬니 Mitt Romney는 2012년 대선 출마 당시 "[가장 부유한] 1퍼센트에 동참하라"라는 정치 슬로건을 통해 유권자들에게 지지를 호소한 것으로 유명하다(물론 롬니만 이렇게 했던 것은 아니다. 오바마의 슬로건 "우리는 할 수 있다"부터 트럼프의 "미국을 다시 위대하게"까지 대부분의 선거 슬로건은 유권자들의 사기를 북돋고 자신감을 높이는 역할을 한다.). 확실히 많은 사람이 자기 능력의 한계를 인지하지 못하며, 한계를 인정하는 사람은 매우 드물다(참고로, 뒤에서 다시 다루겠지만 여성은 남성보다 자기 능력을 과소평가하기 쉽다). 사람들 대부분이 평균 이상이라면, '평균'이라는 용어 자체가 원래의 통계적인 의미를 잃는 게 아닐까?

이 장의 나머지 부분에서는 인간이(그리고 아마도 다른 동물들 역시[12]) 어째서 스스로를 속이는지, 인간 사회에서 자기기만이 얼마나 다양하며 널리 퍼져 있는지, 이러한 현상이 가져오는 긍정적인 결과(자존감이 높아진다든가 치료 과정에서 위약 효과가 생기는 것)와 부정적인 결과(확증편향과 과도한 자신감)가 무엇인지, 과도한 자신감을 어떻게 극복할 수 있는지에 대한 답을 찾고자 시도할 것이다.

심리학자들은 1990년대부터 사람들의 자기기만을 이해하기 위해 노력했다. 그중 코넬대학교의 데이비드 더닝David Dunning과 저스틴 크루거Justin Kruger가 수행한 연구를 주목할 만하다. 두 연구자는 65명의 심리학 학부생으로 이루어진 인간 '기니피그'를 모집해 자신의 실제 점수를 모르는 채 스스로의 유머, 문법, 논리 역량을 평가해보라고 요청했다. 그 결과 점수가 낮은 참가자들은 실제 성적보다 자신을 훨씬 높이 평가했다. 이러한 인지 왜곡은 하위 25퍼센트의 학생들이 최악이었

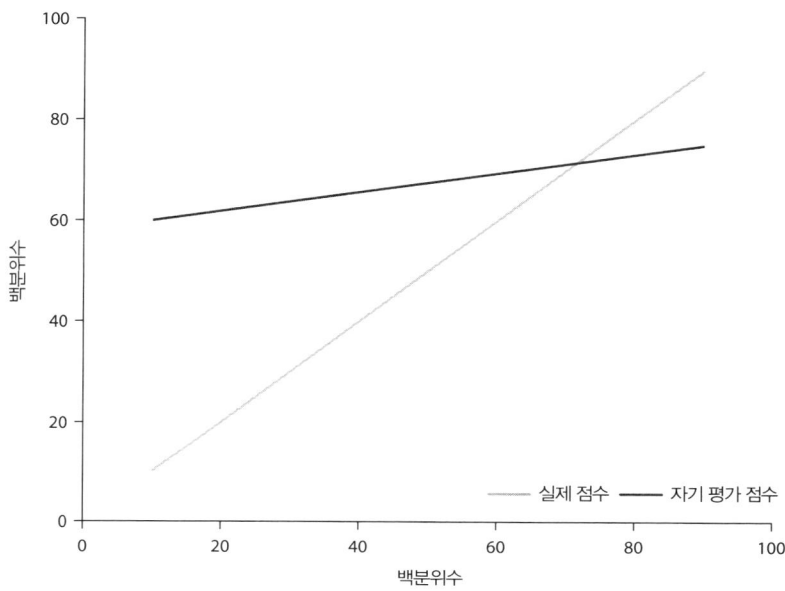

그림 7.1 자기 평가 점수와 실제 점수의 차이(더닝과 크루거의 연구 논문에서 수정하여 실음).

는데, 이들은 자기 점수를 실제보다 45점쯤 부풀려 결국 60점에 근접하도록 평가했다([그림 7.1] 참조).

더닝과 크루거는 1999년에 발표한 「미숙한 자, 자기 자신을 알지 못하다: 자신의 무능함을 인지하지 못하는 개인은 어떻게 자신에 대해 과대평가할까?」라는 제목의 논문에 이 연구 결과를 실었다.[13] 이러한 '자신의 무지에 대한 무지'는 더닝-크루거 효과, 또는 더 현학적인 용어로 '메타-무지'라 불린다.[14] 거칠게 표현하면, 바보들은 자기가 바보라는 사실을 모른다.[15] 이러한 자기기만 때문에 자신에 대한 평가와 동료들의 평가 사이에 상당한 차이가 생기곤 한다. 더닝의 표현을 빌리자면 이것은 '이중의 부담'이다. 이로 인해 자신이 왜 실수를 저지르는지조차 깨닫지 못하는 사람이 많은데, 특히 성과가 낮은 사람들에게서 이러한 경향이 두드러진다.[16] 하지만 스스로 속는 자기기만이 우리에게 득 될 것이 없다면, 어째서 우리는 계속 그렇게 하고 있는 걸까?

흥미롭게도 이러한 질문에 진지하게 답하고자 가장 먼저 노력한 사람은 심리학자가 아니라 진화생물학자인 로버트 트리버스Robert Trivers였다. 트리버스는 1980년대 초에 이미 이러한 딜레마를 알아차렸다. 자기기만에는 확실히 대가가 따른다. 때로는 가족 분쟁, 연애 실패, 비행기 추락, 심지어 제2차 걸프 전쟁으로 이어질 수 있다. 그래서 트리버스는 자기기만이 진화 과정에서 번성하려면 그 대가를 상쇄하고도 남는 생물학적 이점이 있어야 한다고 생각했다. 그렇다면 먼 옛날에는 자기기만이 어떻게 인류의 생존과 번식 가능성을 높였을까?

다들 알다시피 사람들은 거짓말을 할 때 행동, 특히 표정을 통해 정직하지 못한 자신을 슬며시 드러내는 경우가 많다. 자신이 가짜로 이야기를 지어내고 있다는 사실을 의식할 때 거짓말은 어려워진다. 이것은 우리 두뇌가 멀티태스킹에 서툴기 때문이다. 예컨대 나는 영어와 중국어 모두 자유롭게 구사할 수 있지만, 한 번에 한 가지 언어만 사용한다. 두 언어를 빠르게 오가다 보면 둘 다 유창성이 크게 떨어진다. 2004년 중국 허페이에서 열린 중미 합동 심포지엄에서 통역사로 일할 때 바로 이런 일이 벌어졌다. 다른 언어의 정확한 단어나 표현을 떠올리려다 순간적으로 머릿속이 하얘져 말을 더듬고 말았다.[17]

의도적인 거짓말도 마찬가지다. 자신이 하는 일을 완전히 인식한 상태에서 거짓말하다가는 뇌가 지킬 박사와 하이드를 동시에 연기하라는 식의 강요를 받게 된다. 이 작업은 두 언어 사이의 유사성을 찾기보다 훨씬 더 어렵다. 자기 입에서 나오는 말과 실제 현실 사이의 모순을 처리해야 하기 때문이다. 진실을 억누르고자 뇌는 '인지 부하'라고 알려진 추가적인 짐을 져야 하는데, 그로 인해 평소에 하던 일을 과도하게 통제하려는 움직임이 생긴다. 그 결과 지나치게 긴장하고 경직된 행동을 보인다. 예컨대 말소리 톤이 높아지거나 말과 말 사이가 길게 끊기고, 초조해서 꼼지락거리거나 안 하던 몸짓을 하며 평소보다 눈을 덜 깜박인다. 이러한 특징을 비롯해 평상시와 다른 비정상적인 표정이나 행동을 보이면 거짓말하고 있다는 사실이 쉽게 드러난다.

인지 부하라는 개념은 범죄 수사에서 거짓말을 탐지하는 포렌식 언어 분석을 통해 가장 잘 설명할 수 있다. 범죄자는 물론이고 자신이 할 거짓말을 신중하게 예행 연습했던 사람이라도 이러한 심문 중에 들통나는 경우가 많다. 이들은 자신이 죄를 지었다는 사실을 충분히 인식하고 있기에 극도로 긴장할 수 있으며, 종종 평소와는 다른 단어를 사용한다. 말투도 정상적인 궤도를 벗어나며, 형용사나 부사 같은 한정사가 줄어들고 부정적인 단어를 더 많이 쓴다. 여기서 압박이 더해지면 이들은 숨기려던 것을 자신도 모르게 불쑥 드러낸다. 다음 사례를 살펴보자.

2017년 10월 7일, 미국 조지아주에 사는 한 부부 크리스토퍼 맥냅 Christopher McNabb과 코트니 벨Cortney Bell은 태어난 지 2주 된 딸 칼리야 Caliyah가 집에서 납치되었다고 신고했다. 그리고 지역 사회에 도움을 요청했다. 다음은 경찰 조사실에서 둘만 남겨졌을 때 부부가 나눈 대화 중 일부다.

"난 그 애를 사랑했어. 내 아기였다고." 맥냅이 벨에게 말한다.

"진정해. 대체 왜 그렇게 말하는 거야?"

"뭘?"

"왜 그렇게 말하냐고!"

"내가 뭘 그렇게 말했다는 거야?"

"방금 '사랑했다'고 말했잖아."

"모르겠어, 코트니. 그 애는 어디 있지? 내가 이 빌어먹을 일과 뭔가 관련이 있었던 건가?"

"진심으로 그렇지 않기를 바라. 그저 당신이 그러지 않았기를. 마음 속으로는 말이야."[18]

이 부부는 대화 중에 나왔던 두 단어가 경찰에게 흘러 들어갔다는 사실을 깨닫지 못했다. 어떤 단어인지 눈치챘는가? 대화를 시작할 때 과거 시제로 표현한 '사랑했다'와 '~였다'라는 단어는 심문이 진행되기 전에 이미 아기가 사망했음을 알고 있다는 암시였다. 비록 맥냅은 무심결에 흘러나온 이 '프로이트의 말실수'를 재빨리 바로잡았지만, 벨은 그 실수가 불러올 결과를 즉각 알아차리고 불안에 빠졌다.

결국 경찰은 부부가 살던 이동식 주택의 근처 숲을 수색한 결과 끈으로 옭아맨 나이키 가방에 든 칼리야의 시신을 발견했다. 두개골 골절이 다수 발견된 점으로 미루어 칼리야는 심각한 폭행을 당해 숨진 것으로 확인되었다. 조사 결과, 부부는 폭행 전과가 있었으며 사건 당시에도 메스암페타민에 취한 상태에서 아기를 살해한 것으로 드러났다. 두 사람은 살인과 여러 차례의 폭행 혐의로 기소되어 2019년 5월 14일에

유죄 판결이 내려졌고 맥냅은 종신형을, 벨은 30년 징역형을 받았다.[19]

물론 인지 부하라는 개념을 이해하기 위해 우리가 꼭 범죄자의 마음에 공감할 필요는 없다. 마음속 모순으로 빚어진 갈등은 우리가 일상생활에서 마주하는 타인들, 특히 우리를 잘 아는 사람들에게 쉽게 간파된다. 예컨대 우리는 상황이 만족스럽지 않은데도 애써 미소를 지을 때가 많다. 이런 억지 미소는 '사회적인 미소'로 불린다. 사회적 미소는 사람의 감정 표현을 연구한 19세기 프랑스의 신경학자 기욤 뒤센Guillaume Duchenne의 이름을 딴 진심 어린 '뒤센 미소'와는 대조적이다([그림 7.2] 참조).

그렇다면 인지 부하를 줄여 들키지 않는 거짓말쟁이가 될 방법은 없을까? 방법이 있다. 바로 자기가 한 거짓말을 믿는 것이다. 그러면 진짜와 꾸며낸 것 사이의 갈등으로 마음에 부담을 느끼지 않아도 된다. 자신을 드러내지 않고 아무렇지 않은 척하는 것만으로도 표정과 행동이 거짓말에 공모하게 된다. 이런 사실을 바탕으로 트리버스는 "우리는 타인에게 하는 것보다 스스로에게 하는 거짓말을 더 잘한다"라는 가설

그림 7.2 스티븐 콜버트와 스티브 카렐. 누가 뒤센 미소를 짓고, 누가 억지 미소를 짓는 걸까? © Getty Images

을 세웠다.[20] 다시 말하면 자기기만은 "거짓말을 더욱 감지하기 어렵게" 만드는 셈이다. 트리버스는 이렇게 설명한다. "자기기만은 의식이 어둠 속에 있을 때 발생한다. 따라서 자기기만을 정의하는 핵심은 진정한 정보가 의식에서 우선적으로 배제된다는 점이며, 설령 일부가 남아있다 해도 여러 층위의 무의식에 갇혀 있다."[21]

또한 거짓말이 들통나더라도 그것을 스스로 믿고 있다면 자신의 결백을 주장하고 진실성을 내세우기가 훨씬 쉽다. 거짓말할 의도가 없다면 신뢰를 잃지 않을 것이다. 따라서 타인을 속이는 것과 달리 자신을 속이는 것은 사회적으로 큰 영향을 미치지 않는다.

실제로도 자신의 거짓말을 믿을 때 여러분의 마음은 더 원활하게 기능한다. 뇌 스캔 결과 사람들이 자신을 다른 사람보다 더 바람직하다고 생각할 때(즉 자기기만에 속을 때) 내측 전전두엽 피질의 활동 수준이 높아지지만,[22] 안와전두엽 피질과 등쪽 전대상피질은 활동이 거의 사라졌다. 이렇듯 뇌의 각 영역에서 활동이 조정되며 '인지 통제'가 일어나는 듯하다.[23] 항상 자신을 대단하게 여기는 자기도취자들에게서 이러한 독특한 뇌 활동이 활발하게 나타나는 것은 그리 놀라운 일이 아니다.

🦊

이제 더닝-크루거 효과로 돌아가보자. 이는 매우 흔하고 보편적인 현상이다. 학생들이 자신의 시험 성적을 과대평가하는 것은 물론, 사람들은 대체로 삶의 여러 측면에서 자신의 능력을 과대평가한다. 여기에는 독해력, 사냥꾼을 위한 총기 안전 지침, 실험실 테크니션을 위한 연구 지침, 의사를 위한 의학적 진단 기준, 엔지니어들의 기술, 운동선수들의 경쟁력이 포함된다. 이렇듯 사회 전반에 자기기만이 퍼져 있다는 사실을 깨닫고 나면 상품이나 서비스의 품질에 대한 인식이 크게 바뀔 것이다.

자기기만은 자신에게만 통하는 주관적인 이미지를 구축해 자존감과 자신감을 높이도록 돕는다. 예컨대 많은 여성이 더 젊고 매력적으로 보이기 위해 화장하거나 향수를 뿌리고, 성형 수술, 가슴 확대술 등을 한다. 이에 비해 남성은 자신이 사용하는 기기나 자동차 같은 외부의 대상을 더 좋은 것으로 바꿔서 부유하고 지배적인 사람처럼 보이려는 경향이 있다. 우리의 대외적인 이미지 가운데 스스로 더 긍정적으로 보이고자 변화를 거친 것들이 얼마나 많은가?

사진 편집 도구 또한 인터넷에서 자신의 대외적 이미지를 향상시키는 강력한 도구가 되어준다. 이 도구를 활용하면 마치 디지털 세상의 '워비곤 호수'처럼 남성은 비현실적으로 잘생겨 보이고 여성은 눈 깜짝할 사이에 화려하고 예뻐 보인다. 이처럼 현실과 동떨어지게 더 나아진 자신의 이미지를 보면서 사람들은 스스로에 대한 환상을 키우고, 그 환상이 손에 닿는 곳에 있다고 착각한다.

자기기만은 단순히 물리적·디지털 차원에서 자기 이미지를 바꾸는 것을 넘어, 주관적인 현실을 창조하게 한다. 예를 들어 많은 사람이 육류 제품에 '지방이 95퍼센트 없음'이라고 표시된 것이 '지방 5퍼센트 함유'라고 표시된 제품보다 건강에 좋다고 생각한다. 또한 같은 와인 한 병이라도 10달러짜리보다 90달러짜리가 더 좋다고 생각한다. 와인을 고르는 데 관여하는 뇌의 안와전두엽 피질조차도 사람들이 가격이 높은 제품일수록 더 큰 열의를 가지고 바라본다는 사실을 보여준다.[24]

우리는 다른 사람의 세계관을 바꾸기 위해 용어와 내러티브를 창안한다. 점점 더 많아지는 완곡어법이 그런 예다. '낙태 반대'는 '친생명'이 되고, '지구 온난화'는 '기후 변화'가 되며,[25] '민간인 사상자'는 '부수적 피해'가, '고문'은 '강화된 심문'이, '불발, 발사 실패'는 '아군의 우호 사격'이, '유괴 납치'는 '특별한 용의자 인도'로, '집단 학살'이 '최종 해결책'이 되는 식이다. 공공 서비스 캠페인에서도 사람들의 마음을 다치게 하지 않으려고 표현을 부드럽게 바꾼다. '쓰레기 버리지 마세요!'라는 도로 표지판은 '나는 뉴욕을 사랑해(I♥NY)'처럼 몽글몽글하고 따뜻한 표현으로 바뀐다. 아예 '텍사스를 망치지 마'처럼 거칠고 억센 경고문이 되기도 하지만 말이다.

이처럼 자기기만은 자존감과 자신감을 높이기도 하지만, 동시에 스스로에 대한 자부심과 편견을 강화해 사실을 부정하도록 하거나, 우리의 바람이나 선호와 모순되는 현실을 무시하게 할 수 있다. 사람들이 종잇조각에 침을 뱉고 색 변화를 지켜보게 하는 간단한 연구가 이를 잘 보여준다. 연구 결과를 보면 색깔 변화가 좋다고 생각하는 사람들은 나쁘다고 생각하는 사람들에 비해 실제로 변화가 일어나기를 마음속으로 바라며, 종잇조각을 60퍼센트 더 오래 바라보는 것으로 나타났다.[26]

트리버스가 지적했듯이, 우리의 뇌는 자신의 이익을 증진하기 위해 진화했다. 스스로를 속여 속임수 본연의 목표를 가장 잘 달성하도록 할 정도다. 즉 우리의 기억은 자신의 목적을 달성하기 위해 창조되거나 재현, 편집, 조작을 거칠 수 있다. 어르신들이 종종 '좋았던 옛 시절'에 대해 극찬하는 것도 그런 이유에서다.[27] 그에 따라 우리는 실패보다 성공을 훨씬 더 세밀하게 기억하는 경향이 있다. 심리학자 캐럴 태브리스

Carol Tavris와 엘리엇 애런슨Elliot Aronson에 따르면 기억은 "생생하게 살아 숨 쉬는 개인적이면서도 자기 정당화를 담은 역사로 남을 수 있으며, 이러한 역사는 승자의 관점에서 다시 쓰이곤 한다." 두 사람에 따르면 기억은 다음과 같은 특징을 지닌다.

기억은 모든 측면에서 스스로를 긍정적으로 강화하는 방향으로 왜곡된다. 남성과 여성 모두 자신이 실제보다 성적인 파트너가 적었으며, 파트너와 훨씬 더 많은 성관계를 가졌고, 콘돔을 더 자주 사용했다고 기억한다. 또한 사람들은 실제로는 선거에서 투표하지 않았는데도 투표했다고 잘못 기억한다. 더 나아가 실제로 투표한 정치인이 아닌, 결과적으로 승리한 후보에게 투표했다고 착각한다. 그리고 자선 단체에 기부한 액수가 실제보다 많았다고 생각하며, 자녀가 실제보다 더 일찍 걷고 말했다고 기억한다.[28]

우리는 열정적인 활동가이자 냉정한 관찰자가 될 수 없다. 그렇기에 이해관계를 촉진하고 감정을 보호하도록 형성된 우리의 기억은 신뢰할 만한 정보 저장 장치로서는 실격이다. 컴퓨터의 하드 드라이브와 달리 우리의 기억은 상당히 왜곡될 수 있다. 유체 이탈이나 전생 경험을 이야기하고, 천국에 다녀왔거나 외계인에게 납치된 생생한 기억이 있다고 주장하는 사람들처럼 말이다. 투표나 자선 단체 기부액을 사실과 다르게 기억하는 것은 자신을 관대하고 책임감 있는 시민으로 느껴지게 한다.[29] 마찬가지로 뭔가 나쁜 일이 발생했을 때 사람들은 실제로 그런 말을 하지 않았어도 사후에 "내가 그렇게 말하지 않았느냐", "내가 경고했다"라고 주장하기도 한다. 기억은 쉽게 조작될 수 있기에 여러분이 다른 사람에게 거짓된 사연을 들려주면 그들은 그것을 사실이라고 믿게 된다. 이렇게 가까운 사람을 공범으로 끌어들여 증인처럼 이용하면 또 다른 사람들이 조작된 이야기를 믿도록 유도할 수 있다.[30]

이런 일상 속 이야기는 흔하고 해롭지 않아 보이지만, 법정 증언이 거짓된 기억이나 자백에 근거했다면 심각한 결과를 낳을 수 있다. 최근의 여러 사례를 보면 법정에 소환된 증인의 기억은 신뢰도 면에서 상당한 문제가 있는 경우가 많았다. 아동이 목격자인 경우, 성적인 학대 이력, 목격자 진술이 특히 더 그렇다.[31] 아동은 생각이나 감정을 강화시키기, 반복적인 질문하기, 추측하도록 유도하기, 다른 목격자의 압박, 새로운 정보 접하기 등 외부에서 주어진 영향에 상대적으로 취약하다.[32]

그뿐만 아니라 우리 중 상당수가 자신을 속이거나 스스로 위로하고 변명하기 위해 거짓된 서사를 활용한다. 트리버스에 따르면 그 작동 방식은 다음과 같다.

거짓 과거 서사란 우리가 자신의 과거에 대해 스스로에게 들려주는 거짓말이다. 보통 자기 미화와 정당화가 그 목적이다. 예컨대 우리는 특별하며, 우리의 행동과 조상의 행동 또한 특별하다고 믿거나, 우리는 부도덕하게 행동하지 않았으므로 누구에게도 빚진 것이 없다고 여기는 식이다. 많은 사람이 같은 믿음을 공유한다면, 이러한 과거에 대한 허구적 서사는 집단적 자기기만이라 할 수 있다. 수많은 사람이 동일한 거짓 서사를 들으며 자랐다면 그 집단은 강력하게 뭉치는 원동력을 갖게 된다.[33]

집단 정체성에 대한 인식 역시 종종 크게 부풀려진다. 예컨대 상당수의 미국인은 미국이야말로 지구상에서 가장 위대한 국가이자 자유의 땅, 용감한 자들의 고향, 가장 번영하는 나라라고 여긴다. 또한 미국인은 세계에서 가장 관대한 사람들이며, 모든 미국인은 평등하게 태어났고, 아메리칸드림은 여전히 건재하다고 믿는다.[34] 이러한 표현 뒤에 '그렇지 않다'라는 부정어를 붙인 뒤 미국인들이 어떻게 반응하는지 한번 관찰해보라(경고: 혹시 여러분이 정치인이라면 절대 따라 하지 말 것[35]).

이런 공동체적 자기망상 또는 집단 자기도취증은 러시아, 중국, 독일, 일본 같은 다른 나라에서도 흔한 일이다. 스위스의 정신의학자 카를 융Carl Jung의 말을 빌리자면, 집단 자기도취증은 고대에서 현대에 이르기까지, 부족 사회에서 산업 사회에 이르기까지 모든 문화에 내재된 집단 무의식에서 비롯된다. 그렇기에 어떤 문화든 내부자의 관점과 외부자의 관점은 근본적으로 달라진다. 그런 이유로 인류학자들은 편견과 왜곡을 피하기 위해 외부적etic 관점과 내부적emic 관점을 둘 다 수용하는 경향이 있다.

⚶

이러한 자기기만은 망상을 강화하며, 결국 미신으로 이어질 수 있다. 이는 우리의 인지적 반응이 환경에 적응하도록 진화하는 과정에서 특정 편향을 띠게 되었기 때문이다. 3장에서 살펴보았듯이, 풀밭에서 바스락거리는 소리가 나면 우리는 일단 뱀일 것으로 생각하고 반응한다. 그런데 이 뱀은 무해할 수도 있고 독사일 수도 있다. 여러분이 오스트레일리아에 있지 않은 한, 풀밭에 나타난 뱀이 치명적인 독사일 확률은 매우 희박하다.[36] 하지만 우리가 두려워하며 반응하는 것은 거짓 양성의 대가(죽음)가 거짓 음성의 대가(호들갑을 떤 뒤 한 번 웃고 끝나는 것)보다 훨씬 크다는 사실 때문이다.[37]

같은 이유로 우리의 뇌는 종종 실제로 존재하지 않는 패턴을 마치 눈앞에 보이는 것처럼 속아 넘어가도록 진화해왔다. 가끔 거품이 덮인 커피잔이나 잘 구운 토스트에서 누군가 예수 그리스도의 이미지를 발견했다는 이야기가 들려오는 것도 이런 이유에서다. 이러한 현상은 우리의 뇌가 패턴이 없는 곳에서도 패턴을 찾거나, 무작위로 일어나는 사건 사이에서 인과관계를 찾도록 지나치게 열심히 애쓰는 과정에서 발생하는 망상의 산물이다.[38]

이처럼 자기기만은 쉽게 망상과 미신으로 이어진다. 그러니 기계에 대고 소리를 치면 잭팟이 터질 것을 기대해 카지노 기계 슬롯에 대고 '어서! 어서!'라고 외치는 사람들이 있는 것도 그리 놀라운 일이 아니다. 심지어 비둘기조차도 불확실한 보상이 나오는 스키너 상자 벽의 버튼을 부리로 쫄 때 의식을 치르듯 춤을 춘다고 알려져 있다. 침팬지 역시 비를 염원하는 춤 같은 미신적인 의식을 수행한다고 보고되었다. 이런 예는 미신적인 믿음과 관련해 인간과 다른 동물 사이에 잠재적인 진화적 연결고리가 존재함을 보여준다.

그러나 미신을 성급히 버려서는 안 된다. 미신은 자기 치유라는 중요한 이점을 제공하기 때문에 진화해온 것이다. 질병을 치료하기 위해 신에게 기도하는 행위는 전 세계 모든 문화권에서 나타난다. 때로는 신화적인 '신성한 힘'이 개입하는 '기적'이 일어나기도 한다. 산업 사회에서 살아가는 우리에게 더 친숙한 사례는 신체나 정신에 나타나는 증상을 완화하는 데 널리 쓰이는 가짜 약, 즉 위약偽藥일 것이다.

내가 위약 효과를 처음 접한 것은 1981년 중국의 고향 마을에서 고등학교에 막 입학했을 무렵이었다. 이모가 유럽에서 온 선원이 가져온, '더비'라는 상표가 적힌 유리병을 보여주고는 이것이 꽤 잘 듣는 약이라고 말했다. 한 숟가락만 삼켜도 기침, 복통, 설사, 두통, 열사병 등 다양한 증상을 치료할 수 있다는 것이 이모의 말이었고, 마을 주민들도 그렇게 주장했다. 주변에 영어를 잘하는 사람이 없었기에 이모는 나더러 유리병에 뭐라고 적혀 있는지 알려달라고 했다. 하지만 안타깝게도 내 영어 실력은 라벨 내용을 읽어내기에는 부족한 수준이었다. 결국 뭐가 들어 있는지도 모르는 채로 '더비'의 마법 같은 효과는 내용물이 다 동날 때까지 주민들 사이에서 계속 이어졌다.[39]

이모가 보여준 신비로운 액체 속 수상한 물질처럼, 환자들에게 유익한 치료법이라고 설득하는 '의식적인 치료 행위 전체'가 바로 위약인 셈이다.[40] 위약은 다양한 의학적 조건과 몸속 시스템에서 쓸모 있는 효과를 일으키지만, 이 효과는 모두 일반적으로 심리적 효과, 특히 자기기만에 뿌리를 두고 있다. 법정에서 증인의 기억이 변호사의 암시와 조작에 취약한 것처럼, 우리의 정신 상태는 파블로프식 조건화, 사회적 학습, 기억, 동기 부여 같은 심리적 과정을 통해 위약의 영향을 받을 수 있다. 그에 따라 실제로 생물학적 효과가 있는 진짜 약물에 의해 촉발되는 유전적, 면역적, 신경학적 반응이 활성화되기도 한다.[41] 즉 비활성 물질이나 특정 단어, 의식, 징후, 기호, 치료법이 우리가 가진 증상을 완화하는 데 유익하다고 인식되면 위약 효과를 유발할 수 있다.

위약은 수면, 기분, 다양한 질병, 성생활에 이르기까지 여러 증상을 개선하는 것으로 알려져 있다. 통증을 연구하는 학자들은 위약이 작용하는 주요 경로 중 하나가 희망을 불러일으키는 것과 관련되어 있으며, 이로 인해 불안도 줄어든다는 사실을 발견했다. 그 결과 뇌의 도파민 매개 보상 센터가 활성화되어 환자의 통증이 완화된다.[42] 진통제인 레미펜타닐처럼 효과적인 약물과 함께 사용하면 위약은 약의 효능을 더욱 증폭시킬 수 있다.

위약 효과는 매우 강력해서 때로는 정식 의약품의 활성 성분이 발휘하는 효과를 넘어서기도 한다. 예컨대 항우울제 복용으로 우울증이 나아진 환자는 약 25퍼센트지만, 위약 효과로 덕을 본 환자는(증상의 자연스러운 소멸을 포함해) 75퍼센트나 된다.[43] 흥미로운 점은, 환자들이 위약이나 가짜 시술을 받고 있다는 사실을 통보받았음에도 불구하고 여전히 위약 효과가 나타난다는 것이다.[44]

물론 모든 사람이 위약에 반응하는 것은 아니며, 누가 위약에 반응할지 정확히 예측하는 것도 쉽지 않다. 그럼에도 위약에 반응하는 사람들에게는 공통적인 패턴이 눈에 띈다. 알약이든 치료 요법이든 위약의 가격이 비쌀수록, 또한 장비가 신체를 직접 침범해 치료가 더욱 침습적일수록 효과가 크다. 치료를 수행하는 의학적 권위자에 대한 인식도 마찬가지다.[45] 심지어 위약이 담긴 캡슐의 모양도 중요한 역할을 한다. 어두운색 알약은 통증 치료에 더욱 효과적인 반면, 따뜻하고 밝은색은 각성제로, 푸른색은 수면제로, 녹색은 진정제에 더 효과를 보인다.[46] 왜 그럴까?

일단 서로 무관한 정보를 연관시키는 연합 학습이 위약 효과에 핵심적인 역할을 하기 때문이다. 알약의 색깔이나 모양, 맛 외에도 병원, 의료 기기, 기기의 외관, 의사나 간호사의 상호작용 등 여러 요소가 모두 위약 반응을 일으키고 강화할 수 있는 잠재력을 지닌다. 이러한 환경적 설정은 환자로 하여금 자신이 점차 치유에 가까워지고 있다고 느끼게 할 수 있다.[47] 이런 의료 전문가의 손길을 떠올리게 하는 요소에 환자가 더 많이 노출될수록 위약 반응은 더욱 강해질 것이다. 환자들은 자신의 면역 체계와 맞물려 이러한 방식으로 반응을 보이도록 조건화되었다.[48] 환자들이 위약으로 치료받고 있다는 말을 들은 뒤에도 여전히 긍정적인 반응을 보일 수 있는 이유도 이 때문일 것이다.

우리의 뇌는 어떻게 쓸모없는 위약을 몸을 치유하는 물질로 변환할까? 이 질문에 답하기 위해 한 연구팀은 실험 지원자들의 팔뚝에 충격이나 열로 통증을 일으킨 다음 불활성 성분이 든 크림으로 치료해보았다. 그러자 예상대로 지원자들은 통증이 훨씬 완화되었다고 답했다. 뇌 스캔 결과 이러한 진통 효과는 실제로 존재했다. 위약으로 치료한 뒤 통증 감소와 관련된 뇌 영역인 '통증 매트릭스(뇌섬엽, 시상, 전대상회를 비롯한 여러 부위가 포함된 복잡한 연결망)'가 활성화된 것이다.[49]

더구나 위약은 뇌 속 조그만 구조인 측좌핵에 축적된 도파민과 엔도르핀 같은 신경전달물질의 활동을 증가시킬 수 있다. 흥미롭게도 이 시스템을 활성화하기 위해 돈을 보상으로 사용하면 통증을 없애는 위약의 효과도 높아진다. 예상할 수 있듯이 액수가 커질수록 위약 효과는 커진다.[50] 정말로 돈이 우리를 치유하는 셈이다! 한편 학습은 전두엽 피질과 관련되어 있기에, 사람들이 이 영역을 통제할 수 없게 되면 위약에 대한 반응도 멈춘다.[51]

한약, 침술, 명상, 카이로프랙틱, 아로마테라피와 같은 대체 의학을 둘러싼 전체 산업은 거의 이러한 위약 효과에 기반을 둔다.[52] 예를 들어 침술은 가장 잘 알려져 있고 널리 사용되는 대체 요법 중 하나다. 중국의 침술 전문가들은 3,000년 동안 이 분야를 계속 발전시켰다. 그런 만큼 침술이 효과가 있다는 사실을 부정하기는 어렵다. 하지만 왜 효과가 있는지에 대해서는 여전히 수수께끼로 남아 있다.

그동안 3,500건 넘는 임상 시험을 거쳤음에도 침술의 실제 의학적 효과는 불분명한 채 남아 있다. 침술은 그 자체의 위약 효과 덕분에 지금까지 효과적으로 활용되었다.[53] 실제로 편두통과 만성 통증 환자를 대상으로, 침술(침을 '정확한' 경혈에 놓는)로 치료한 집단과 잘못된 방식으로 치료한(침을 의도적으로 '잘못된' 부위에 놓는) 집단을 무작위로 비교했을 때, 통계적으로 유의미한 차이는 나타나지 않았다. 더구나 환자들의 침술 요법에 대한 반응은 위약 효과의 전형적인 사례라 할 수 있다. 기대치가 높을수록 진통 효과가 강하기 때문이다.[54] 편두통, 긴장성 두통, 만성 요통, 무릎 골관절염 등 다양한 질환에 대해서도 동일한 결과가 적용된다.[55] 그 효과가 전통 중국 의학에서 설명하듯 경혈 체계에서 왔다기보다는 바늘 자체가 삽입된 결과라는 점은 분명하다. 오늘날의 관점에서 보면 침술은 인간의 심리를 속이기 위해 발명된 최고의 위약일지도 모른다. 사람들이 원치 않는 부작용을 감수하지 않고 마법적인 효과를 믿을 정도로 침습적인 요법이기 때문이다.

몇몇 과학자들은 대체 의학의 치료법을 뱀에서 뽑은 기름처럼 터무니없는 것으로 치부하며 단호하게 거부한다. 이들에게 침술의 근간이 되는 가설적인 경혈 시스템은 "과학이 되지 못하는 난삽한 엉터리"다.[56] 하지만 이런 견해는 다소 편향되어 있다. 결국 의학은 과학적 추구인 동시에 치유의 실천이기도 하다. 과학이기에 의학 연구는 임상 시험에서 절차를 엄격하게 따라, 약물이나 치료제가 실제로 효과가 있는지, 그 이유가 무엇인지 밝혀야 한다. 그러나 의학에서 핵심적인 관심사는 질병을 치료하고 상처를 치유하며 증상을 완화하는 데 있어 특정 약물이나 치료제가 실제로 효과가 있는지 여부이지, 그 효과가 나타나는 '이유'를 밝히는 데 있지는 않다.

이러한 실용적인 의미에서 대체 의약품은 제자리를 찾아야 한다. 비록 주로 위약으로 분류되며 질병 대부분을 치료하지 못하더라도,[57] 더 빠른 치유와 반응을 원하는 사람에게는 유용할 수 있다. 즉 효과적인 약물이나 치료법이 없을 때 이런 위약은 꼭 필요하다. 그러니 위약을 단순한 가짜 약으로 여겨서는 안 된다.[58] 아직 어떻게 작용하는지 완전히 이해하지 못하기는 했지만 그래도 병을 치유하는 데 도움이 된다면, 이러한 진화 메커니즘을 이용하지 않은 채 내버려두는 것은 어리석은 일이 아닐까?

대체 의학이나 중국 전통 의학의 약물 치료법이 과연 '쓸모'가 있는지 여부는 종종 격렬한 논쟁을 불러일으킨다. '쓸모가 있다'거나 '유용하다'는 단어 자체가 큰 혼란을 일으키기도 한다. 대중적인 용법으로는 어떤 상태를 개선하거나 증상을 경감하고 치유를 가속화하는 등 효과가 있을 때 '유용하다'고 말한다. 이러한 정의에 따르면 위약은 의심의 여지 없이 유용하다. 하지만 과학에서 '유용하다'고 하려면 위약 효과에 더해 긍정적인 효과가 있어야 한다. 이러한 정의에 따르면 어떤 약물은 위약보다 통계적으로 더 나은 효과를 보이지 않는 한 유용하지 못하다고 간주된다. 효과가 있는 약물에 대해 '유용하다'라는 표현 대신

'굉장히 쓸모 있다', '위약보다 더 유용하다'라고 대체하면 이러한 혼란을 줄일 수 있다.

그런데 사실 위약을 사용할 때 진짜로 걱정되는 지점은 의료 윤리 문제다. 의사와 치료사가 환자를 속이고 가짜 약을 써도 괜찮은 걸까? 치료가 목표라면, 위약 효과를 최대한 활용하는 것이 임상적으로도 의미 있고 윤리적으로도 허용될 수 있다. 하지만 동시에 이러한 관행은 '사전 동의 원칙'을 명백히 위반하며 의사와 환자 간의 신뢰를 저버린다. 허리가 아파 병원에 갔더니 여러분을 담당하는 의사가 가짜 알약이라 말하지 않고 약을 그대로 처방한다면 여러분은 만족하겠는가?[59] 이때 위약이 효과가 없거나 설상가상으로 더 악영향을 끼치는 '노시보 효과nocebo effect'를 내면 어떻게 하겠는가? 더구나 여러분이 진상을 깨달았을 무렵에는 이미 제대로 된 요법으로 치료할 수 있는 적기를 놓쳤을 수도 있다. 이와 같은 여러 이유로 위약을 사용하는 것이 좋은지, 사용한다면 어떤 방법을 택할지에 대해서는 여전히 논란의 여지가 있다. 모두가 동의할 수 있는 지점이 있다면 다른 의학적 대안이 없을 때 위약을 사용해야 한다는 것이다.

✦

위약 효과와 비슷하게, 여러 심리학적 효능의 배후에 자기기만이 있을 수 있다. 여기에는 스트레스 수준이 낮아진다거나 자존감과 정신 건강이 향상되는 효과가 포함된다.[60] 예컨대 비록 사실이 아니더라도 자신의 지능이 높다고 믿는다면 삶에 대한 만족감이 더 커질 것이다.[61] 보통 자기기만은 자신감을 높여 낙관주의를 불러일으키며, 그에 따라 더욱 오래 행복한 인생을 살도록 도와준다. 연구에 따르면 비관론자에 비해 낙관주의자들은 어려움을 하나의 도전 과제로 여길 가능성이 높으며 힘든 과제에 맞서려는 의지와 끈기가 더 강하다고 한다. 그 결과 낙관주의자들은 사회적·금전적으로 더 큰 성공을 거두는 경향이 있다.[62] 사람들이 낙관주의자를 좋아하고 낙관주의가 사람들 사이에 전파되는 이유도 바로 이 때문이다. 연단에 올라 유권자들에게 '나는 비관론자'라고 선언하는 정치인을 거의 볼 수 없는 것도 당연하다. 그랬다가는 선거 유세도 제대로 치르지 못한 채 끝나버릴 것이다.

그런데 문제가 하나 있다. 자신감이 쉽게 자기 과신으로 이어져 나쁜 결정을 내릴 수 있다는 것이다. '오만은 금물'이라는 옛말이 바로 이런 이유에서 나왔다. 실제로 나는 2012년 봄에 가족과 함께 플로리다주에서 휴가를 보내던 중 자기 과신으로 거의 죽을 뻔했다. 당시 나는 마이애미에서 운전대를 잡고 있었다.

"아빠, 콜로라도주의 주도州都가 어디예요?" 큰아들 샤인이 장거리 자동차 여행 중 분위기를 띄우려고 그랬는지 나에게 문제를 냈다.

"볼더란다."

"확실해요?"

"그럼!" 나는 자신만만했다. "아빠가 틀렸다면 죽여도 좋아."

그러자 샤인은 스마트폰으로 정답을 확인했다. "아빠, 답은 덴버예요. 하지만 우리 가족은 아빠가 죽지 않았으면 좋겠어요." 온 가족이 웃음을 터뜨렸다.

돌이켜보면, 여러 일을 동시에 하느라 정신없지 않았더라면 답을 맞힐 수 있었을 것이다. 도로 상황에 집중하는 동안 내 의식의 일부만이 지금껏 한 번도 들어본 적 없는 질문에 대처했기 때문이다. 볼더는 콜로라도대학교가 자리한 도시였기에, 주도가 어디인지에 대한 잘못된 인식을 심어주기에 충분했다. 몇 년 전 공항에 잠깐 들렀을 뿐 거의 알지 못하는 도시에 대한 과신이 가장 큰 적이었다.

비록 이 부끄러운 해프닝에서는 아이들의 자비로 목숨을 건졌지만, 아홉 살 무렵에는 깊은 물에 들어갔다가 진짜로 큰일이 날 뻔했다. 어느 날 오후, 나는 헤엄쳐서 강을 건너려 했다. '이건 식은 죽 먹기지'라고 생각하며 내 수영 실력을 과신했기 때문이었다. 하지만 일단 물에 들어가자 생각보다 가장자리가 가팔랐고 바닥이 발에 닿지 않을 만큼 깊었다. 나는 익힌 지 얼마 안 된 수영 기술도 잊은 채 당황했다. 다행히 고군분투를 벌이던 나를 다른 남자아이가 보고 소리 질러 도움을 요청했다. 그래서 나는 우연히 근처에 있던 사촌에게 구조되었다.

이와 관련해서 잠깐 간단한 퀴즈를 풀어보자. 여러분은 내부 공제, 농업 무역법, 화폐 통제, 톰슨 드릴 비트, 바줄레 치즈가 무엇인지 아는가? 확실히는 몰라도 어디선가 들어본 느낌이 들 것이다. 이것은 단어를 적당히 조합한 결과물로 실제로는 존재하지 않는다. 하지만 꽤 많은 사람이 그것이 무엇인지 안다고 주장한다. 특히 '나폴레옹'이나 '신곡' 같은 익숙한 단어들 사이에 이러한 조어가 간간이 섞였을 때 더욱 그렇다.[63] 마찬가지로 자신이 금융에 대해 잘 알고 있다고 생각하는 사람들은 존재하지 않는 금융 용어를 지어내도 그것을 안다고 주장하기 쉽다. 또한 지리에 능숙하다고 생각하는 사람이라면 존재하지 않는 지리적 명칭에 대해 안다고 강변할 것이다.[64]

다윈이 1871년에 남긴 글 중에 "무지한 사람이 박학한 사람보다 자신감이 넘치는 법이다"[65]라는 구절이 있다. 과신은 사람들이 자신의 약점을 인식하지 못하게 만들고, 실제로 갖지 못한 지식에 대해 자기도취적인 주장을 하도록 이끌 수 있다.[66] 예를 들어 사람들 대부분은 자물쇠, 헬리콥터, 수세식 화장실이 어떻게 작동하는지 안다고 자부한다. 하지만 막상 설명을 요청하면 제대로 답하지 못하는 사람이 대다수다.[67] 마찬가지로 사람들은 자신이 인플레이션이나 금리 같은 기본적인 금융 개념을 이해한다고 착각한다. 그렇지만 간단한 질문을 던져 지식을 테스트해보면 56퍼센트만이 정답을 맞힌다.[68] 첼시 FC, 뉴욕 양키스, 휴스턴 로케츠를 비롯한 많은 스포츠팀의 팬들이 자기가 코치진보다 팀을 더 잘 이끌 수 있다고 주장하는 것도 같은 맥락이다.

물론 화장실 물이 어떻게 내려가는지에 대한 지식이 부족하다고 해도 대부분은 별다른 문제가 되지 않는다. 하지만 업무를 수행하는 데 지식이 필요한 경우에는 심각한 문제가 발생할 수 있다. 예컨대 의료진이나 재정 고문, 법률 컨설턴트 같은 전문가들이 업무에서 발생하는 문제를 처리할 만큼 지식이 충분하지 못하다면, 클라이언트나 고객에게 신체적인 부상이나 재정적인 손실을 초래할 것이다. 예를 들어 의대 1학년 학생 가운데 약 40퍼센트가 심폐소생술을 제대로 해내지 못하지만, 자신의 실력이 부족하다는 사실을 인정하는 학생은 3퍼센트도 채 되지 않는다.[69] 여러분의 목숨이 이들의 지식과 기술에 달려 있다면 당연히 걱정되지 않겠는가?

트리버스에 따르면 이런 과신은 "우리의 개인적 삶과 전쟁처럼 전세계적인 규모에서 나타나는 결정을 통틀어 역사상 가장 오래되고 위험한 형태의 자기기만"이다.[70] 이러한 결정은 개인이나 부족에게만 영향을 끼쳤던 석기 시대 조상들에게도 문제였지만, 현대 사회에서는 그야말로 큰 재앙으로 이어질 수 있다. 예컨대 타이타닉호에 탄 선장과 사람들은 그 배가 침몰할 것이라고는 상상도 하지 못했다. 여러 비행기 추락 사고도 마찬가지다. 최악의 사태는 전쟁에서 크게 패하거나 대규모 인명 피해가 났을 때다. 잘 알려진 예만 몇 가지 들면 러시아 원정을 떠난 나폴레옹, 두 차례 세계대전에서의 독일, 제2차 세계대전에서의 일본, 베트남 전쟁과 제2차 걸프 전쟁에서의 미국, 우크라이나를 침공한 푸틴 치하의 러시아가 그렇다. 이 모든 사태는 자국의 군사력에 대해 과도한 자신감을 갖고 적의 강점과 끈기를 과소평가한 데서 비롯했다.

현대 사회에서 대규모 재난은 보통 리더십의 실패와 리더의 잘못된 판단에 기인한다. 연구에 따르면 직급이나 나이, 경력이 높다고 해서 꼭 우수한 성과를 보장하지는 않는다(앞 장에서 소개한 피터의 법칙을 기억하라!). 그럼에도 이러한 특성들은 자신감을 불러일으키기에[71] 리더는 자신을 과신하기 쉽다. 특히 자기도취적인 CEO는 자기 과신에 취약하다. 미디어에서 칭찬이나 상을 받으면 이런 리더는 객관적으로 측정된 성과를 무시한 채 높은 수준의 위험을 감수할 만큼 대담해진다.[72]

무엇이 사람들을 자기 과신으로 이끌까? 놀랍게도 호르몬이 이에 한몫한다. 테스토스테론은 자신감을 높이고 위험을 감수하는 행동을 더 많이 하도록 유도한다고 알려져 있다.[73] 그래서 남성은 여성에 비해 뻔뻔하고 건방진 태도를 보일 가능성이 상대적으로 높다. 그뿐만 아니라 남성은 과속, 도박, 기분 전환용 마약 사용은 물론, 스카이다이빙이나 번지점프처럼 스릴을 추구하는 위험한 활동에 빠질 가능성이 훨씬 높다. 그 결과 사고로 사망하거나(나 역시 이 통계에서 예외가 아니었다) 교도소에 수감되는 남성이 여성보다 많다. 또한 테스토스테론 수치가 높은 CEO는 사업을 운영할 때 위험을 감수하는 경향이 더 높다([그림 7.3] 참조). 이런 CEO가 이끄는 회사는 주가의 변동성이 더 커진다.[74] 참고로 덧붙이자면 남성은 여성에 비해 주식 시장에 더 많이 뛰어들지만, 수익률은 통계적으로 더 낮은 편이다.

그림 7.3   애플 전 CEO 스티브 잡스. 성인 남성의 경우 얼굴 폭과 키의 비율은 테스토스테론 수치와 양의 상관관계를 보인다(Lefevre, Lewis, Perrett and Penke 2013). © segagman, CC BY 2.0 라이선스, Kamiya et al. 2016 수정

꼭 사업이나 조직의 리더가 아니더라도 과신과 자만심은 거의 모든 이에게 해를 끼치기 십상이다. 이러한 자기기만의 파생물은 더 나은 조언과 정보에 바탕을 둔 의견을 수용하지 못하게 하며, 자신의 실수와 약점을 알아채지 못하고 더 완고한 태도를 갖게 만든다. 예를 들어 흡연자는 비흡연자와 달리 흡연의 위험성에 대한 정보를 접해도 들은 척 만 척한다. 어떤 사람들은 '내가 모르는 것은 나를 해칠 수 없다'는 식의 태도로 HIV 검사를 회피하기도 한다.[75]

🦅

자기기만은 확증 편향에 의해 더욱 강화된다. 확증 편향이란 우리의 세계관과 일치하는 아이디어나 사실을 선호하되, 우리의 신념과 모순되는 정보는 피하거나 걸러내려는 경향을 일컫는 심리학 용어다. 이러한 편향은 자존감과 자부심, 자아를 보호하며 자기기만에 양분을 주어 부추긴다. 그러면 우리는 사실이 다르게 드러나더라도 여전히 증거가

그림 7.4 '루자 박사'라 불린 루자 이그나토바

거짓일지도 모른다는 희망을 놓지 않는다.

확증 편향이라는 인지적 약점은 더 큰 규모로 악용될 수 있다. BBC 의 한 놀라운 기사에 따르면, 2016년 6월 런던에 '암호화폐의 여왕'이 라 불리던 36세의 여성 루자 이그나토바Ruja Ignatova([그림 7.4] 참조)가 등장했다. 그녀의 출현은 오랜만에 사기꾼 프랭크 애버그네일과 어깨 를 나란히 할 만한 인물이 나타난 사건으로 기록되었다.[76] '루자 박사' 로 불리던 이그나토바는 테니스계에서 가장 권위 있는 경기장인 웸블 리 아레나 체육관에서 새로운 암호화폐인 원코인이 '비트코인에 대적 할 킬러'가 될 것이라고 공개적으로 세상에 선포했다. 이그나토바는 열 광하는 군중 앞에서 이렇게 선언했다. "앞으로 2년쯤 지나면 비트코인 은 완전히 잊힐 겁니다."

사람들은 마치 돈에 열광하는 사이비 종교의 신도가 된 양 흥분한 전 세계 군중들 앞에서 발표하는 이그나토바를 철석같이 믿었다. 2014년부터 2017년까지 채 3년이 되지 않는 기간에 사람들이 원코인을 구매하는 데 들인 돈은 45억 달러를 넘어섰다. 사람들은 힘들게 번 돈을 이그나토바의 회사가 판매하는 패키지에 쏟아부었고, 원코인의 '가치'가 점점 오르는 것을 보며 자신의 재산이 얼마나 불었을지 행복해하며 계산했다. 사람들은 이 암호화폐를 직접 구매했을 뿐만 아니라 친구와 친척들까지 '일생에 단 한 번뿐인 기회'라며 끌어들였다. 루자 박사의 이야기가 얼마나 설득력이 넘쳤는지, 자신을 다단계 마케팅 전문가로 포장한 피라미드식 판매 사기꾼도[77] 자신의 재산이 곧 빌 게이츠를 능가할 수 있으리라 믿으며 수천만 달러를 원코인에 투자할 정도였다.

하지만 루자 박사의 말은 단 하나도 실현되지 않았다. 사실 이그나토바의 본모습은 독일 출신의 전업주부였다. 세련되어 보이는 사업을 운영했던 것은 불가리아의 수도 소피아의 한 아파트 단지에 본사를 둔 어둠 속 회사였다. 애초에 이그나토바를 선도적인 사업가라고 거짓으로 포장한 것도 『이코노미스트』지 불가리아판 뒤표지에 게재된 유료 광고였다. 무엇보다 가장 기괴했던 것은 그토록 입이 마르게 선전했던 암호화폐 원코인이 아예 처음부터 존재하지도 않았다는 점이다.

노르웨이의 블록체인 전문가인 비에른 비에르케Bjorn Bjercke는 빠르게 큰돈을 벌 수 있다는 퀵 머니 열풍 속에서 뭔가 수상쩍은 냄새를 맡았다. 그래서 일부 피해자들에게 연락해 사기일 가능성에 대해 경고했다. 하지만 놀랍게도 사기를 폭로하려고 한다는 이유로 비에르케는 피해자들과 고성을 지르며 싸워야 했다. 피해자들은 마치 눈과 귀가 차단된 것처럼 비에르케의 말을 믿지 않았다. 심지어 비에르케는 이 사기로 이득을 본 사람들뿐만 아니라 피해자들로부터 살해 협박을 받기도 했다. 자신의 믿음과 열정, 평판, 자부심과 함께 엄청난 돈을 투자한 사람들이 사기 피해를 인정하고 미련을 버리기란 쉽지 않았던 듯하다. 원코인의 배후에 있는 회사는 이런 사람들의 약점을 잘 알았으며, 주주인 피해자들에게 원코인을 비방하는 회의론자와 트롤 비평가들을 무시하라고 촉구했다. 이는 자신이 사회에 기여하고 있다고 생각하던 비에르케에게는 실망스러운 일이었다. 인터뷰에서 비에르케는 이렇게 토로했다. "그 이후 겪은 일을 미리 알았더라면 사람들에게 경고하지 않았을 겁니다."

그러다 2017년 10월이 되어 루자 박사가 리스본에서 예정된 과열된 분위기의 대중 연설에 모습을 드러내지 않자, 사람들은 이 모든 것이 거대한 거짓말이라는 사실을 비로소 깨달았다. 이후로 이그나토바는 쫓기는 도망자 신세가 되었다. 2019년 11월 5일, 이그나토바의 남동생 콘스탄틴 이그나토프는 뉴욕 법정에서 증언하던 중 자신조차도 누나에게 속았다고 주장하며 가족의 사기를 인정했다. BBC의 기사는 이렇게 끝맺는다.

루자 박사는 우리 사회의 여러 약점을 파악한 뒤 악용했다. 일단 원코인에 베팅할 만큼 절박하거나, 탐욕스럽거나, 혼란에 빠진 사람들이 충분히 많다는 사실을 알고 있었다. 동시에 온라인에 모순되는 정보가 너무 많아 진실과 거짓을 구별하기가 점점 더 어려워지고 있다는 사실을 잘 알았다. 그리고 루자 박사는 사회에서 원코인을 방어해야 할 입법자, 경찰, 우리 같은 언론 매체가 사태 파악에 어려움을 겪을 것이라는 사실을 발견했다.

원코인의 사례가 주는 교훈은, 정보화 시대에는 정보의 정확성과 신뢰도를 알지 못할 경우 그것이 오히려 우리를 해칠 수 있다는 점이다. 확증 편향 또한 이런 일을 일으키는 주요 원인으로 떠올랐다. 원래는 사람들이 듣고 싶은 것만 듣는 사소한 선호에 그칠 테지만 말이다. 실제로 원코인 사기는 사람들의 확증 편향을 체계적으로 악용했기에 놀랄 만큼 성공을 거뒀다. 이 사기는 사람들이 자기가 선호하는 거짓 정보를 골라내고, 동시에 사기로부터 자신을 보호할 수 있는 진실한 정보를 거부하도록 부추겼다.

확증 편향은 사람들이 객관적인 현실과 격리된 채 스스로 만든 아늑한 고치 속에 기꺼이 갇히게 한다. 그러면 우리는 더 이상 본래의 우리라고 할 수 없을 만큼 더닝-크루거 효과의 극단적인 지점까지 치닫게 된다. 오늘날 AI와 빅데이터를 기반으로 움직이는 인터넷은 우리 자신보다 우리를 더 잘 알지도 모른다. 여기에는 우리의 나이, 성별, 교육 수준, 취미, 결혼 여부, 정치적 성향, 예술적 취향은 물론이고 재정 상태, 개인적 강박, 성적인 환상처럼 가장 가까운 사람과도 차마 공유할 수 없는 사적인 정보까지 포함된다.

그래서인지 아마존은 우리가 구매하고 싶은 콘텐츠가 무엇인지 알고, 넷플릭스는 우리가 좋아하는 영화나 드라마를 파악하며, 구글은 우리가 무엇을 읽고 시청하는지 꿰뚫고 있다. 우리가 뉴스 기사, 동영상, 영화, 구매할 콘텐츠, 데이트 상대에 대한 추천을 받는 이유다. 우리가 돈을 쓰면 그들에게 수익이 발생한다. 이렇듯 개인을 대상으로 하는 마케팅 전략은 원칙적으로 원코인 사기와 유사하다. 둘 다 사람들의 인지적 편향성을 악용하는 제2법칙을 이용하도록 설계되었다는 점에서 비슷하다. 또한 이는 거짓말이 아니기에 법을 어기지 않는다. 그러나 원코인은 제2법칙에 더해 제1법칙까지 악용하여 불법적인 사기를 저질렀다는 점에서 결정적인 차이가 있다.

나치 독일의 선전부 장관이었던 요제프 괴벨스Joseph Goebbels의 다음 발언은 오늘날에도 종종 인용된다. "거짓말을 충분히 자주 반복하면 진실이 된다." 여러분도 알다시피, 같은 거짓말을 단순히 반복하는 것(즉 제1법칙을 활용하는 것)만으로는 그다지 효과적인 방법이 될 수 없다. 대중을 세뇌시키려면 인지적 편향성을 최대한 활용해(제2법칙에 의존해) 사람들이 기꺼이 맹목적으로, 또 열정적으로 나를 따르도록 해야 한다. 이익을 얻는다는 동기 외에도, 들었을 때 좋은 느낌을 주는 이데올로기는 꽤 많다. 번영, 애국심, 자유, 해방, 국력이 그렇다. 이러한 이념은 한 국가의 국민에게 자기기만을 조장하고 자극해 민족주의적 열정을 불러일으킬 수 있다. 그리고 충분히 많은 사람이 모인 집단이 어떤 것을 사실이라고 믿기 시작하면, 그것은 정말로 진실처럼 작용하게 된다(도널드 트럼프 대통령을 지지하는 집단 '큐어넌'을 생각해보라). 하지만 이 모든 것은 확증 편향이라는 인지적 허점 위에 구축된 반향실 효과echo-chamber effect(특정 정보에 갇혀 새 정보를 받아들이지 못하는 현상-옮긴이)에서 시작된다.

현시대에 가장 완강하고 고집스러운 반향실 효과의 사례로, 백신이 자폐증을 유발한다는 잘못된 믿음을 들 수 있다. 이 모든 흐름은 1988년 영국의 의학 학술지 『랜싯』에 실린 앤드루 웨이크필드Andrew Wakefield 의 거짓 논문 한 편에서 시작되었다. 웨이크필드는 금전적 이득을 위해 논문 결과를 조작한 탓에 의료 행위가 금지되었지만, 그로부터 여러 해 가 지난 오늘날에도 여전히 일부 사람들은 이러한 잘못된 믿음을 버리 지 못하고 있다.

반향실 효과는 우리가 마음을 닫고 같은 생각에 매달리는 사람들하 고만 교류하도록 이끈다. 아무리 그것이 잘못되고 해로운 생각일지라 도 상관없다. 그렇기에 반향실 효과는 우리 스스로의 선입견과 일치하 지 않는 정보를 차단하는 요새인 셈이다. 낙태, 이민, 기후 변화, 총기 규제, 사형처럼 뜨거운 논란을 불러일으키는 주제에 대해 여러분과 친 구, 친척의 견해가 다를 때 마음 깊은 곳에서부터 설득하기가 얼마나 어려운지 다들 잘 알 것이다.

하지만 실제 소리가 갇혀 있는 진짜 반향실과 비교하면, 정보가 갇 힌 반향실은 '메아리'를 한정된 공간에 완전히 가두지 못한다. 사람들 은 단어나 아이디어를 퍼뜨리기 때문에 하나의 반향실에서 비롯한 다 소 작은 소리라도 사회 전반에 걸쳐 커다란 소음으로 증폭될 수 있다. 실제로 최근 연구 결과에 따르면 소수의 사람들이 가짜 뉴스가 확산하 는 데 큰 영향을 미치는 것으로 나타났다. 허위 정보가 포함된 트윗이 참신하고 귀에 쏙 들어오며 놀라움을 주도록 설계되었다면, 진실된 정 보가 담긴 트윗보다 여섯 배 더 빠르게 퍼질 수 있다. 또한 이에 그치지 않고 1만 명 넘는 트위터 사용자들에게 바이러스처럼 퍼져나갈 가능성 이 높다. 여기에 비하면 진실된 트윗은 1,000명 넘는 사람들에게 도달 하는 경우조차 거의 없다.[78] 2016년 미국 대선 기간에 정확히 이런 일이 벌어졌다. 가짜 뉴스의 거의 80퍼센트가 고작 0.1퍼센트밖에 되지 않는 사람들에게서 나왔는데, 이들은 대개 정치에 관심 있는 보수적이고 나이 든 남성이었다.[79] 더 놀라운 사실은 디지털 혐오 대응센터에서 2021년 트위터와 페이스북을 분석한 결과, 코로나19 백신에 대한 허위 정보의 65퍼센트가 겨우 12명의 백신 반대론자에게서 나온 것으로 드러났다. 이러한 '허위 정보의 사도들' 맨 꼭대기에는 플로리다의 정골요법 의사 조셉 머콜라Joseph Mercola가 있었다. 머콜라는 비타민 보충제 같은 천연 건강 보충제를 백신의 대안이라고 주장하며 판매해 수백만 달러를 벌어들인 것으로 알려졌다.[80]

확증 편향은 서로 다른 의견을 가진 사람들 사이에서 건설적인 논의가 이루어지지 못하게 하는 큰 장애물이다. 최근 연구에 따르면, 아무리 뉴스 매체에서 이전에 발표된 허위 사실을 정정하더라도, 그 사실을 이미 믿게 된 사람들은 자신의 견해를 바꾸는 것을 거부한다고 한다.[81] 엎친 데 덮친 격으로 진보주의자나 보수주의자에게 그들과 다른 견해를 제시하면, 오히려 각자의 입장이 더 공고해질 뿐이다.[82] 아무리 시민들이 위기 상황에서 진정한 해결책으로 이어질 정보를 찾으려 해도, 사람들은 여전히 자신의 선입견을 뒷받침하는 정보만 선별적으로 선택하고 그렇지 않은 정보는 무시하기 쉽다.[83] 스트레스나 테러, 비극에 맞서 현실을 부정하는 것은 사람들의 심리적 평안을 지키기 위한 대처 메커니즘인 듯하다.[84]

자기 세력을 확장하려는 정치가들은 종종 이러한 대중의 사고방식을 이용한다. 상당수의 정치 전략가들은 사회, 경제, 문화, 군사 문제에 대한 유권자들의 인지적 허점, 특히 확증 편향을 최대한 활용해 선거 전략을 설계하는 전문가들이다. 그 결과 GMO, 기후 변화, 이민법, 총기 규제는 물론이고, 코로나19 대응을 위해 마스크를 써야 하는지 여부까지 거의 모든 이슈가 극단적으로 정치화되었다. 정치적 토론이 알맹이나 생산성이 쏙 빠진 목소리 대결에 불과한 경우가 많은 것도 당연하다.

게다가 수익을 위해서라면 대중의 확증 편향을 이용하는 것도 마다하지 않는 언론이 당파성을 더욱 촉진한다. 한 뉴스 매체는 시청자에게 "여러분이 동의할 수 있는 뉴스"를 제공하겠다고 약속하며 자신의 정체를 대놓고 드러낸다. 몇몇 케이블 뉴스 채널은 제대로 된 뉴스를 제공하는 대신 도발적인 견해, 극단적인 의견, 근거 없는 음모론을 부추기는 전문가들을 출연시켜 방송 시간을 채운다. 몇몇은 사실과 무관하게 완전히 거짓인 이야기를 지어내기도 한다. 저널리즘 정신을 실천하는 대신 스폰서와 광고를 통해 돈을 버는 만큼 시청률만이 이들의 유일한 관심사다. 언론 매체가 정치적 적수에게 공개적으로 '국민의 적'이라 하고 코로나19 팬데믹을 '사기극'이라고 부른다면 이들은 조만간 본격적인 선전기구가 될지도 모른다.

🜨

지금으로부터 2,500년 전, 이 장의 서두에 인용한 공자가 말했듯이, 자기 자신에 대한 무지는 매우 흔한 일이다. 이 사실은 이후로 여러 철학자와 사상가들을 당혹스럽게 했다. "인간이 자신에 대해 진정으로 아는 것은 대체 무엇이란 말인가!" 니체는 저서인 『진리와 거짓에 관하여』에서 이렇게 외친 후 다음과 같은 일련의 질문을 던진다.

인간은 빛나는 유리 상자 속에 들어간 것처럼, 한 번이라도 자신에 대해 완전히 인식할 수 있을까? 자연은 인간의 대부분을 그로부터 숨겨놓고, 심지어 신체조차도 꼬인 내장이나 빠르게 흐르는 혈류, 근육 섬유의 떨림과는 동떨어진 채, 자랑스럽고 기만적인 의식 속에 마치 주문에 걸린 듯 얽매고 가두어두지 않았는가?

니체가 살던 시대에는 아무도 이 모든 심각한 질문에 답할 수 없었지만, 더닝-크루거 효과에 대한 지식을 갖춘 오늘날에는 조금 나아졌다. 이 효과 덕분에 사람들은 뭔가를 잘 수행하지 못할수록 자신이 해낸 일을 더 긍정적으로 생각한다. 또한 뭔가를 알지 못할수록 자신감을 가지며, 자신의 견해와 모순되는 정보를 거부할 가능성이 높아진다. 그리고 이 모든 경향은 사람들을 스스로 만든 덫에 걸리게 한다. 따라서 자기기만은 자기 계발과 개선을 가로막는 커다란 장애물이다. 이와 관련해 물리학자 리처드 파인만Richard Feynmen은 1974년 캘리포니아 공과대학교 졸업 연설에서 학생들에게 이렇게 경고했다. "여러분이 명심해야 할 첫 번째 원칙은 자기 자신을 속여서는 안 된다는 겁니다. 가장 쉽게 속일 수 있는 사람이 바로 여러분 자신이니까요." 정말 그렇다! 하지만 우리가 구체적으로 어떻게 해야 할까?

다행히 답은 [그림 7.1]에 등장하는 더닝과 크루거의 연구에서 찾아볼 수 있다. 어떤 과제에 대해 성과가 좋은 사람들은 스스로 과소평가하는 경향이 있다는 것인데, 이 결과는 다른 유사한 연구에서도 확인되었다. 예컨대 자신이 안전하다고 느끼는 사람들은 자신의 견해와 일치하는 정보를 더욱 기꺼이 흡수하려 한다.[85] 그에 따라 이들은 자신과 다른 방향에서 양의 피드백을 받을 수 있어 인생의 여러 측면에서 진보한다. 즉 겸손과 겸허함은 우리를 한 발자국 나아가게 하는 반면, 오만함과 지나친 자만은 자기도취적 환상과 스스로 구축한 껍데기로 우리를 후퇴하게 만들 뿐이다.

현명한 사람은 겸손함과 자기 비판적인 태도를 유지하므로 더 현명해진다. 공자와 소크라테스, 다윈, 아인슈타인 같은 현자들 또한 겸손하다. 이들의 겸손함은 실수에서 배우고 약점을 극복하도록 동기를 부여한다. 우리가 이들처럼 하지 못하리라는 법은 없다. 단지 어떻게 하느냐가 문제일 뿐이다.

가장 확실한 접근 방식은 인생에 성공을 거둔 현명한 사람들의 조언을 따르는 것이다. 우리가 좌우명으로 삼을 만한 유명한 명언과 도움말을 소개한다. 이 중 귀에 익은 명언이 있는가? 누가 한 말인지는 주석을 참고하자.

1. 당신이 동료보다 낫다고 해도 그다지 대단하다고 할 수는 없다. 이전의 자신보다 더 나아지는 것이야말로 진정으로 훌륭한 삶이다.
2. 자신이 지혜롭다고 확신하는 것은 오히려 현명하지 않다. 가장 강한 사람도 약해질 수 있으며, 가장 현명한 사람도 실수할 수 있다는 사실을 염두에 둬야 한다.
3. 위대한 사람은 항상 겸손해질 준비가 되어 있다.
4. 진정한 천재는 자신이 아무것도 모른다는 사실을 인정하는 사람이다.
5. 내가 굳건히 고수하며 귀하게 여기는 세 가지가 있다. 첫 번째는

온화함이고, 두 번째는 검소함이며, 세 번째는 타인보다 나를 우선

시하지 않는 겸손함이다.

6. 사람은 자신이 잘못했다는 것을 부끄러워해서는 안 된다. 즉 어제

보다 오늘 더 현명해야 한다.

7. 자신을 꽁꽁 싸매고 있는 사람은 결국 아주 작은 꾸러미밖에 만들

지 못한다.

8. 겸손이야말로 모든 미덕을 일구는 견고한 토대다.[86]

　자기 평가와 동료 평가의 격차에서 알 수 있듯이 타인의 의견은 우리에게 귀중한 현실감을 제공한다. 우리는 모두 정기적으로 타인에게서 솔직한 피드백을 받아야 이득이 된다. 한편 우리는 더닝-크루거 효과라는 소용돌이에 갇힌 사람들에게도 도움을 주어야 한다. 하지만 성과가 저조한 사람들은 외부의 비판을 무시할 가능성이 크기에 요령 있게 접근해야 한다. 예를 들어 흡연자들은 돈 낭비라든가 암에 걸린다든가 하는 흡연의 단점을 상기시키면 방어적인 태도를 취하곤 한다. 그렇지만 먼저 그들의 친절한 성품을 칭찬해준다면 금연 캠페인에 더 마음을 열지도 모른다.[87] 요점은 사람들의 자기기만을 바로잡을 때, 그들의 자존감을 해치면서까지 지적해서는 안 된다는 것이다.[88]

　그러면 이미 세상을 떠난 현자들 외에 또 누가 우리에게 도움이 될까? 한 가지는 통계적이고 객관적인 현실에 기반한 살아 숨 쉬는 인구 집단인 여성을 활용하는 것이다. 여성은 남성보다 자신의 능력을 과소평가할 가능성이 더 크며, 때로는 자신의 강점을 간과하기도 한다.[89] 한 연구에 따르면 여성은 남성에 비해 정답을 맞힌 질문 수에서 13퍼센

트, 성과에서 17퍼센트나 자신을 낮게 평가하는 것으로 나타났다.[90] 이처럼 자기 자신을 의심하는 여성들의 특성은 종종 자신감 부족으로 오해받는다. 전통적인 동서양 사회에서는 이것이 여성에게만 나타나는 성별 특유의 약점이라는 고정관념이 존재했으며, 그로 인해 여성이 리더로 적합하지 않다는 잘못된 믿음이 널리 퍼져 있었다(셰익스피어의 희곡 『햄릿』에 나오는 유명한 대사, "약한 자여, 그대 이름은 여성일지니!"를 기억하는가?).

하지만 이러한 편견은 진실과 매우 거리가 멀다. 여성들이 자기 의심을 약간만 줄여도 더닝-크루거 효과의 희생양이 될 가능성은 현저히 낮아진다. 우리가 존경하는 현자들의 자질인 겸손과 겸허함, 회의주의는 여성이 현실을 더 객관적으로 인식하도록 하며, 이런 인식은 올바른 결정을 내리는 데 필수적이다. 우리는 이러한 자질을 리더의 약점이라기보다는 강점으로 여겨야 한다.

이러한 이론은 데이터에 의해 뒷받침된다. 1990년대 초, 미국 캘리포니아주는 공기업에서 여성을 이사회 중역으로 채용하도록 장려하기 시작했다. 이는 원래 성 평등을 촉진하기 위한 조치였다. 당시에도 몇몇 사람들은 회의적이었고, 몇몇은 성별을 정치적으로 이용하는 데 대해 불만을 품기도 했다. 하지만 얼마 지나지 않아 사람들은 이사회에 여성을 채용한 기업이 재정적으로 더 나은 성과를 내는 경향이 있음을 깨닫기 시작했다. '여성 중역의 미스터리'라 불릴 만한 현상이었다. 이것은 단지 우연이었을까?

최근의 메타 분석에 따르면 그 답은 '아니요'다. 이 분석은 열한 가지 지표를 통해 리더십의 유형을 기업의 재무 성과와 관련시켰다. 이 연구는 전반적으로 여성 리더십의 긍정적인 영향을 확인하는 동시에, 여성이 남성을 분명히 앞지르는 두 가지 특정 영역이 무엇인지 지적한다. 하나는 영업부이고 다른 하나는 이사회 중역 업무였다.[91] 하지만 여성 CEO들은 남성 CEO를 능가하지 못했다. 이유가 무엇일까? 여성들의 리더십이 갖는 강점은 집단적 의사 결정을 내릴 때 가장 두드러지는 것으로 보인다.[92] 반면에 CEO는 혼자서 모든 것을 지휘하고 결정해야 할 때가 많다. 이러한 리더 직책에서 여성도 남성 못지않게 유능하기는 하지만, 집단 내부에서 이들이 갖는 고유한 이점은 사라진다. 여성들은 이사회 같은 집단에서 일할 때 진가를 발휘한다. 그러니 여성 중역의 미스터리는 풀린 셈이다.

비록 여성 리더가 어떤 기준에서도 남성보다 뒤떨어지지는 않지만, 그런 이유로 여성 리더만 있으면 회사의 재정 상황을 개선할 수 있다고 성급하게 결론 내려서는 안 된다. 통계적 패턴이 기업의 개별적인 상황을 다 설명해주지는 못한다. 예컨대 여러분이 휴렛팩커드 관계자라면 최첨단 기술 회사를 이끈 최초의 여성 칼리 피오리나Carly Fiorina를 CEO로 앉힌 1999년의 결정을 후회할 것이다. 그녀는 중요한 결정에 대해 너무나 많이 잘못된 선택을 했기 때문에 리더십의 위기로 회사의 가치가 절반으로 떨어질 정도였다. 2005년에 그녀가 CEO에서 축출되고 나서야 고통은 사그라들었다.

한편 여성으로만 구성된 팀에서 일한다고 해서 성과가 더 좋아진다는 증거는 없다. 일단 자신감은 비즈니스에서 기민한 결단을 내리며 일을 처리하는 데 중요한 요소다. 이때 통계적으로 리더 집단에 남성과 여성이 섞여 있어야 가장 좋은 결과를 내는 것으로 보인다. 이렇게 하면 충분한 자신감을 가질 수 있으며 스스로 과신하지 않는다. 하지만 유감스럽게도 오늘날 포춘 500대 기업에서 CEO의 4퍼센트, 이사회 중역의 16퍼센트만이 여성이다.[93] 우리는 아직 여성들의 심리학적 이점을 충분히 활용하지 못하고 있다.

지금까지 우리는 다양한 생물 종을 통틀어 다양한 형태의 속임수와 부정행위에 대해 알아보았다. 이 모든 속임수는 '두 가지 법칙'을 통해 이루어진다. 하나는 의사소통에서 메시지를 위조하는 것이고 또 하나는 다른 동물의 인지적 허점을 이용하는 것으로, 각각 거짓말과 기만의 생물학적 근거다. 또한 우리는 인간의 속임수와 부정행위에 대해서도 그 다양성과 복잡성, 독창성에 중점을 두고 생물학적 세계라는 큰 그림 안에서 살펴보려 했다. 이제 슬슬 마무리해야 할 시점인데 아직 한 가지 중요한 질문에 답하지 못했다. 우리는 속임수와 부정행위에 어떻게 대응할 수 있을까?

8장

속임수와 함께 지혜롭게
살아가는 법

거짓말은 어디에나 존재한다. 우리 모두 거짓말을 하고, 해야만 한다.
−마크 트웨인Mark Twain

미국 시애틀의 유명한 재래시장인 파이크 플레이스 마켓은 항상 많은 인파로 북적인다. 해산물 가판대에는 넙치살을 저민 살코기가 반짝이고, 게가 집게발을 꿈틀대는 듯하다. 상인들은 해산물을 판매하면서 뱃사람들의 분위기와 재미를 더하기 위해 어부들의 구호를 흉내 낸다.

상쾌한 토요일 아침, 여러분은 분주하게 움직이는 군중에 섞여들었다. 완벽해 보이는 왕연어 한 마리가 여러분의 눈길을 사로잡는다. 당장 이 연어를 맛보지 못한다면 일생일대의 미식 경험을 놓칠 거라는 생각이 들 만큼 군침이 돈다. 여러분은 상인에게 가격을 묻는다.

"1파운드에 3.50달러입니다. 아, 아직 가격표를 붙이지 않았네요." 상인이 미소를 지으며 유혹하듯 눈을 반짝인다.

"뭐라고요?" 여러분은 도저히 믿을 수 없어 되묻는다. "시내에서는 파운드당 12.99달러에 팔리는데. 질도 훨씬 떨어지고요."

"그렇지 않아요." 상인이 반박한다. "연어가 잡힌 지 벌써 4시간이 지났어요." 상인은 꼬리를 가리킨다. "여기 보면 비늘이 좀 빠져 있죠. 어쨌든 전 파운드당 25센트만 벌어도 먹고사는 데는 충분합니다."

'저 사람은 정말 정직하구나.' 여러분이 속으로 생각한다. '저런 좋은 사람에게 부당한 대우를 할 수는 없어.' 그래서 여러분은 파운드당 12.99달러를 지불하겠다고 고집하지만, 상인은 여러분의 관대한 제안을 딱 잘라 거절한다. 가격에 대해 타협이 이루어지지 않았으니 거래는 거기서 끝났다.

좀 이상하게 느껴지는가? 이 예시는 비즈니스를 하는 사람들이 모두에게 완벽히 정직하며 속임수를 시도조차 하지 않는 세상을 보여준다(물론 현실 속 파이크 플레이스 마켓[미국의 재래시장]은 이런 비즈니스 유토피아와는 거리가 멀다).

우리가 거짓말과 속임수를 질색하는 만큼, 이러한 사고 실험은 사업적인 거래에서 부정행위가 어느 정도 필요하다는 근거를 제시한다. 이장에서는 부정행위와 속임수가 흔히 악명 높게 퍼져 있는 것과 달리, 실제로는 경제 활동과 사회생활에 필수적일 뿐 아니라 교육과 인지 발달에도 중요한 요소임을 살펴볼 것이다. 그러니 부정행위가 허용되어야 하는지 여부를 물을 필요는 없다. 문제는 어떤 종류의 부정행위가 허용될 수 있으며, 또 어떤 경우에 도덕적으로 정당화될 수 있는가 하는 점이다. 더 실용적인 관점에서 살펴보자면, 우리는 이렇게 거짓과 속임수가 가득한 세상에서 어떻게 살아남고, 나아가 잘 살아갈 수 있을까? 이 장에서는 이러한 어려운 질문에 대한 답을 모색해보려 한다.

시장에서는 양심이 아니라 이익만이 중요하다. 애덤 스미스Adam Smith는 『국부론』에서 이렇게 말했다. "우리가 한 끼의 저녁 식사를 들 수 있는 것은 정육점 주인, 양조업자, 제빵사의 자비 때문이 아니라 그들이 개인적인 이익을 추구하기 때문이다." 이익이라는 동기가 없다면 시장도, 그것을 둘러싼 경제 활동도 존재하지 않을 것이다. 그리고 적어도 경제학적 의미에서 우리는 석기 시대로 돌아갈 것이다. 애덤 스미스의 그 유명한 '보이지 않는 손', 즉 개인이 이익을 얻으려는 동기가 차단된다면 벌어질지도 모를 일이다.

비록 경제학 입문 강의에서는 가격이 수요와 공급에 따라 달라진다고 하지만, 협상을 통해 판매자는 가능한 높은 수익을 올리려 하고 구매자는 가능한 낮은 가격을 지불할 수 있다. 이것은 본질적으로 양측이 지속적인 이해관계의 충돌을 해결하고자 벌이는 전략 게임이다. 당연히 협상과 흥정 과정에는 더 나은 가격에 거래하기 위한 미묘한 허세와 노골적인 거짓말 같은 전술적 속임수가 널리 퍼져 있다. 사실 협상과 흥정은 비윤리적인 행동이 우글거리기 쉬운 온상이며 기만적인 조작으로 가득하다.[1] 그럼에도 심지어 바가지를 썼다고 느끼는 구매자조차 협상 과정 자체가 불공정하다고 여기는 경우는 거의 없다. 사람들이 각자 원하는 방식으로 가격에 대해 자유롭게 흥정할 수 있기에 '자유 시장'이라는 이름이 붙은 것이다.

협상은 거래를 성사시키는 과정에서 중요하다. 협상이란 한쪽 당사자가 필요한 수단을 동원해 다른 당사자를 한 수 앞서고자 하는 정신적

게임이다. 따라서 기민한 상황 판단이 바람직한 동시에 필수적이다. 여러분이 승리하려면 허세를 기반으로 하는 카드 게임과 마찬가지로 포커페이스가 필요하다. 포커 게임을 하면서 허세를 부리는 사람을 정직하지 않다고 비난해야 할까? 마찬가지로 2006년 구글이 유튜브를 인수할 때 양측은 협상 과정에서 가격표를 비밀에 부쳤다. 구글 임원들이 유튜브에 구글이 제시할 가격을 정직하게 말했다면 영업 비밀을 누설한 산업 스파이 혐의로 형사 기소되었을 것이다.[2] 이 경우 정직과 솔직함은 단순한 책임감의 수준이 아니라 불법인 셈이다.

여러분이 협상을 싫어하고 가격표에 붙은 대로 거래하는 것을 선호한다면 더 나은 가격으로 흥정할 기회가 사라진다. 예컨대 낚시 선착장에서 파운드당 3달러에 팔리는 연어든, 고급 레스토랑에서 파운드당 100달러에 팔리는 연어든 제시된 가격 그대로 받아들여야 한다. 다음의 극단적인 예를 들어보자. 2018년 9월 제약회사 노바티스가 항암제 킴리아를 시장에 내놓았을 때 책정한 가격은 치료제 하나당 37만 1,000달러였다(당시 환율로 계산하면 약 4억 2,000만 원이다—옮긴이). 이런 조치는 제약회사가 정직하지 않고 불공정하며 탐욕스럽다는 대중의 분노를 불러일으켰다. 하지만 노바티스는 면역 치료제를 개발하는 데 수십억 달러의 비용이 드는 데다 회사가 살아남기 위해서는 이윤을 창출해야 한다고 주장하며 이런 비판을 간단히 피해갔다. 회사의 생존과 경제적 불공평함 가운데 어디에 비난의 화살을 돌려야 할까?

모든 물품에 가격을 매긴 슈퍼마켓에서도 여전히 속임수는 발생한다. 사람들의 인지적 편향을 이용하기 위해 의도적으로 품목을 배치하는 경우가 많기 때문이다. 매장은 주변의 조명과 음악, 향기 등으로 감각을 자극해 사람들이 '쇼핑 경험을 즐기도록' 설계되었고, 이런 상술을 '사람들이 지갑을 열게 한다'는 얄팍한 수식어구로 가린다. 선반에 물건을 진열하는 미묘한 방식 또한 그렇다. 계산대 근처에 진열된 상품은 보통의 진열대에 놓인 동일한 상품보다 꽤 비쌀 수 있다. 결제를 기다리는 동안 편리하게 물건을 집어 드는 대가를 치르는 것이다. 또한 시리얼 상자는 아이들의 눈에 잘 띄어 엄마의 팔을 붙잡고 물품을 집을 수 있도록 일반 성인의 눈높이보다 낮은 진열대에 놓인다. 선반 진열 방식이 소비자에게 미치는 심리적 영향을 아는 제조업체는 자신의 제품이 어디에 배치되기를 바라는지 매장과 협상하기도 한다.

간단히 말해서 마케팅은 심리학적 요인을 중시하며 프레이밍, 닻 내림 효과, 손실 회피 등 소비자의 인지적 편향을 이용하는 경우가 많다. 행동경제학자 리처드 탈러Richard Thaler와 법학자 캐스 선스타인Cass Sunstein은 앞서 얘기한 매장 내 마케팅과 비슷한 사례들을 통틀어 '넛지'라는 용어로 설명한다.[3] 넛지는 우리의 마음 상태를 유도해 조작자가 원하는 결정을 내리도록 하는 인지적인 조종술이다. 이를 위해 마케터들은 소비자의 뇌 반응 패턴을 참고해 제품을 설계하고 광고하는 등 최첨단 신경 영상 연구에 큰 관심을 보이고 있다.

이렇듯 우리의 감각을 속이거나 인지적 편향성을 이용하는 마케팅 전략은 명백한 속임수다. 하지만 우리는 이를 별말 없이 받아들이는 경향이 있다. 우리에게 마케팅이 실제로 작동하는 방식에 대한 통제권이라도 있는 걸까? 이런 사례가 속임수라는 사실 자체가 중요하기는 할까?

인간의 행동은 법적 힘과 도덕적 힘이라는 두 가지 통제력의 영향을 받는다. 하지만 이 두 가지 힘이 반드시 동일한 결과로 이어지지는 않는다. 사람들은 완전히 합법적이면서도 완전히 비도덕적인 방식으로 행동할 수 있다. 애덤 스미스가 묘사했던 완전히 규제되지 않는 자유 시장에는 도덕 관념이 존재하지 않는다. 생산자와 판매자가 상품과 서비스를 시장에 내놓도록 동기를 부여하는 것은 경제적 이윤이다. 동시에 시장은 이들이 기만적인 속임수에 의존할 유인을 제공한다. 그런 만큼 시장에 전략적인 부정행위가 만연해 있다는 사실은 전혀 놀랄 일이 아니다. 사실 돈이 더 많이 걸려 있을수록 협상에서 기만적인 계략이 사용될 가능성도 커진다.[4] 중국 옛말에는 시장 거래와 관련해 "상인 중에 믿을 만한 사람은 하나도 없다"는 독설도 있다. 이렇게 냉소적인 시각까지는 아니더라도, 시장에서 모든 사람이 자애롭고 윤리적이며 정직하게 행동할 것이라 가정하는 것은 순진하다고 할 법하다.

실제로 시장은 무엇이 합법이고 무엇이 불법인지만 가린다. 여기서 도덕은 아무런 역할을 하지 않는다. 자유방임주의자인 경제학자 밀턴 프리드먼Milton Friedman에 따르면 기업이 할 일은 "법에 구현된 규칙과 윤리적 관습 규범을 준수하면서 가능한 많은 돈을 버는 것"뿐이다.[5] 여기서 "윤리적 관습"이란 구속력 있는 규칙 없이 특정 산업에서 행해지는 규범적인 관행을 뜻한다. 아무리 기만적인 속임수라고 해도 법의 테두리 안에 머무르는 한 비즈니스 게임의 일부로 정당화된다.

최근 수십 년 동안 비즈니스나 마케팅 분야에서 윤리는 점점 더 큰 이슈가 되었지만 가격 책정이나 협상의 관행으로 확장되지는 않았다. 오늘날 마케팅 윤리에서는 제품 성분을 표기할 때 인체의 건강, 환경적 영향, 재정 문제, 개인정보 보호, 보안에 미칠 잠재적 위험을 얼마나 투명하게 밝히는지에 대한 문제가 큰 화두다.[6] 하지만 광고주로서는 진실한 정보만 제공하면 될 뿐이다. 다시 말해 속임수의 제1법칙을 이용해 거짓말을 해서는 안 된다. 그렇지만 이런 논리는 여전히 광고주들이 기만적인 수법인 제2법칙을 활용해 속임수를 쓸 여지를 열어둔다. 이런 두 번째 범주에 속하면서 가장 논란이 되는 마케팅 전략으로는(몇몇 국가에서는 법에 저촉되기도 한다) 온라인 경매 사이트에 물건을 올려놓고 다른 아이디로 입찰가를 높이는 실링, 미끼 상술, 피라미드 사기, 바이럴 마케팅이 있다. 이런 전략은 부풀린 언어 표현이나 매력적인 디자인으로 소비자의 인지적 허점을 악용하거나, 문화적인 유행을 부추겨 사람들이 상품을 소비하도록 강요한다.[7]

요약하면 판매자는 제품이나 서비스에 대해 설명할 때 절대 사실 그대로의 부정적인 표현을 사용하지 않는다. 예컨대 이들은 "이 제품에는 몸에 나쁜 지방이 5퍼센트 포함되어 있다"라거나 "이 투자 기회가 당신을 파산시킬 수도 있다"라고는 절대 입 밖에 내지 않는다. 물론 법에 따라 제조업체는 소비자에게 제품의 잠재적 위험을 경고하는 라벨을 추가한다(예컨대 담배에 붙은 경고 라벨). 하지만 이들 제조업체는 눈에 보이지도 않을 만큼 작은 글자로 제품 포장지의 잘 보이지 않는 곳에 이런 설명을 적어 넣어 아주 꼼꼼한 소비자들만 읽도록 한다. 그렇기에 비즈니스 세계에서는 정직성과 진실성이 존재한다 해도 기존의 규범과 표준 관행을 겨우 지키는 정도로 상대적일 뿐이다.

이러한 사례들은 도덕적 무법지대로 우리를 이끄는 듯하다. 그리고 우리는 여러 실용적인 딜레마에 직면하게 된다. 부정행위 없는 사회에서 살 수 있을까? 특정한 거짓말과 속임수는 사회에서 허락되는 게 아닐까? 그렇다면 어떤 종류의 속임수가 허용될까? 마지막으로, 어떻게 해야 부정행위를 감수하면서도 이런 상황을 최대한 극복할 수 있을까?

✗

우리가 항상 거짓말하지 않고 솔직해진다면 과연 좋을까? 꼭 그런 것만은 아니다. 중국의 작가이자 사회 비평가 루쉰魯迅은 1925년에 발표한 짧은 에세이 『선언』을 통해 한 가족이 갓난 아들의 생후 100일을 기념해 아이에게 동네 곳곳을 보여주는 장면을 묘사한다. 경사스러운 행사가 열리는 동안 손님으로 온 한 남자가 "이 소년은 미래에 큰 재산을 모을 것"이라 선언한다. 첫 번째 남자는 가족으로부터 깊은 감사를 받는다. 두 번째 남자는 "소년은 미래에 고위 관리가 될 것"이라고 외친다. 그도 큰 감사를 받는다. 그러자 세 번째 남자가 "소년은 미래에 죽을 것"이라고 중얼댄다. 즉시 비난과 욕설이 날아오고 사람들이 남자를 구타한다.

물론 부자가 되거나 정부 조직의 정점에 오르는 일이 아이의 미래에 일어날 가능성은 낮다(루쉰이 글을 쓸 당시 중국에서는 특히 그랬다). 둘 다 거짓말에 가까운 칭찬이다. 이에 비하면 미래의 죽음은 모두에게 닥칠 불가피한 사건이다. 그럼에도 진실을 말하는 사람은 사회성이 떨어지고 악의를 품었다고 여겨지는 반면, 두 명의 아첨하는 거짓말쟁이는 좋은 뜻에서 친절하게 말했다고 간주되어 사회적인 보상을 받는다.

여러분이 이런 상황에 놓이면 어떻게 할 것인가? 사회적 무례를 저지르지 않으면서 거짓말을 하지 않으려면 이렇게 얼버무려야 한다. "와, 얘 좀 봐! 정말…… 대단해요! 하하!" 하지만 모호한 '와' 또는 '하하'로 변죽을 울린다 한들 실례를 범할 두려움에 진실을 말하지 않고 있기에 정직하다고 할 수 없다. 바꿔 말하면 여러분은 위선자다. 이 사례를 통해 알 수 있는 사실은, 어떤 상황에서는 정직하면서 동시에 우아한 대처법이 없다는 것이다.

이 이야기는 정직한 사람이 오히려 벌을 받고, 거짓말('선의의 하얀 거짓말')을 한 사람이 보상과 격려를 받으며 사회적으로 적절하다고 여겨지는 흔한 시나리오를 보여준다. 오늘날 우리가 살아가는 세상 또한 한 세기 전 루쉰 때와 다를 바 없다. 공자나 소크라테스 시대에도 아마 다르지 않았을 것이다. 이러한 부정행위가 없는 사회를 상상할 수 있는가? 우리는 사실과 다소 어긋나더라도, 타인의 기분을 상하지 않게 하려고 선의의 거짓말을 곁들여 예쁜 말을 한다. 이런 사회적 기술이 결여되어 거짓말을 하지 못하는 사람은 무례하거나 사회성이 부족한 존재로 인식된다.

루쉰의 이야기는 내가 '정직의 위험성'이라 부르는 현상의 전형적인 예다. 정직은 의사소통 측면에서 명확하게 정의되기도 하지만, 동시에 공동체나 문화에 따라 달라지는 사회적 규범이기도 하다. 즉 사회에서 정직은 개인의 윤리적 행동이나 도덕적 신념이라는 고정된 체계라기보다는 지역 사회의 관습, 관례, 기준에 더 가깝다. 예를 들어 미국 사회에서는 워싱턴("거짓말을 할 수는 없다"라 말해서 유명한)이든 트럼프("할 수 있다면 진실을 말하겠다"고 말하는)든 대다수 시민이 실천하는 규범과 조화를 이루는 것 같지 않다. 1장에 등장한 소크라테스도 마찬가지다. 소크라테스는 사회에서 신뢰와 정직을 드높이는 모범을 보이고자 자신의 인생을 활용하려는 의도가 있었을지도 모른다. 실제로 소크라테스는 아테네인들이 받아들이지도, 인정하지도 않는 하나의 개인적인 도덕적 기준을 지키기 위해 목숨을 버렸다.[8] 소크라테스는 생명을 잃고 세상은 위대한 인물을 너무 빨리 잃었다. 이중의 비극인 셈이다!

온갖 약점이 나열된 이력서를 보내 입사 지원을 하는 경우도 마찬가지다. 비록 정직한 이력서이지만 개인의 도덕적 기준과 사회적 규범을 혼동했기 때문에 지원하는 모든 곳에서 줄줄이 거절당할 것이다. 자신을 과소평가했을 뿐 아니라 잘못된 방식으로 자신을 팔고 있다. 그렇게 되면 여러분은 정직의 위험에 빠진다. 즉 사회는 어떠한 정직의 기준을 지키고 어떤 기준을 버려야 하는지 판단하는 데 나름대로 생각이 있는 듯하다.[9]

'위험'이라는 단어가 말해주듯 정직은 재앙이 될 수 있다. 여러분이 잘생긴 남편과 결혼한 지 15년 된 중산층 가정의 아내라고 상상해보라. 어느 날 저녁, 남편이 격식을 차린 공적인 행사에 참석하고자 한다. 20분 동안 세심하게 몸단장하고 정장을 입은 남편은 "여보, 나 괜찮아요?"라고 묻는다. 남편은 평소처럼 아내가 "좋아요!"라고 대답하기를 기대한다. 하지만 그 순간 여러분은 더 이상 선의의 거짓말을 하고 싶지 않다. 그래서 용기 내어 정직하게 "오, 그냥 그래요"라고 대답하고는 "당신은 대머리에 뚱뚱하잖아요. 당신에 비하면 옆집 이웃인 잭은 몸이 탄탄하죠. 내 직장 상사는 방금 새 콜벳 자가용을 샀고요"라고 말한다. 여러분과 남편은 이것이 진실이라는 사실을 잘 알고 있지만, 이는 두 사람 모두에게 도움이 되지 않는다. 친구나 친척에게도 똑같이 '정직한' 대사를 날린다면 여러분은 그야말로 사회적으로 버림받을 것이다. 단순히 사회 부적응자나 별난 사람 취급을 받는다면 운이 좋을 정도다.

이 사례는 가상의 꾸며낸 시나리오다. 하지만 2018년에 BBC는 이 시나리오를 사람들에게 주고 실제로 수행해보기로 했다. 다큐멘터리 「거짓말 없이 일주일 살기: 정직 실험」에서는 직업이 성직자, 유튜버, 광고회사 임원인 참가자 3명을 섭외해 정해진 기간에 선의의 거짓말을 포함해 어떤 거짓말도 할 수 없는 실험에 참여시켰다. 처음에 참가자들은 기꺼이 테스트에 응했지만, 곧 완벽하게 정직한 삶을 사는 것이 얼마나 힘들고 고된 일인지 알게 되었다. 한 사람은 타인과 아예 말을 섞지 않으려고 병가를 내기까지 했다.

BBC의 실험은 우리가 사회생활을 하는 데 있어서 정직하기만 하다면 위험할 수 있음을 시사한다. 남에게 공감하고 지지하며 악의가 없다는 것을 알리는 선의의 거짓말을 하지 않으면, 우리는 타인의 감정과 안녕에 거의 신경 쓰지 않는 소시오패스처럼 보일 것이다. 이는 정직이란 진실을 있는 그대로 전부 말하는 방식이 아니며 사회 속에서 살아가는 우리의 특성을 반영해야 한다는 점을 다시금 알려준다.

🦶

정직의 위험성은 우리가 사회생활을 영위할 때 속임수가 어느 정도 필요하다는 사실을 암시한다. 여러분이 법률 대리인을 구하러 법률 사무소에 갔다가 티셔츠에 슬리퍼 차림의 변호사를 만났다면 그를 고용하고 싶겠는가? 변호사가 잠옷을 입고 법정에 나타났다면 판사와 배심원단은 어떻게 생각할까? 은행가, 금융 컨설턴트, 회사 임원 같은 비즈니스 전문가에게도 같은 원리가 적용된다. 이들이 어떻게든 길거리의 평범한 사람들과 자신을 구별 짓지 않으면 성공한 사람들로 보이지 않을 것이다. 투자 전문가가 덥수룩하게 헝클어진 머리에 낡은 청바지를 입고 낡은 자동차를 몬다면 어떨까? 과연 스스로 자신감이 생길까? 평생 모은 저축을 맡길 만큼 이런 사람을 신뢰할 수 있을까?

　우리는 종종 사람들이 피상적인 겉모습만으로 내면을 판단한다고 불평한다. 하지만 현실적으로 현대인들은 서로의 평판을 직접적으로 알 수 있는 밀접한 공동체에서 살고 있지 않다. 오늘날의 개방된 사회, 특히 대도시에서는 사람들이 끊임없이 오간다. 앞서 살펴본 '던바의 수'는 우리가 수백 명 넘는 사람들을 일일이 추적할 수 없다는 사실을 보여준다. 우리는 여러 다양한 이유로 끊임없이 낯선 이를 상대해야 한다. 사람들은 서로를 알아갈 시간이나 기회가 부족하기 때문에 성급한 판단을 내릴 수밖에 없다. 당장 이 자리에서 결정을 내려야 하는 경우도 많다. 겉표지만 보고 책의 내용을 판단하는 방식은 정확성을 담보하지 못하지만, 재빨리 결정해야 할 때 다른 선택지가 없다면 표지 디자인이 마음에 드는 책을 고르는 것이 인지상정이다. 여기서 중요한 교훈은 다음과 같다. 얼마나 좋은 책인지 판단할 방법이 없는 상황에서는 표지가 중요한 법이다. 이런 이유로 오늘날 책이나 와인, 샴푸를 비롯한 상품 마케팅에서는 패키지 디자인이 매우 중요하다.

　결국 빠르게 변화하는 현대 사회에서는 첫인상이 매우 중요해진다. 우리가 의식하든 그렇지 않든, 공공장소에서의 옷차림과 외모 가꾸기는 타인에게 잘 보이기 위한 경우가 많다. 이를 위해 우리는 시간과 돈, 본인의 편안함을 희생한다. 헤어스타일, 옷, 신발, 향수, 자동차까지, 어느 정도는 다 그런 의도가 담겨 있다. 여성이라면 적당한 높이의 하이

힐을 신어도 걷기가 무척 힘들지만 어쩔 수 없다. 이처럼 내가 아닌 다른 사람인 척하는 다양한 사회적 위장은 사회에서 살아남는 데 필수적인 요소다.[10] 그렇기에 우리는 전문가라면 어떻게 차려입고 행동해야 하는지에 대한 고정관념을 가지고 있으며, 데이트를 하거나 공적인 행사에 참석할 때면 외모를 신경 써서 단장한다. 그리고 밖으로 드러낸 겉모습의 진정성을 타인에게 인정받고자 과시적인 소비에 의존한다. 앞서 4장에서 살펴본 진화적 원리처럼 정직한 정보를 전달하기 위해 스스로를 어느 정도 희생한다.

최고로 유명하고 부유한 사람들조차 위장과 가식에서 자유롭지 못하다. 제프 베이조스Jeff Bezos, 일론 머스크Elon Musk 같은 기업인이나 자기 분야에서 정점을 찍은 스포츠 스타, 영화배우들도 아르마니 정장을 입든 리바이스 청바지를 입든, 벤츠를 몰든 쉐보레를 몰든 아무런 차이를 느끼지 못할 수 있다. 다만 이들은 대중의 눈을 피하려는 또 다른 목적, 즉 비밀스러운 회동이나 성격적 약점, 불행한 가정사, 의심스러운 사업 거래를 감추려는 경우가 많다.

우리가 겉으로 드러나는 이미지를 개선하면 신체, 기술, 지적 능력, 사회경제적 지위 측면의 약점이 가려진다. 동서양 사회 모두에서 여성들은 타고난 외모를 더 돋보이게 하기 위해 일상적으로 화장을 한다. 그러면 매끄럽고 혈색 도는 피부, 더욱 큼직한 눈, 붉은 입술이 완성된다. 또한 신체의 굴곡을 더 매력적으로 보이게 하는 상의를 입고 다리를 강조하는 스타킹이나 청바지를 입으며, 허리와 엉덩이 비율을 강조해서 드러내는 벨트를 착용한다. 서울이나 광저우처럼 치열한 경쟁 속에서 외모를 가꾸어 타인에게 잘 보여야 한다는 압박이 큰 아시아 도시

에서는 남성들 역시 조금씩 화장을 하는 것으로 알려져 있다.[11]

사람들이 외부에 드러나는 자신의 외모에 신경 쓰지 않는다면 세상은 어떻게 달라질까? 논리적으로 생각해보면 다들 따뜻함과 편안함을 위해 옷을 입을 것이다. 화장도, 비즈니스용 옷차림도, 웨딩드레스나 턱시도도, 매니큐어도, 미용도 없어질 것이다. 패션과 퍼스널케어 산업, 특히 고급 미용 산업은 사라질 게 분명하다. 예로부터 이어져온 패션과 취향, 유행과 함께, 소수를 위한 맞춤복을 제작하는 오트쿠튀르 업계는 결국 존재 이유를 잃게 될 것이다. 어떤 종류의 거짓말과 속임수는 불가피한 동시에 우리 경제와 문화에 필수적이다.

속임수와 부정행위는 문학의 근간이기도 하다. 소설은 현실에 단단히 뿌리내리기는 했지만, 일단은 지어낸 이야기다. 회고록이나 자서전, 서사 논픽션도 마찬가지다. 대부분은 이야기를 끌고 가기 위해 매력적으로 꾸며내지만, 현실과는 거리가 있는 세부 사항들로 넘쳐난다. 심지어 사실에 기반한 논픽션에도 가짜 정보가 포함될 수 있다. 『티핑포인트』, 『블링크』, 『아웃라이어』 같은 베스트셀러를 연달아 발표하며 현시대의 가장 인기 있는 논픽션 작가로 손꼽히는 말콤 글래드웰Malcolm Gladwell도 예외가 아니다. 심리학자 크리스토퍼 차브리스Christopher Chabris는 글래드웰이 여러 연구 논문 가운데 입맛에 맞는 결과를 골라서 활용한다는 사실을 알게 된 후 이런 질문을 던졌다. "진실에 대한 충실성을 더 요구하는 윤리 감각이란 존재하지 않는 걸까?"[12] 그러자 글래드웰은 다음과 같이 반박했다. "차브리스는 진정할 필요가 있다. 나는 단지 사회과학과 관련한 글쓰기가 전부 학계에서 그렇게 하듯 엄정하고 격식을 차려 이루어질 필요는 없다는 말을 하고 싶다. 그런 엉망 진창 속에 스토리텔링이 들어갈 자리가 마련되어 있다."[13]

이야기나 플롯은 그것이 현실이든, 반쯤 현실이든, 완전히 꾸며낸 것이든 우리에게 감정과 주관적인 경험을 불러일으킨다. 이것이 없다면 우리의 지적인 생활은 엄청나게 빈약해질 것이다. 그렇기 때문에 우리는 시, 소설, 희곡을 비롯한 다양한 문학 형식에 담긴 창의성과 상상력을 중요하게 여긴다. 동화나 종교적인 이야기도 마찬가지다. 모든 글쓰기가 건조한 사실의 영역에만 머물러야 한다면, 그 자리에는 연감, 연대기, 학술 연구 논문만 남고 이 가운데 무엇도 문학의 자격이 없을 것이다.

착각과 기만, 심지어 의도적으로 방향을 트는 행동은 그림, 음악, 영화, 텔레비전 프로그램, 비디오 게임 같은 예술적인 분야의 핵심 요소다. 이 모든 요소는 시각적 이미지, 음향 효과, 가상현실을 통해 우리 삶과 이색적인 경험에 대한 새로운 관점을 제공한다. 예를 들어 영화 스크린이나 텔레비전 화면, 컴퓨터 모니터는 모두 일련의 정지된 이미지를 연결해 연속적인 실제 움직임인 것처럼 우리의 눈을 속인다. 이 요소들은 이제 우리 삶의 필수적인 일부가 되었기에, 이런 이미지가 사라진다면 우리는 충분히 정보를 제공받지 못하거나 문명과 동떨어진 느낌, 최소한 세련되지 못한 느낌을 받을 수 있다.

속임수와 부정행위는 우리의 경제적, 지적, 예술적, 사회적 삶의 여러 측면을 뒷받침하며 심지어 도덕적 가치를 정의하는 데도 도움이 된다. 거짓말과 속임수가 없다면 누가 정직에 관심을 가질까? 배신이 없다면 누가 지속적인 우정에 가치를 둘까? 불륜이 없다면 평생에 걸친

사랑에 대한 감동이 줄어들지 않을까? 부정행위가 없다면 진실과 신뢰의 근간이 되는 충실성, 충성심, 품위, 존중, 높은 평판을 비롯한 덕목을 키우는 것이 무슨 의미가 있을까?

𝄇

비록 우리는 부정행위를 싫어할 수 있지만, 인지하든 그렇지 못하든 <u>스스로</u> 부정행위에 의존하는 경우가 많다. 진실과 신뢰를 위해 목숨을 희생한 소크라테스였지만 이런 현실에 환멸을 느끼지 않았다. 소크라테스는 이렇게 고백한 적이 있다. "이 세상에서 명예롭게 살기 위한 가장 좋은 방법은 무엇인가로 가장한 채 사는 것이다."

명예, 존엄성, 미덕과 달리 부정행위는 더 실용적인 이유로 불가피하다. 부정행위는 그것을 이용하는 동시에 방어하기 위한 전략적 선택지다.[14] 철학자이자 작가인 데이비드 리빙스턴 스미스David Livingstone Smith가 『우리는 왜 거짓말하는가』에서 속임수와 부정행위를 "인간 본성의 신데렐라"라고 부르는 것도 이런 의미에서다. 스미스는 이렇게 설명한다.

> 속임수는 정상적이고 자연스러우며 어디든 존재한다. 많은 사람이 생각하듯 그것을 정신 질환이나 도덕적 실패로 환원하는 것은 불가능하다. 인간 사회는 '거짓말과 속임수의 네트워크'에 다름 아니며 정직한 것들이 너무 많아지면 오히려 그 무게 때문에 무너질 수 있다. 우리 부모님이 들려준 동화부터 정부의 선전 문구와 캠페인까지, 인간은 가식과 거짓에 둘러싸여 평생을 보낸다.[15]

부정행위는 사회적 지능의 필수적인 일부이기에 정부나 기업, 학교, 군대에서는 부정행위와 속임수 없이 성공하기 힘들 수도 있다. 사회적 교류에서 정직함만으로는 인간관계를 쌓고 유지하기에 턱없이 부족한 경우가 많다. 우리는 선한 의도를 빠르고 효율적으로 전달해야 하는데, 그러려면 종종 긍정적인 태도, 완곡한 표현, 선의의 거짓말이 필요하다. 우리가 타인에게 진심이 담긴 정보를 전달하기 위해 부정직한 도구에 의존해야 한다는 것은 정말 아이러니한 일이다.

또 하나 중요한 점은, 부정행위가 우리가 사기의 희생양이 되지 않도록 인지적 예리함을 길러준다는 사실이다. 정신적으로 예민한 사람은 타인의 표정이나 대화 스타일, 몸짓 언어를 읽어 거짓말을 알아차릴 가능성이 높다. 반면에 인지 능력이 다소 떨어지는 사람들은 사기와 속임수에 더 취약하다. 그렇지만 연구에 따르면 일반인들은 속임수를 탐지하는 데 능숙하지 않으며, 동전 던지기보다 조금 더 잘하는 정도다. 그래도 훈련과 경험을 쌓으면 탐지 능력을 기를 수 있다. 그래서 경찰관이나 임상 심리학자, 비밀 요원 같은 전문가들은 거짓말과 속임수를 탐지하는 능력이 보통 사람보다 훨씬 뛰어나다.[16]

부정행위가 인간의 정신적·사회적 발달에 필수적인 이유도 이와 관련이 있다. 연구자들에 따르면 속임수와 부정행위는 따로 배우지 않아도 나타나는 본능이다. 나는 아들이 생후 6개월밖에 되지 않았을 때 가짜로 우는 척했다는 사실을 알고 충격을 받았다. 하지만 심리학자들에게 이런 일화는 그다지 놀랄 만한 일이 아니다. 나이가 두 살 반인 아이 중 3분의 2가 1시간에 최소 1번은 속임수를 사용한다는 사실이 알려져 있기 때문이다. 이 나이대 아이들은 주로 자신을 위해 거짓말을 하는데, 특히 처벌을 피하고 싶은 것이 주된 동기다. 그러다 나이 들어 성장하면서, 속임수의 본질은 이기적인 목적에서 타인을 배려하는 목적으로 바뀌기 시작한다. 5세가 되면 아이들은 이미 다른 사람의 감정을 상처 주지 않으려고 선의의 거짓말을 할 수 있다.[17] 중국의 한 연구에 따르면 7세 어린이의 40퍼센트, 9세 어린이의 50퍼센트, 11세 어린이의 60퍼센트가 친사회적 거짓말을 하는 것으로 밝혀졌다.[18]

심리학자 빅토리아 탈와르Victoria Talwar와 동료들에 따르면 아이들의 거짓말 기술은 세 단계를 거쳐 발전한다. 먼저 아이가 두세 살이 되면 거짓된 진술, 즉 일차적인 거짓말을 할 수 있다. 이러한 거짓말은 주로 규칙을 어긴 데 따른 벌을 피하기 위한 목적이 있다. 그러다 서너 살이 되면 아이들 대부분은 자신의 잘못을 감추기 위한 거짓말을 할 수 있다. 이러한 거짓말은 위반 사실을 감추기 위해 사용되므로 '이차적 거짓말'이라 불린다. 마지막으로 일고여덟 살쯤 되면 아이들은 거짓말에 매우 능숙해져서 삼차 거짓말까지 할 수 있다. 즉 거짓말에 대해 거짓말이 가능하다. 논리적으로 일관된 거짓말의 사슬을 구축하는 것이다. 그렇게 되면 그것이 거짓인지 아닌지를 구분하기가 쉽지 않다.[19] 이때부터 아이들은 살아가는 요령을 터득하고 어른들의 세계에 동화되며, 타인의 감정을 파악해서 대인 관계에 따른 복잡한 문제를 해결하는 기술을 습득한다.

이렇듯 자신과 타인의 관점을 구분하고 상대의 마음을 읽는 인지 능력은 거짓말을 잘하는 것뿐 아니라 거짓말을 탐지하는 데도 필요하다. 그렇기에 당연히 아이들의 신체적·정신적 발달과 건강은 거짓말하는 능력과 양의 상관관계를 가진다.[20] 5장에서 살펴본 것처럼 똑똑한 아이들은 거짓말할 가능성이 더 높을 뿐만 아니라 거짓말을 능숙하게 하고, 이를 간파하는 능력도 뛰어나다. 이는 작업 기억, 인지적 유연성, 억제 조절 능력 등 뇌의 실행 기능이 더 좋기 때문이다.[21] 이에 비해 자폐 아동은 거짓말을 하거나 남의 거짓말을 탐지하는 데 어려움을 겪는 경우가 많다.[22]

속임수와 속임수 탐지 기술은 사회적 생존에 필수적인 만큼, 아이들은 이 기술을 오랜 기간에 걸쳐 열심히 학습해야 한다. 까꿍 놀이, 숨바꼭질, 카드 마술, '거짓말쟁이의 주사위' 게임 등 어린이들이 즐기는 다양한 놀이가 이런 능력을 기르는 데 도움이 된다. 이 중 몇몇은 놀리기, 가장하기, 숨기기, 상대의 집중을 흐트러뜨리기처럼 속임수 탐지 기술을 배우며 갈고닦는 데 사용된다.[23] 또한 거짓말은 아이들이 단어와 문장의 의미, 어조, 사회적 맥락을 표현하고 분별하는 언어 기술을 개발하는 데 도움이 된다. 이러한 이유로 몇몇 연구자들은 인류 역사에서 언어가 갈수록 정교해지는 데 거짓말이 큰 영향을 미친다고 생각한다.[24]

현대 사회에서 아이들은 부모와 양육자, 교사의 도움을 받아 어른들의 세계에서 성공적으로 살아가는 데 필요한 속임수와 속임수 탐지 기술을 익힌다. 아이들은 보통 사고력과 판단력이 생기자마자 거짓말을 언제, 어떻게 해야 하는지를 배우기 시작한다. 대부분은 친사회적인 선의의 거짓말을 하도록 격려받으며 반사회적인 거짓말을 하면 훈육을 받는다. 아이들은 어떤 부정행위가 허용되고 어떤 것이 허용되지 않는지를 배우며, 점차 옳고 그름에 대한 도덕관념을 확립해간다. 반면 이러한 사회·인지적 기술이나 윤리 규범을 배우지 못한 아이들은 성인이 된 뒤 사회에서 부적응 행동을 보일 수 있다.[25]

속임수는 인간 사회에서 살아가는 데 반드시 필요하며, 불가피한 요소다. 하지만 최고로 똑똑한 영장류인 인류는 마땅히 해야 하는 일이 무엇인지에 대해 더 깊이 생각해왔다. 속임수를 쓰는 것이 도덕적으로 옳을까? 이 질문에 답하기 전에 먼저 다음 상황을 살펴보자.

폭풍우가 몰아치는 어두운 밤, 여러분은 아늑한 집 벽난로 앞에서 친구와 대화를 나누고 있다. 텔레비전에서는 살인 행각을 벌이고 달아난 범죄자에 대한 경고가 흘러나온다. 그때 초인종이 울린다. 방문자가 누구인지 확인하려고 유리 문 너머를 살피자 한 남자가 보인다. 바로 방금 텔레비전에 나왔던 범죄자다. 그는 친구가 집 안에 있는지 묻는다. 이 살인범에게 친구의 소재에 대해 거짓말을 할 것인가, 말 것인가?

이 이야기는 18세기 철학자 이마누엘 칸트Immanuel Kant가 「이타적인 동기에서 거짓말할 권리에 관하여」라는 글에서 제기한 딜레마를 현대적으로 재구성한 내용이다.[26] 사람들 대부분은 이런 경우에 거짓말을 선택한다. 하지만 칸트는 거짓말을 하면 안 된다고 주장한다. 왜 그럴까? 이것은 철학자 제이컵 와인리브Jacob Weinrib가 정리한 세 가지 이유 때문이다. 즉 거짓말은 "권리의 근원을 변질시키며", "진실성의 의무를 위반하고", "계약의 효력을 훼손한다."[27] 칸트의 말을 빌리자면 "진실성은 계약에 기반한 모든 의무의 근거로 간주되어야 하는 하나의 의무다." 그리고 이것은 "편법이 없는 신성하고 절대적인 이성의 명령"이다. 다시 말해 진실을 말하는 것은 예외를 허용하지 않는 "본질적인 의무"다. 우리가 진실만을 말해야 하는 이유에 대해 칸트는 다음과 같이 말했다. "거짓말은 항상 타인에게 해를 끼친다. 특정 개인이 아니라 해도 여전히 인류에게 해를 끼칠 수 있다. 법과 규칙 자체의 근원을 해치기 때문이다."[28] 즉 칸트의 '정언 명령'에 따르면 도덕은 법을 준수하기보다는 의무에 주의를 기울이는 것이다.[29] 따라서 진실을 말하는 것이 친구의 목숨을 지키는 것보다 더 중요하다.[30]

하지만 이러한 칸트의 추론은 사실 거부감을 준다. '정직의 위험성' 스펙트럼 가운데서도 가장 나쁜 유형이다. 거짓말을 하지 않고 진실(그것이 무엇이든)에 충실하겠다고 친구를 죽음으로 내모는 사람이 누가 있겠는가. 엄밀하게 사고하는 것으로 유명했던 이 위대한 철학자는 대체 무슨 생각일까? 이 질문에 대한 답은 다음과 같다. 칸트는 법적인 관점과 윤리적 관점을 뒤섞었다.[31] 최소한 기술적 영역과 규범적 영역이라는 두 영역을 명확하게 구분하는 데 실패했다. 법정에서 우리가 행동하는 방식은 일상생활과는 상당히 다를 수 있기 때문이다.

칸트가 해결하지 못한 질문에 대해서는 그와 동시대에 살았던 프랑스 철학자 뱅자맹 콩스탕Benjamin Constant이 답했다. 콩스탕은 권리와 의무가 서로 얽혀 있다는 사실을 알아차렸다. "누구도 타인에게 해를 끼치는 진실을 추구할 권리가 없기에 살인자는 진실에 대한 권리가 없다. 따라서 당신은 살인자에게 진실해야 할 의무에 얽매이지 않아도 된다." 이어서 이렇게 말한다.

진실을 말하는 것은 의무의 영역이다.…… 하지만 의무의 개념은 권리의 개념과 분리할 수 없다. 의무와 권리는 동전의 양면이다. 권리가 없는 곳에는 의무도 없다. 따라서 진실을 말하는 것은 의무지만,

그것은 진실에 대한 권리가 있는 사람에게만 해당한다. 타인에게 해를 끼치는 진실에 대한 권리는 누구에게도 없다.[32]

의무와 권리의 상관성 논지는 오늘날 과거의 유물로 취급되며, 콩스탕과 칸트 모두 살인범에게 거짓말을 하는 것이 진짜 거짓말은 아니라는 데 동의한다.[33] 그렇지만 이러한 접근 방식은 딜레마를 해결하기보다는 더 많은 문제를 낳는다. 살인범에게 거짓말하는 것이 진짜 거짓말이 아니라면, 훗날 살인범이 될 친구에게 거짓말하는 것은 어떨까? 당신의 정보를 이용해 악의적인 소문을 퍼뜨릴 가능성이 큰 사람에게 거짓말하는 것은 어떨까? 이것은 거짓말인가, 아닌가?

이 두 질문은 칸트의 절대적 정직성을 일상생활의 도덕적 지침에 적용했을 때 예상 가능한 문제의 몇 가지 예일 뿐이다. 거짓말을 허용하지 않는 그의 입장은 실용적으로는 지나치게 엄격할 뿐 아니라, 실제 적용 과정에서 해결할 수 없는 딜레마를 낳는다. 또한 "살인범에게 하는 거짓말은 거짓말이 아니다"라고 예외를 두는 것 역시 거짓말의 객관적인 정의에 위배된다. 거짓 정보를 전달하는데도 거짓말이 아니라고 선언하는 것은 곤란하다. 몇몇 거짓말을 예외로 인정하면, 성격이 유사한 더 많은 거짓말까지 예외로 두어야 하므로 이는 실용적이지 않고 혼란스럽다. 무엇을 예외로 할지에 대한 끝없는 논쟁에 휘말리게 되기 때문이다.

🐁

허용 가능한 거짓말과 허용 불가능한 거짓말의 경계를 짓는 것은 고

대부터 어려운 철학적 문제였다. 칸트의 철학적 사고가 지닌 가장 두드러진 강점은 형식 수학과 유사한 공리적 접근 방식이다. 칸트는 의무론적 윤리라고 알려진 일련의 자명한 진리, 즉 의무에 기반해서 윤리 이론을 구성했다(의무론이란 특정 윤리적 의무를 따르는지 여부에 따라 행위의 옳고 그름이 결정된다고 보는 윤리학의 한 갈래다).

그런데 칸트 윤리학의 논리적 강점은 동시에 큰 약점이 되기도 한다. 최근 연구에 따르면, 우리가 결정을 내리고 행동을 취하는 데는 감정이 필수적이다. 특히 법적 결과가 거의 따르지 않는 상황에서는 감정적으로 오랫동안 유지되었던 도덕적 원칙을 무시하곤 한다. 따라서 감정과 분리된 의무론적 윤리는 논리가 엄격해서 학계와 법정에 적합하기는 했지만, 도덕적 교훈으로서 미치는 영향은 제한적이었다.

게다가 진실을 말하는 것이 사회생활의 의무라는 데 모든 사람이 동의하는 것도 아니다. 사람들 대부분은 개인에게 적용되는 이런 원칙을 엄격하게 고수하기보다는 규범의 정당성에 의문을 제기하지 않고 사회적 관습과 관행을 따를 뿐이다. 이때 사회마다 특정한 거짓말이 허용되는지 여부를 판단하는 데 차이가 있기 때문에, 의무론적 윤리는 어떤 거짓말이 허용되고 또 허용되지 않는지를 정의하는 보편적인 기준을 마련하기 어렵다. 일상생활에서 우리를 안내할 대안적인 윤리 철학의 틀을 찾아야 한다.

어떤 거짓말이 허용되는지 여부를 결정하는 한 가지 방법은 현실 세계에서 그 결과를 살피는 것이다. 이 윤리 이론은 결과를 중시하기에 결과주의라 불린다. 공리주의라는 철학의 분파가 결과주의를 뒷받침한다.[34] 공리주의는 '최대 다수의 최대 행복', 즉 최대한 많은 사람에게 최대의 행복이 주어지는 것을 옹호하는 철학으로 유명하다. 비록 제러미 벤담Jeremy Bentham과 존 스튜어트 밀John Stuart Mill 같은 철학자들이 공리주의를 지지했지만, 사실 결과주의의 뿌리는 고대 그리스로 거슬러 올라간다. 5세기 로마의 종교 철학자 성 아우구스티누스St. Augustine가 그 예다. 아우구스티누스는 결과주의자로 자신을 정의하지는 않았지만, 속임수와 부정행위의 문제를 명확한 결과주의적 관점에서 분석했다. 다음과 같이 거짓말을 가장 무거운 것부터 가장 가벼운 것까지 여덟 가지 범주로 나누어, 아래로 내려갈수록 허용 가능성이 높아진다고 설명했다.

종교적 가르침 속의 거짓말
타인에게 해를 끼치고 아무에게도 도움이 되지 않는 거짓말
타인에게 해를 끼치지만 누군가를 돕는 거짓말
재미 삼아 하는 거짓말
대화를 매끄럽게 해서 사람들을 즐겁게 하기 위한 거짓말
아무에게도 해를 끼치지 않고 누군가를 물질적으로 돕는 거짓말
아무에게도 해를 끼치지 않고 누군가를 영적으로 돕는 거짓말
아무에게도 해를 끼치지 않고 누군가를 종교적으로 부정한 것으로
　　부터 지키기 위한 거짓말[35]

결과주의적 접근 방식이 특히 매력적인 이유는 보통 사람들이 기본적인 감정과 느낌을 공유하기 때문이다. 이에 기초해 사람들은 거짓말과 같은 행동을 받아들일지, 거부할지 여부를 결과에 따라 결정할 수

있다. 이처럼 본능적이고 직관적인 수준에서 모든 사람은 문화적 차이와 상관없이 대부분의 문제에서 무엇이 좋고 나쁜지에 대해 공통된 도덕적 근거를 공유한다.[36] 그렇기에 속임수에 대한 결과주의적 접근 방식은 인류 보편적인 합의에 도달할 가능성이 높다.

아우구스티누스의 목록은 체계적이지 않은 데다 너무 장황해서 실용성이 떨어지지만, 무엇이 허용되고 또 허용되지 않는지에 대한 더욱 완전하고 간단한 분류 체계를 찾도록 영감을 준다. 나는 이 책에서 모든 거짓말과 속임수를 다음 세 가지 범주로 분류하자고 제안하려 한다.

1. 친사회적 속임수: 타인을 배려하고 타인의 안녕을 존중하거나 지원하고 보호하기 위한 것
2. 반사회적 속임수: 이기적이며, 타인을 희생시켜 자신의 이득을 높이고자 하는 것
3. 이기적 속임수: 자신을 위한 거짓말이지만 타인이 인지할 만한 해를 끼치지는 않음

이 분류 시스템을 기반으로 하면 이제 '우리가 마땅히 무엇을 해야 하는가'에 대한 질문의 답이 더 명확해진다. 친사회적 거짓말과 속임수는 타인에게 해를 끼치지 않고 달리 대안이 없는 경우에만 허용되어야 한다. 예컨대 칸트의 딜레마에서 살인자나 적에게 거짓말하는 것은 친사회적이고 대안이 없기 때문에 심지어 바람직하다고까지 말할 수 있다. 무고한 유대인을 구하고자 나치를 속이고 뇌물을 준 오스카 쉰들러 Oskar Schindler도 마찬가지다. 그뿐만 아니라 일상적인 사회생활에서 사

용하는 선의의 거짓말이나, 환자의 자율성을 존중하는 의사가 활용하는 위약에도 허용의 청신호를 켤 수 있다. 3장에서 내가 조수였던 라오에게 오리가 어디 숨어 있는지 말하지 않아 오리를 구했던 일도 정당화된다.

친사회성 조건은 사회적 선호도를 위한 기만적 조작을 정당화하는데도 매우 중요하다. 즉 다음과 같은 인지적 조작은 허용되어야 한다. 사람들이 더 건강하게 식사하도록 카페테리아의 음식을 배치하는 것, 혹은 미래를 위해 더 많은 기금을 모으도록 복권 시스템을 보상으로 활용하는 것이 그 사례다. 오바마케어(미국 대통령 버락 오바마가 주도한 미국의 의료보험 개혁 법안-옮긴이)를 선전하는 동안 저소득층을 위한 이 프로그램의 압도적인 혜택을 강조하고자 사람들이 내야 할 비용을 줄인 것도 그 예다.[37]

이 실천적인 규칙은 결과주의적 접근 방식과 의무론적 접근 방식을 결합했다. 거짓말로 얻는 결과 외에 대안이 없는 경우에만 거짓말을 허용한다고 규정했기 때문이다. 그러니 사실은 어제 등산을 갔으면서도 낚시를 갔다고 거짓말하며 재미를 느껴서는 안 된다. 조건을 충족하지 않는다면 친사회적인 거짓말 역시 허용되지 않는다. 인디애나주에 속한 한 학군의 교육감이었던 케이시 스미더먼Casey Smitherman의 사례를 보자. 2019년 1월, 스미더먼은 아들의 보험을 이용해 한 학생이 병원에서 인후염 치료를 받도록 했다. 비록 이런 행동은 친사회적이었지만 보험사는 손해를 보았다. 또한 학생의 부모에게 연락하는 등 부정행위를 하지 않아도 되는 대안도 존재했다.[38] 이런 맥락에서 칭찬은 타인을 배려하는 친사회적인 행동이기에 하지 않는 것보다는 하는 게 더 나은 선

316

택이다. 반면에 아첨은 이기적인 데다 타인에게 해를 끼치는 반사회적인 행동이기에 허용할 수 없다.

그렇다면 우리가 좋다고 여기는 가치를 다른 사람이 동의하지 않는다면 어떻게 될까? 이는 서로 다른 민족이나 문화권 사이에서 해결하기 까다롭고 주의해야 할 지점이다. 예를 들어 커피를 마셨으면서도 마시지 않았다고 거짓말하는 것은 대부분의 상황에서는 무해하지만, 커피를 금지하는 모르몬교 신자들에게는 커피도 마시고 거짓말도 한 셈이므로 두 배로 불쾌한 일이 된다. 마찬가지로 미국 의사들은 말기 암과 같은 치명적인 질병을 진단했을 때 환자에게 진실을 말해야 하는 의무가 있다. 이것은 상황에 따라 변동되거나 타협할 수 없는 의무다. 환자의 상태에 대해 거짓말하는 것은 의사와 환자 간 정보 제공에 대한 원칙을 위반하는 행동이다. 그런데 반대로 중국 의사들은 같은 상황에서 환자에게 거짓말하는 것이 친사회적인 행동으로 간주된다. 환자가 사실을 모른 채 지내도록 하면 갑작스러운 나쁜 소식에 충격받지 않도록 어느 정도 예방할 수 있다는 이유에서다.[39] 따라서 우리는 특정 지역 사회나 문화에서 실천되는 규범에 따라 거짓말의 결과를 판단하는 열린 마음을 가져야 한다.[40]

한편 반사회적인 거짓말과 속임수는 어떤 상황에서도 허용되지 않는다. 사람들이 "거짓말은 무엇이든 전부 나쁘다"라고 말할 때 언급되는 대상이 이러한 유형의 부정행위다. 예컨대 선거에서 승리하기 위해 저지르는 각 정당의 수상한 관행은 절대 허용될 수 없다. 미국 같은 양당 체제에서는 적어도 한 그룹의 유권자들에게(둘 다 아니더라도) 피해를 주기 때문이다. 같은 맥락에서 소셜 네트워크와 텔레비전 프로그램을 이용해 허위 정보를 고의로 퍼뜨리는 행위 또한 무고한 사람을 희생양으로 삼아 피해를 줄 수 있기에 비윤리적이다.

　판단하기 가장 까다로운 경우는 대부분 세 번째 범주인 '이기적 속임수'와 관련이 있다. 허풍이나 광고 등이 여기에 속한다. 아리스토텔레스나 칸트 같은 철학자들이 주장했듯, 모든 거짓말은 사회적 신뢰를 저버린다. 따라서 이기적 속임수가 장려되는 일은 결코 없어야 한다. 다만 속임수가 타인에게 인지할 만한 해를 끼치지 않는다면 특정 커뮤니티나 사회의 일반적인 관행을 참고해 어느 정도 용인할 수 있다. 예컨대 상업용 광고는 사람들을 기만하는 측면이 있지만, 그 정도가 업계의 관행이나 사회 전반적 규범에서 벗어나지 않는다면 허용되어야 한다. 물론 관습이나 관행이라고 해서 이러한 유형의 속임수가 항상 허락되지는 않는다. 예를 들어 2000년대 초반 경제 호황기에 사람들이 부동산을 구입하도록 설득하는 데 사용된 거짓말이나 속임수가 그렇다. 사실 돌이켜보면 이런 거짓말은 앞서 언급한 두 번째 범주에 속한다는 사실을 알 수 있다. 하지만 당시의 대중은 이 사실을 몰랐다.

　한편 정보는 가장 다루기 힘든 주제 중 하나다. 정보를 위조하거나 왜곡하는 것, 심지어 특정 목적을 위해 정보를 숨기거나 누락하는 것은 일종의 기만이다. 우리가 타인에게 피해를 주거나 타인으로부터 피해를 받지 않으면서 도덕적인 삶을 영위하는 것이 가능할까? 여기서 진실을 알 권리에 대한 칸트의 아이디어가 다시 등장한다. 이렇게 질문을 던져보자. 모든 사람은 정보에 대한 동등한 권리를 가지고 있을까?

아리스토텔레스 이후로 가장 위대한 철학자라 불리는 칸트는 동프로이센 쾨니히스베르크(현재 발트해 연안인 러시아 칼리닌그라드 인근)에서 태어나 평생 그 도시에서 살았다. 그리고 1750년에서 1754년 사이에 잠깐 개인 교사로 일할 무렵을 제외하고는, 사는 곳에서 10마일 이상 이동하지 않은 채 금욕적으로 절제된 생활을 했다. 칸트의 활동 반경은 그가 주민들을 거의 다 알 만큼 작고 조용한 동네를 벗어나지 않았다.[41] 전하는 말에 따르면 칸트는 매일 오후 4시에 정해진 길을 따라 산책을 했는데, 이웃들이 마을 성당의 시계보다 그를 더 신뢰할 만큼 시간을 항상 정확히 지켰다. 주민들이 서로 친밀하게 지내는 작은 마을이라 사기를 당할까 봐 걱정할 필요가 없었던 만큼, 칸트는 정직하고 믿을 만한 동네 사람들과 자유롭게 이것저것 정보를 나누는 사치를 누렸다.

하지만 칸트가 기본적으로 주장하는 '알 권리'가 이런 작은 마을을 넘어서 모든 상황으로 확장되지는 않는다. 칸트는 범죄자나 적을 대할 때는 문제가 생긴다는 사실을 깨달았고, 해결책은 그 권리를 철회하는 것이었다. 그런데 그렇게 하면 해결해야 할 난제가 새로 등장한다. 상대가 누구인지 우리가 아직 모르는 상황에서, 상대가 우리에 대한 진실을 알 권리가 있을까? 내 경험을 이야기하면, 학술대회에서 자유롭게 교류하는 동안 우리 연구실의 아이디어를 꽤 많이 도둑맞았다. 다른 연구실 사람들이 우리의 아이디어를 표절할지 내가 어떻게 알 수 있을까? 알 권리에 대한 문제는 디지털 공간에서 더 심각해진다. 이런 공간에서 대부분은 상거래든, 과학 커뮤니케이션이든, 컨설팅이든, 기타 여러 사회적 상호작용이든 우리가 상대하는 사람의 정체가 무엇인지에 대한 지식이 거의 없기 때문이다.

오늘날 우리가 살아가는 사회는 대개 칸트가 살았던 쾨니히스베르크보다 훨씬 크다. 완전히 낯선 이와 직접 대면해야 하는 경우도 많다. 더 나아가 우리는 인터넷을 통해 전 세계의 다양한 커뮤니티와 접한다. 이 디지털 세계에서 우리가 상호작용하는 사람들은 대부분 얼굴도 이름도 모르는 이들이며, 한 번도 가본 적 없고 앞으로도 갈 일이 없는 머나먼 곳에 사는 사람들이다. 칸트가 가까운 이웃에게 그랬던 것처럼, 우리가 이들에게 무심코 정보를 계속 제공한다면 디지털 사기의 표적이 되기 쉽다. 이런 이유로 현대 사회에서는 가능한 수단을 총동원해 개인정보를 보호하는 것이 최우선 과제로 부상했다.

바람직한 접근 방식이라고 보기는 어렵지만, 상당수가 페이스북이나 링크드인, 트위터 같은 소셜 미디어에서 생일이나 집 주소를 가짜로 등록하거나 심지어 가명을 쓴다. 이런 방어적 조치는 진실을 위조한 것이기에 이미 속임수와 거짓말에 속한다. 이렇게 사적인 개인정보를 감추는 것은 본질상 부정직한 행위지만, 피해와 상처를 입지 않도록 여러분을 지킬 수 있다. 그렇기에 다른 무고한 사람에게 피해를 주지 않으면서도 자기 이익을 추구하는 사례로 볼 수 있다. 앞서 언급한 분류 체계에 따르면 세 번째 범주에 속하는 만큼 허용할 만하다.

이와 비슷하게 타인을 위해 비밀을 유지하는 행동 역시 도덕적으로 정당화된다. 비록 부정직한 행위지만 상당수의 사람은 이를 감내해야 할 부담으로 여기며, 오히려 그렇게 하지 못하면 지탄을 받는다.[42] 심지어 변호사, 의사, 은행가, 심리 상담가 같은 일부 전문 직군에서는 비밀을 유지하지 못하면 법에 저촉된다. 어떤 의미에서는, 특히 인터넷 시

320

대에 들어서면서 개인정보 문제에 관해 칸트가 주장한 '알 권리'가 오히려 역전되어 적용되고 있다. 즉 사람들은 그럴 권리를 부여받지 않는 한 진실을 알 권리가 없다. 친구가 여러분에게 어떤 사실을 고백하고 비밀을 지켜달라고 부탁하면, 친구는 여러분에게 그 권리를 부여한 셈이다. 게다가 우리는 친구의 허락 없이 이 권리를 타인에게 마음대로 줄 수 없다. 즉 가볍게 비밀을 발설하는 행동은 비윤리적이다. 이러한 입장은 1948년 세계인권선언 제12조에 명시된 사생활에 대한 권리와 일맥상통한다.

그럼에도 공공 정보의 영역에서는 진실을 알 권리를 지키는 것이 기본적인 입장으로 남아 있다. 시민에게 자동으로 권리가 주어지는 것이 민주주의 사회의 본질이기도 하다. 민주 정부는 원칙적으로 시민에게 거짓말을 하는 것이 허용되지 않는다. 당장 비밀에 부쳐야 할 기밀 정보라 하더라도, 대중에 공개해도 안전한 시점이 오면 투명성 원칙을 적용해야 한다.

𝄐

기독교인들은 인간이 원죄라는 이름으로 죄를 갖고 태어난다고 생각한다. 그런가 하면 유교에서는 인간이 선하게 태어난다고 보고, 불교에서는 인간이 태어나면 고통뿐이라고 한다. 하지만 지금처럼 과학이 인간의 본질을 하나씩 밝혀내는 시대에는, 이런 식의 뭉뚱그린 일반화는 너무 단순하다. 우리는 더 복잡한 존재로 선과 악을 모두 가질 수 있다. 나는 과학자의 입장에서 인간 본성을 대체로 낙관적으로 바라본다. 이를 뒷받침하는 연구도 존재한다. 그중 하나가 사회과학자 알랭 콘

Alain Cohn이 최근 주도하여 현실의 길거리 환경에서 진행한 실험이다.[43]

이 실험에서 연구자들은 지갑 안에 여러 물품을 넣었다. 예컨대 동일한 명함 세 장(지갑 '주인'의 연락처가 적힌), 식료품에서 장을 볼 목록, 열쇠가 지갑에 들어갔다. 가끔은 소액의 돈(현지 통화로 13.45달러)을 추가로 넣기도 하고, 가끔은 돈을 넣지 않았다. 그런 다음 길거리에서 누군가 잃어버린 것이라고 말하며 무작위로 지나가는 사람에게 지갑을 건넸다. 연구진은 40개국 355개 주요 도시에서 이 실험을 반복했다. 지갑이 '주인'에게 돌아오는 비율은 다양했지만 압도적으로 일치하는 한 가지 추세가 있었다. 돈이 없는 지갑보다 돈이 들어 있는 지갑이 주인에게 돌아올 가능성이 더 크다는 것이었다. 이는 일반적으로 사람들이 타인의 행복과 안녕에 대해 신경 쓰고 있음을 보여준다. 상호 윈-윈 협력이 한쪽은 얻고 한쪽은 잃는 속임수를 이긴다는, 인간 본성에 내재한 진화론적 지혜를 보여주는 증거이기도 하다. 그렇기에 인간과 다른 동물 모두에서 반사회적 속임수는 거의 항상 소수 전략이다.

그럼에도 반사회적 속임수는 여전히 큰 문제를 일으킨다. 미국에서는 세금 관련 부정행위만으로도 정부 금고에서 연간 수천억 달러의 손실이 발생한다. 개발도상국에서는 부패와 불법 금융 거래로 연간 1조 3,000억 달러나 되는 더욱 커다란 경제적 손실이 생기고 있다.[44] 추잡한 정치, 탈세, 부패가 이어지면 정직하게 살고자 하는 사람들의 사기를 꺾고 사회적 신뢰를 잃는다.[45] 가뜩이나 신뢰도가 낮은 환경에서 저지르는 부정행위는 사회 전체의 분열을 초래하는데, 여기에 더해 금전 거래만으로도 높은 비용을 지불해야 한다. 그러니 반사회적 속임수에 맞서 싸우는 것은 그럴 만한 가치가 있다.

반사회적 속임수는 역사적으로 그동안 모든 인류 사회에서 오랫동안 지속되었던 문제지만 오늘날에는 특히 새로운 문제를 일으키고 있다. 그 이유는 단순히 속임수가 끊임없이 존재해왔기 때문이라기보다는 그것이 물리적 세계에서 디지털 세계로 확산함에 따라 도달 범위와 속도, 영향력이 점점 더 커지기 때문이다. 스팸 메일이 매일 290억 건이나 발송될 만큼 넘쳐나듯이, 한 건의 사기가 전 세계 수백만 명의 사람들에게 쉽고 빠르게 영향을 미칠 수 있다. FBI의 보고서에 따르면 인터넷을 기반으로 한 절도, 사기, 횡령으로 인한 재정적 손실은 연간 27억 달러에 달한다. 피싱에서 로맨스 스캠에 이르기까지, 사기꾼들은 사람들의 인지적 편향성과 심리적 허점을 최대한 악용하고 있다.[46]

게다가 온라인을 통한 정보의 민주화가 허위 정보의 생성과 확산을 촉진하면서, 악의적인 의도가 있든 없든 우리 모두가 잠재적인 가해자이자 피해자가 되었다. 허위 정보와 가짜 뉴스가 정확하고 신뢰할 만한 사실을 대체하면서 개인·사회적 차원에서 제대로 된 결정을 내릴 능력을 잃어가고 있다. 선거를 예로 들어보자. 해커들이 소셜 미디어를 통해 정보를 조작해서 엄청난 영향력을 발휘한다면 선거라는 민주적 절차의 규칙과 규범은 더 이상 다수의 뜻을 보호하는 역할을 하지 못할 것이다.[47] 그리고 그에 따르는 결과는 심각하다.

2018년 프랑스 외무부의 싱크탱크인 정책기획실은 사람들의 인지적 허점, 특히 확증 편향을 악용한 정보 조작이 전 세계 민주주의에 큰 위협이 될 수 있다고 엄중하게 경고했다.[48] 그로부터 불과 2년이 지난 지금, 이 경고는 미국에서 현실로 드러났다. 2021년 1월 6일, 수천 명의 폭력적인 무리가 의사당 건물을 습격해 의회를 공격하면서 "마이크 펜스Mike Pence를 교수대에 매달아라!"라고 외쳤다. 이들이 건물을 마구 부수는 동안 국회의원들은 목숨을 구하려고 몸을 숨겨야 했다. 200년 넘는 역사를 통틀어 미국의 민주주의가 이토록 심각한 도전을 받은 적은 처음이었다.[49] 이 모든 것은 2020년 부정선거로 승리를 빼앗겼다는 트럼프의 거짓 주장에서 시작되었다. 허위 정보 하나가 갑자기 미국 민주주의의 생존을 위협하리라고 누가 예상할 수 있었겠는가? 결과적으로 허위 정보와 싸우는 것은 미국 시민들에게 새롭고도 긴급한 의무가 되었다.

역사로부터 반면교사를 삼아야 할 것은, 속임수에 맞서 싸우는 잘못된 접근 방식이 무엇인지 아는 것이다. 오랜 세월 우리는 법과 교리, 종교적 가르침, 철학 이론을 막론하고 어떻게 해서든 부정행위를 뿌리 뽑으려고 노력했다. 예를 들어 성경의 십계명 중 무려 네 가지가 속임수에 대한 것이다(간음, 도둑질, 위증, 탐욕). 또한 불교의 오계 중에는 진실에 대해 다루는 항목이 있다. 동서양 모두 아주 어릴 때부터 아이들에게 어떤 상황에서도 거짓말을 해서는 안 된다고 말한다. 거짓말을 하면 번개를 맞거나 코가 길어지는 벌을 받는다고도 덧붙인다. 하지만 유사 이래로 사기꾼, 거짓말쟁이, 협잡꾼이 없던 시절이 과연 있었던가? 속임수와 부정행위가 우리 사회에서 완전히 추방될 수 있다고 진심으로 믿는 사람이 얼마나 될까? 부정행위를 완전히 근절하겠다는 고상한 목표는 우리를 막다른 길에 가두고 말았다. 인류가 그동안 줄곧 부정행위에 대처하는 잘못된 길을 걸어왔다는 사실은 정말 놀랍기 그지없다!

반사회적 속임수를 뿌리 뽑지 못하는 상황이 왔다고 해서 우리가 손놓고 있어야 한다는 뜻은 아니다. 그 대신 우리는 접근 방식을 재고해야 한다. 속임수와 부정행위를 완전히 없애야 한다는 불가능한 사명에 시간과 노력을 쏟기보다는, 현실적이고 실현 가능한 목표에 눈을 돌리는 게 좋을지도 모른다.

그동안 많은 전문가가 사기를 퇴치하기 위한 실질적인 조언을 제공했다. 예컨대 법학과 교수인 타마르 프랭클Tamar Frankel은 『폰지 사기의 수수께끼The Ponzi Scheme Puzzle』에서 주변의 위험 신호(대부분 '사실이기에는 너무 좋은 것들')를 식별하고 사기꾼으로부터 나를 방어하는 몇 가지 유용한 방법을 제안한다. 그뿐만 아니라 프랭클은 우리의 인지적 허점이 악용되는 것을 막으려면 감정과 믿음을 일과 분리하라고 조언한다.[50]

어느 정도 쓸모가 있기는 해도 특정 지역에만 한정된 이런 사례 기반의 사기 퇴치법은 충분하다고 할 수 없다. 과거에는 대부분 한 가지 유형의 사기가 새로 생겼다면, 오늘날의 온라인 환경은 다종다양한 신종 사기에 노출되어 있기 때문이다. 스팸 메일, 사기, 가짜 뉴스 등 온갖 종류의 허위 정보를 처리하려면 스위스 군용칼 같은 여러모로 사용 가능한 범용 도구가 필요하다.

이러한 도구를 개발하는 데 참고할 만한 새로운 대상은 바로 우리의 면역 체계다. 면역 체계가 백신과 같은 약화된 감염에 노출되어 병을 이겨내듯, 우리도 유사한 방식으로 허위 정보에 대한 인지적 저항력을 강화할 수 있을지 모른다. 그렇게 되면 실제 사기나 강력한 가짜 뉴스를 접해도 이미 어느 정도의 면역력을 갖추게 된다.[51]

면역계에서 영감을 받아 사기에 대처하려는 이 아이디어는 두 가지 이유로 유익하고 실용적이다. 첫째, 병원균과 사기는 표면적으로만 유사한 것이 아니라 본질이 비슷하다. 둘 다 진화적 군비 경쟁을 거치기 때문에 사람들과 상호작용할 때 기본적인 특징을 공유한다. 이론적으로 돌연변이 HIV 균주에 대항하는 항바이러스 치료제의 싸움과, 컴퓨터 바이러스에 대항하는 항바이러스 프로그램의 싸움은 거의 같다. 세균과의 싸움에서 얻은 과학적 지식은 원칙적으로 디지털 사기와의 싸움에도 적용할 수 있다. 둘째, 코로나19 팬데믹은 전 세계적인 재앙이기는 했지만, 그래도 수많은 사람이 사람의 면역계가 어떻게 작동하는지 이해할 기회를 제공했다. 그에 따라 우리는 전염병 퇴치는 물론이고 온라인 사기와 각종 정보 조작에 대응하는 방법에 이르기까지 지식의 폭을 넓힐 수 있다.

[표 8.1]은 이 책에서 살펴본 속임수와 부정행위에 대한 진화론적 지혜를 바탕으로 정리한, 반사회적 속임수에 맞서 싸울 청사진이다.

내가 제안한 전략적 청사진은 사기나 다양한 유형의 정보 조작 같은 반사회적 속임수에 대처할 때 실용적·효과적인 적용이 가능하다. [그림 8.1]은 중국 항저우시에서 이루어진, 인터넷과 휴대전화를 이용한 사기에 대한 대중 캠페인의 사례다.

중국의 사례에서 알 수 있듯이, 사기를 통제하려면 예방 수단을 활용하는 것 이외에 감시 활동을 벌일 수도 있다. 예컨대 현재 페이스북과 트위터에서는 사람들이 허위 정보를 퍼뜨리지 못하도록 금지한다. 선거 당시 도널드 트럼프 역시 허위 정보와 음모론을 퍼뜨렸다는 이유로 소셜 미디어 사용을 금지당한 적이 있다. 2020년 대선 결과에 대한 가짜 뉴스를 유포했다는 것이 주된 이유였다.

표 8.1 감염병 세균 퇴치 원리에서 영감을 얻은 반사회적 속임수 퇴치법

	감염병 세균	반사회적 속임수
기원	돌연변이, 전염	창안, 수정, 전송
공격 지점	면역계의 약점과 결함	인지 체계의 편향과 약점, 결함
해를 끼치는 곳	신체적 건강	신체적 건강과 재정적 건전성, 사회적·정치적 건강 등
예방법	1. 세균이 있을 만한 곳 피하기 2. 소독하기 3. 백신 접종	1. 잠재적인 사기 피하기 2. 학습 3. 경고
치료법	항생제	법 집행
캠페인의 목표	억제하기(집단 면역)	억제하기(사회적 면역)

그림 8.1 2019년 중국 항저우시의 한 버스에 붙은, 디지털 사기에 대항하는 대중 캠페인 광고
© Lixing Sun

그렇지만 이런 '엄중한 감시'에는 두 가지 명백한 결함이 존재한다. 첫째, 이 조치는 주로 피해가 발생하고 나서 사후에 결과를 통제하는 역할에 그친다. 세균이 이미 널리 퍼진 뒤라면, 환자 몇 명을 격리한다고 해서 전염병을 통제하는 데 거의 도움이 되지 않는다. 이처럼 소셜 미디어에 허위 정보가 이미 널리 퍼졌다면 감시 조치의 효과는 상당히 제한적이다. 둘째, 이런 조치는 특히 사용자가 정치적 견해를 표출하고자 할 때 민간 기업이 개인이 가진 표현의 자유를 박탈하거나 취소할 수 있는지에 대한 의문이 들게 한다. 이러한 문제 때문에 사회에서는 허위 정보를 줄이는 데 더 적합하고 효과적인 '부드러운 감시'라는 사전 예방책을 모색한다. 하지만 이런 이상적인 해법이 실제로 존재하기는 할까?

답은 '그렇다'이다. 여기 새로운 아이디어를 도입한 사례가 있다. 오늘날 전 세계적으로 사람들이 가장 많이 방문하는 웹사이트인 유튜브 역시 일부 유튜버 때문에 허위 정보를 내보내는 주요 원천으로 거듭났다. 유튜브도 페이스북이나 트위터와 마찬가지로 허위 정보를 통제하기 위해 엄격한 감시 조치를 취하고 있지만, 예상대로 그 효과는 제한적이었다. 문제가 되는 주된 지점은 유튜버에게 조회수 1,000건당 3~5달러의 광고 수익을 주는 유튜버의 파트너 프로그램이라는 비즈니스 관행이다. 즉 유튜버가 조회수 100만 회를 올리는 동영상 클립을 게시하면 3,000~5,000달러를 받을 수 있다. 이처럼 최고 인기 유튜버의 연소득은 2,000만 달러(약 278억 원-옮긴이)에 이른다. 그러니 유튜버 대부분이 팬층을 구축하는 데 우선순위를 두는 것도 당연한 일이다. 더 나아가 일부 유튜버는 영상에 담긴 정보나 스토리를 과장하거나 극단적으로 밀어붙이고 조작하는 부정행위를 저지르기도 한다. 그러면 더 많은 사람이 동영상을 시청하도록 유도할 수 있기 때문이다.

쉬운 해결책이 있다면 진실을 말하는 유튜버에게 합당한 보상을 하는 것이다. 예를 들어 유튜브에서 사실 관계를 확인하는 직원을 고용하거나 관련 프로그램을 사용해 주기적으로 동영상에 나오는 정보의 진실성을 평가한 뒤 그 결과를 지급액과 연계할 수 있다. 그러면 정직한 유튜버에게 보상을 제공하고 허위 정보나 음모론을 퍼뜨리는 사람들을 벌하는 것이 가능하다. 이렇듯 비교적 실행이 쉽고, 진실에 인센티브를 부여하는 방식은 허위 정보를 사전에 완화하는 데 효과적이다(유튜브가 실제로 그렇게 하도록 여러분도 힘을 합쳐 도와달라!).

반사회적 속임수는 사람들에게 부정적인 영향을 주지만, 동시에 생물학적·문화적으로 혁신을 일으키는 촉매가 되기도 한다. 예를 들어 악의적인 속임수와 사기가 없었다면 사이버 보안 산업이 싹을 틔우고 성장해 꽃을 피우는 일도 없었을 것이다. 캘리포니아주 서니베일에 본사를 둔 클라우드 기반 사이버 보안 회사인 크라우드스트라이크도 이런 흐름의 수혜자 중 하나다.

크라우드스트라이크는 2019년 6월 12일에 상장되었다. 불과 하루 전까지만 해도 주당 28~30달러의 가격이 책정되었지만, 상장 이후 투자자들의 수요가 너무 높은 나머지 거래가 시작되기 몇 시간 전에 주당 34달러로 가격을 올려야 했다. 상장 첫날이 막을 내릴 무렵 크라우드스트라이크의 주가는 50.10달러로 IPO 가격(기업이 상장을 통해 처음으로 주식을 발행할 때 투자자에게 제시하는 주당 가격-옮긴이)보다 70퍼센트 이상 높았다. 그리고 회사의 시장 가치는 114억 달러가 되었다.[52]

크라우드스트라이크는 2011년 창립 이래 몇 가지 획기적인 성과를 거두었다. 그중에는 러시아가 2016년 미국 대선에서 민주당 전국위원회 전산망 해킹의 주모자라고 밝혀낸 일도 포함되었다. 이러한 성과는 도널드 트럼프가 선거인단 투표에서 승리하는 데 도움을 주었을 가능성이 있으며, 이는 미국의 정치 지형을 크게 변화시켰다.

당시 크라우드스트라이크의 공동 창립자 디미트리 알페로비치 Dimitri Alperovitch가 이렇게 호언장담했다는 소문이 있다. "세상에는 두 종류의 기업이 있다. 해킹을 당하고 그 사실을 아는 기업, 그리고 해킹을 당하고도 그 사실을 모르는 기업이 그것이다." 그러자 리처드 클라크 Richard Clarke와 로버트 네이크Robert Knake는 『다섯 번째 영역 The Fifth Domain』에서 "그리고 여기에 더해 크라우드스트라이크를 인수하는 기업이 있다"고 끼어들었다. 두 사람에 따르면 디지털 경제는 전통적인 경제보다 두 배 더 빠르게 성장했다. 하지만 그러는 동안 사이버 공격이 높은 비용을 발생시켰다. 한 예로 NotPetya라는 이름의 악성 소프트웨어는 미국과 유럽, 특히 우크라이나에서 비즈니스를 하는 기업들에 수십억 달러의 손실을 입혔다.

그에 따라 당연히 전 세계적으로 사이버 보안 지출액이 급증해서 2018년에만 1,140억 달러에 달했다([그림 8.2] 참조). 미국에서는 대통령 예산안 가운데 150억 달러가 사이버 보안에 투입되었다. 2021년에는 사이버 범죄 피해가 전 세계적으로 연간 6조 달러까지 치솟았다.[53] 그 결과 사이버 보안 기업은 기하급수적으로 많아져 최근 몇 년 동안

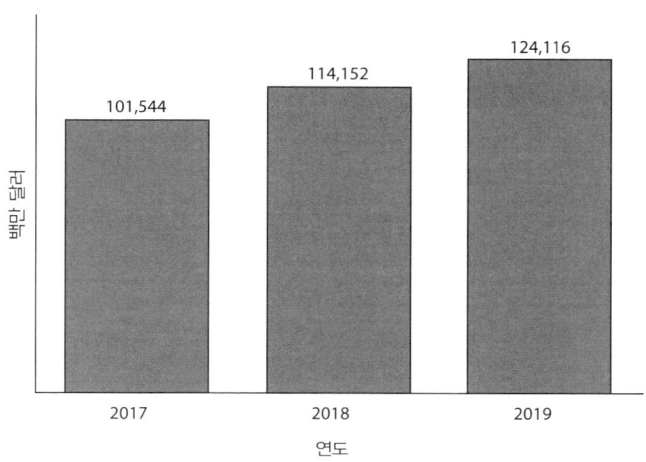

그림 8.2 최근 몇 년간 사이버 보안 부문에 대한 전 세계 지출액. 가트너 리서치 앤 컨설팅사의 데이터를 가져옴. 로저 에이트컨, 「2019년 글로벌 정보 보안 지출액이 1,240억 달러를 넘기다」, 『포브스』, 2018년 8월 19일 기사 참고

3,000곳을 넘어섰다. 사이버 보험 사업 또한 빠르게 성장했다.[54] 해커들이 디지털 공간에서 통제 불능의 부정행위를 저지르지 않았다면 크라우드스트라이크와 같은 기업은 애초에 존재하지도 못했을 테고, 그렇게 이른 시일에 높은 시장 가치를 획득하지도 못했을 것이다.

악의적인 거짓말과 속임수, 특히 인터넷을 기반으로 한 부정행위를 아예 뿌리 뽑는 것은 불가능하다. 그래도 그동안 부정행위를 억제하는 기술적인 혁신이 촉진되었다. 인터넷 시대가 도래하기 전과는 달리, 우리는 모두 새로운 군비 경쟁과 맞서 싸우는 중요한 일원이 되었다.

᚜

이 책에서 우리는 모든 사기꾼이 활용하는 두 가지 법칙에 대해 깊이 있게 살펴보았다. 하나는 의사소통에서 진실한 정보를 바꾸는 것이고, 다른 하나는 우리의 인지적 허점을 악용하는 것이다. 전자는 거짓말의 생물학적 본질이고 후자는 기만의 생물학적 기초다. 이러한 법칙은 생물학적 세계뿐만 아니라 사회적·문화적 영역에도 동일하게 적용된다. 이런 기본 원칙을 이해하면 반사회적 속임수에 대처할 효과적인 방법을 설계하는 데 도움이 될 것이다. 이는 세균, 질병, 해충 같은 파괴적인 생물학적 요인과 맞서 싸우는 과정과 비슷하다. 둘 다 진화적 군비 경쟁의 사례이기 때문이다. 지구상에서 이것들을 완전히 제거하려는 시도는 지금껏 여러 번 불가능하다고 입증되었으며, 그보다는 적당히 억제하는 게 현실성 있는 방안이다.

앞서 살펴본 것처럼 이 책에서 제시한 가장 놀라운 아이디어는 그동안의 상식과는 달리 속임수와 부정행위가 자연의 다양성과 복잡성, 심지어 아름다움을 만들어내는 강력한 촉매라는 점이다. 부정행위는 새로운 행동학적 전술과 생리적 적응, 형태학적 구조로 이어졌다. 그에 따라 지능과 예술이 출현하고 정교하게 다듬어지는 길이 열렸다. 하지만 지금껏 속임수와 부정행위는 우리 문화에서 지나치게 악마화된 나머지, 생물학적·문화적 다양성을 이끄는 데 미치는 중요한 역할은 잊히곤 했다.

이 책을 읽기 전 여러분이 우리 사회에 악의적인 거짓말과 기만적인 속임수가 팽배했다는 점을 근거로 부정행위에 대해 부정적인 견해를 가지고 있었다면, 이제 조금은 그런 생각이 누그러들기를 바란다. 이런 점에서 우리는 독일 철학자 헤겔의 견해를 높이 평가해야 한다. "이성적인 것은 현실적이고, 현실적인 것은 이성적이다."[55] 분명 반사회적 속임수를 좋은 것이라고 받아들여서는 안 되겠지만, 최선을 다해 대처할 수는 있다. 우리는 속임수를 어느 정도 억제해 그 해로운 영향을 줄일 뿐만 아니라 과학, 기술, 경제, 교육, 법률을 비롯한 우리 문화의 여러 측면에서 혁신과 발전을 이끌 촉매를 얻을 수 있다. 속임수와 속임수 대응 전략은 참신하고 긍정적인 발전을 촉진하고자 군비 경쟁을 계속하기 위한 뜻밖의 짝꿍이 될 것이다. 따라서 우리는 도교의 입장을 취해 두려움이나 좌절 없이 속임수와 부정행위를 받아들이는 동시에, 그것들에 굴하지 않고 함께 잘 살아가는 담대한 마음을 가져야 한다.

감사의 글

이 책의 아이디어는 지금으로부터 10년 전 『공정성이라는 본능 *Fairness Instinct*』의 원고를 완성하면서 구상되었다. 당시 나는 막 탄력받은 글쓰기의 모멘텀을 계속 유지하고 싶었다. 하지만 동시에 오랫동안 부담스럽고 진지한 주제에 몰두하는 데서 벗어나 주의를 환기해야 할 필요성도 있었다. 그래서 내가 흥미롭게 느낀 주제가 바로 속임수와 부정행위였다. 이 프로젝트를 시작한 지 몇 년 지나지 않아, 특히 코로나19 팬데믹이 시작된 뒤 내가 틀렸다는 사실을 깨달았다. 다행히도 효과적인 백신이 빠르게 개발되었기에, 나는 백신이 팬데믹의 위협에서 우리를 곧바로 벗어나게 하리라 생각했다. 그렇지만 안타깝게도 백신에 대한 허위 정보가 미디어나 디지털 공간에 퍼진 유독 가스처럼 우리를 계속 괴롭혔다.

나는 그동안 정치인이나 공인, 미디어 속 전문가들이 겸손하고 품위 있으며 존경할 만한 사람이라고 생각했다. 하지만 오늘날 그들 중 상당수가 뻔뻔하게 거짓말을 하며 거짓 주장을 하고 음모론을 조장하고 있다. 마치 사실과 진실이 더 이상 중요하지 않은 것만 같다. 이들에게 중요한 것은 인기를 얻어 시청률과 조회수가 높아지고 팬층이 두터워지는 것이다. 이는 궁극적으로 권력과 돈으로 귀결되기 때문이다. 이런 탈진실post-truth(객관적 사실보다 감정이나 개인적 신념이 여론 형성에 더 큰 영향을 미치는 것-옮긴이) 사회에서 무엇보다 큰 파급 효과를 일으키는 것이 정치적 극단주의다. 트럼프 지지자들이 국회의사당에서 폭동을 일으킨 2021년 1월 6일이라는 운명의 날이 오고 나서야 미국의 민주주의가 허위 정보의 도전을 받으면 실제로 취약해진다는 사실이 드러났지만 말이다.

이런 상황에서 원래 계획하지 않았던 속임수와 부정행위의 몇 가지 새로운 측면과 마주하게 되면서 나는 이 책의 범위를 훨씬 넓혀야 했고, 원고를 쓰기도 더 어려워졌다. 그래도 행운인지 이 책을 완성하기까지 훌륭한 팀원들에 둘러싸여 도움을 받았다. 비록 내 이름으로 나오는 책이지만, 이 책은 이들과 함께한 노력의 결실이다.

무엇보다 먼저 언급해야 할 사람은 담당 편집자 앨리슨 칼렛이다. 앨리슨은 이 원고의 잠재력을 발견하고 처음부터 끝까지 모든 글쓰기 과정을 안내해주었다. 또한 그녀는 원고를 편집하는 데 아이디어와 통찰을 제공했을 뿐 아니라 이 책의 지칠 줄 모르는 대변인을 도맡았다. 앨리슨이 없었다면 지금 이 책은 나오지 못했을 터다. 프린스턴대학교 출판부에서 이 책이 나오기까지 도와준 사람은 앨리슨뿐만이 아니다. 책이 탄생하기 전 부화 과정에서 핼리 셰퍼 역시 큰 역할을 했다. 핼리는 크든 작든 문제가 생기면 해결사가 되어주었다. 저작권을 획득하는 지난한 과정을 자신의 전문 지식으로 한결 수월하게 만들어준 리사 블랙에게도 감사한다. 교열 담당자 수전은 원고의 거친 부분을 다듬어줄

뿐더러 내 눈을 피해 위장한 오류를 잡아냈다. 수전이 이 작업에 참여하게 된 것은 나로서는 정말 행운이다. 책 제작 과정에서 도움과 격려를 아끼지 않은 질 해리스, 데이비드 캠벨을 비롯한 프린스턴대학교 출판부의 여러 직원에게도 감사를 전한다.

배경지식이 있든 없든 교육받은 독자들이 접근할 만한 과학책을 집필하기란 결코 쉬운 일이 아닌데, 특히 모국어와 근본적으로 다른 언어로 원고를 써야 할 때 더욱 그런 법이다. 어학 실력이 탁월한 이들이 나를 돕지 않았다면 이 어려움을 극복하지 못했을지도 모른다. 먼저 제레드 오드가 지도하는 센트럴 워싱턴대학교 글쓰기센터의 대학원생과 학부생들에게 감사하다. 데이브 디르다는 처음 세 장의 이전 버전에 대해 여러 좋은 의견을 주었다. 매트 올트먼은 철학 문제를 다룰 때 매우 중요한 역할을 했다. 올트먼의 통찰력 덕에 부정행위가 불러온 도덕적 문제에 대해 다루는 데 큰 도움을 얻었다. 그뿐만 아니라 원고가 완성되기 전에 처음부터 끝까지 한 줄씩 뜯어보며 검토한 친구 앨런 호닉의 강력한 지지에 감사를 전한다. 여러 번 편집에 도움을 주었던 사람은 말 그대로 집 안에 있던 내 아들 오리엔이었다. 오리엔은 모든 장의 버전을 단어와 문장 구조, 문법, 분위기, 논리, 과학적 지식 등 가능한 모든 측면에서 검토했을 뿐 아니라, 끊임없는 재미와 격려를 주어 내가 오랜 기간 편안하게 글을 쓸 수 있도록 해주었다. 4장에 등장한 골프공 사건의 주인공인 큰아들 샤인은 이제 폭넓은 지식과 깊은 사고력으로 우리 가족 중에서도 손꼽힌다. 샤인 덕분에 8장에서 칸트의 도덕적 입장인 '사실을 알 권리'를 뒤집어 디지털 시대의 개인정보 보호를 위한 해결책을 얻을 수 있었다.

336

그뿐만 아니라 이름을 밝히지 않겠다고 한 매우 실력 있는 생물학자 세 명 역시 책 전반에 걸쳐 통찰력 있는 의견을 제시했다. 이들의 과학적 지식과 전문적인 식견 덕분에 원고에서 과학적인 엄밀함을 지킬 수 있었다.

책에 글만 있고 이미지가 없었다면 훨씬 덜 생생하게 느껴질 것이다. 다음의 여러 사람이 나에게 이미지를 직접 보내주거나 사용 허가를 해주었다. 앤드루 배스, 장궈 추이, 케벤 드루, 서복스 코카트, 진강 리, 딩전 리우, 디틀랜드 밀러-슈바르체, 데이비드 내시, 엘리자베스 피터스, 길 로젠탈, 푸웬 웨이, 룽펑 웨이, 차오칸 양, 웨 양, 젠쉬 장에게 진심 어린 감사의 마음을 전한다. 또한 훌륭한 이미지를 자유롭게 쓰도록 공개해준 크리에이티브 커먼즈 프로젝트 이미지 컬렉션의 담당자에게도 감사드린다. 이 컬렉션이 관대하게 이미지를 무료로 제공한 덕분에 이 책의 비용이 줄었고 독자들에게 더 쉽게 다가갈 수 있었다.

마지막으로 나와 가장 가까운 가족 크리스털, 샤인, 오리엔에게 다시금 고마움을 전한다. 이들이 열정적으로 지지해준 덕분에 항상 행복했고 한동안 집안일에서 벗어날 수 있었다.

주

1장 사기꾼은 어디에나 존재한다

1. Ghoul, Griffin, and West (2014).
2. 일부 생물학자들은 유기체가 협력 시스템에 대해 조작을 가할 때만 기만이라 간주하며, 모방과 같이 환경 조건에 적응하는 경우는 기만이라 간주하지 않는다. 이러한 미묘한 구분은 연구자들이 정확하게 의사소통하는 데 필요하다.
3. Jersakova, Johnson, and Kindlmann (2006).
4. Müller-Schwarze (2006).
5. 송로는 터무니없다고 여겨질 만큼 가치가 높게 매겨진다. 유럽산 흰송로는 파운드당 4,000달러까지도 나간다. 최고 기록은 2007년 이탈리아산 3.3파운드(1.5킬로그램)짜리 흰송로에 매겨진 가격으로 33만 달러에 이른다. 송로의 가치가 높은 이유는 균류의 스테로이드가 인간의 몸에서도 발견되기 때문일지도 모른다. 땀에 젖은 인간의 겨드랑이에도 균류와 유사한 스테로이드가 존재한다. 스테로이드 냄새를 맡으면 성적인 본능이 자극되어, 상대가 더 매력적으로 느껴진다. 성적인 매력을 돈으로 살 수 있는 셈이다.
6. Strassmann, Zhu, and Queller (2000).
7. Khare and Shaulsky (2010).
8. Santorelli et al. (2008).
9. Griffin, West, and Buckling (2004). Butaité et al. (2016). Bruce et al. (2017).
10. Bruce et al. (2017).
11. Turner (2005). Díaz-Munoz, Sanjuán, and West (2017).
12. 이 주제는 뜨거운 논쟁을 불러일으키고 있다. 일부 정크 DNA는 아직 알려지지 않은 기능이 있을 수 있지만, 그것은 시간이 지남에 따라 우리의 게놈에 히치하이크를 하는 것처럼 몰래 올라탄 DNA일 수도 있다. Palazzo and Gregory (2014)를 참조하라.

13. Hurst and Werren (2001).

14. Batzer and Deininger (2002).

15. Sun et al. (2012).

16. Hancks and Kazazian (2016).

17. Burt and Trivers (2006). Bourke (2011).

18. Rice (2013).

19. Hurst and Werren (2001).

20. Kiers et al. (2003).

21. Porter and Simms (2014).

22. Sosis and Alcorta (2003).

23. Lixing Sun, "Would Twitter Ruin Bee Democracy?," Nautilus, December 14, 2017, http://nautil.us/issue/55/trust/would-twitter-ruin-bee-democracy.

2장 속임수의 제1법칙: 거짓말

1. 두 사람이 경쟁자라 하더라도 규칙을 동반하는 의사소통을 통해 둘 다 이익을 얻을 수 있다. 둘 모두에게 불필요한 비용(예컨대 시간, 에너지, 부상)을 들이지 않아도 된다.

2. Dawkins and Krebs (1978).

3. 계산은 다음과 같다: 실제 거래인 경우 1×34.21퍼센트(사기인 경우)$+3 \times [1-(34.21$퍼센트$)]$.

4. Ghoul, Griffin, and West (2014).

5. Zuk, Rotenberry, and Tinghitella (2006).

6. Maynard-Smith and Harper (2003). Scott-Phillips et al. (2012).

7. Bugnyar and Kotrschal (2004). Bugnyar and Kotrschal (2002).

8. Steele et al. (2008).

9. Coussi-Korbel (1994). Hauser (1992). Anderson et al. (2001).

10. Hirata and Matsuzawa (2001). De Waal (1982). Goodall (1986).

11. Moller (1990).

12. Tamura (1995).

13. Plath et al. (2008).

14. De Waal (2019).

15. Zhang, Sun, and Novotny (2007).

16. 당시 나는 중국에서 1,000년 전부터 귀뚜라미 싸움을 취미이자 격렬한 스포츠라고 여겼다는 사실을 잘 몰랐다. 오늘날 중국의 여러 도시에서는 공정한 경쟁을 위해 복싱처럼 체급을 꼼꼼하게 나눠 귀뚜라미 싸움 대회를 개최하고 있다. 베이징에서는 매년 전국 선수권 대회까지 열고 있다. 살아 있는 귀뚜라미를 거래하는 사업이 수백

만 달러 규모의 산업으로 성장한 것도 당연하다.

17. Steger and Caldwell (1983).
18. McLain et al. (2010).
19. Bee, Perrill, and Owen (2000). Sullivan-Beckers and Crocroft (2010).
20. McQuire et al. (2018).
21. Byrne and Whiten (1985). Byrne and Whiten (1990).
22. Slocombe and Zuberbühler (2007).
23. Baglione et al. (2010).
24. Fan et al. (2018).
25. Heinsohn and Packer. (1995).
26. 이런 독특한 메커니즘을 반수이배체 성 결정이라고 하며 꿀벌, 말벌, 개미에서 흔히 볼 수 있다. 이러한 사회적 곤충에서는 한 세트의 게놈(1n 또는 반수체)만 있는 수정란은 수컷으로 발달하지만, 두 세트의 게놈(2n 또는 이배체)을 가진 수정란은 암컷으로 발달한다.
27. Nonacs (2006). Beekman and Oldroyd (2008).
28. Riehl and Frederickson (2016).
29. Nunn and Lewis (2001).
30. Wickler (1968).
31. 은화가 일어나면 개울에서만 지내던 작은 무지개송어가 큼직하고 바다를 돌아다니는 스틸헤드송어로 변형된다. 두 가지 형태가 크게 다른 만큼 한동안 많은 사람이 둘은 별개의 종이라고 생각했다.
32. Bass (1996).
33. Fergus and Bass (2013).
34. Sinervo and Lively (1996).
35. Whiting, Webb, and Keogh (2009).
36. Mason et al. (1989).
37. Crews and Garstika (1982).
38. Mason et al. (1989).
39. Mank and Avise (2006).
40. Gerhardt and Huber (2002).
41. 이러한 정보 비대칭성은 플레이어가 자기 손에 쥔 카드를 완전히 알고 타인의 카드를 추측해야 하는 게임에서 흔히 발생한다. 따라서 텍사스 홀덤 같은 카드 토너먼트에서는 허세가 게임의 일부다. 반면에 체스 경기는 정보가 양쪽에 모두 열려 있고 두 플레이어 모두에게 대칭적이다. 정보가 플레이어에게 대칭적인 게임에서는 트릭을 사용하기가 어렵다. 동등한 플레이어 사이에서는 속임수 같은 기술이 효과적이지 않다. 이런 경우 대놓고 허세를 부리는 기술은 덜 사용된다.

42. Hare and Atkins (2001). Pollard and Blumstein (2012).
43. 과민 반응은 동물 새끼들을 위한 진화적인 적응이다. 어떤 징후가 위험하고 어떤 징후가 그렇지 않은지 모르는 상황에서는 과소 반응하는 것보다 과민 반응이 더 낫다.
44. Riehl and Frederickson (2016).

3장 속임수의 제2법칙: 기만

1. Stevens (2016).
2. 여러분이 살바도르 달리의 작품에 익숙하다면 알겠지만 덩치가 고래만 한 우주 코끼리는 예술가의 머릿속 초현실적인 세계에만 존재한다.
3. 흥미롭게도 시각장애인이 훈련을 거치면 반향정위를 이용해 주변 물체의 위치를 매핑할 수 있다. 몇몇은 이런 작업에 꽤 능숙해질 것이다. 이 정보를 처리하는 센터는 일차 시각 피질에 있는 것으로 보인다. Norman and Thaler (2019)를 참고하라.
4. '감각 편향'은 최근 '지각 편향'이라는 용어로 확장되었다. Ryan and Cummings (2013)를 참조하라. 하지만 '지각'이라는 용어를 더 일반적인 '인지'로 대체해야 현상을 더 포괄적으로 아우를 수 있다고 생각한다. 그럼에도 본문에서 '감각 착취'라는 용어를 계속 쓴 것은 이미 기존 문헌에 이 용어가 널리 쓰이기 때문이다.
5. Schaefer and Ruxton (2009).
6. Eberhard (1977).
7. Stegen, Gienger, and Sun (2004).
8. 학술적으로 말하면 단기적인 색 변화는 '생리학적 색 변화'라고 하고 장기적인 색 변화는 '형태학적 색 변화'라고 한다. 둘의 차이에 대해서는 아직 완전히 명확하게 설명할 수 없지만, 일단 둘 다 색소체(chromatophore)라 불리는 피부의 색소 세포와 관련이 있다.
9. Wallace (1867).
10. Stevens (2016).
11. Vallin et al. (2005).
12. Vallin et al. (2005). Vallin, Jakobsson, and Wiklund (2007).
13. Caro et al. (2014). Caro (2016).
14. Kojima et al. (2019).
15. Stevens (2016).
16. Stevens (2016).
17. Darwin (1859).
18. 이는 제2차 세계대전 이후의 유럽이나 한국 전쟁 이후의 한국 등 큰 전쟁을 치르고 난 이후의 인간 사회에서 발생할 수 있다. 두 경우 모두 생존한 남성의 수가 여성의 수보다 훨씬 적어져서 사실상 일부다처제가 공식·비공식적으로 허락되었다.

19. Trivers (2011).

20. Hanlon, Forsythe, and Joneschild (1999). Hanlon et al. (2005).

21. Müller (1879).

22. 일반적으로 생물학자들 사이에서 베이츠 의태와 달리 뮐러 의태는 근본적으로 다른 두 가지 유형의 모방으로 인식된다. 하지만 둘 다 포식자의 인지 체계를 활용한다는 점에서 작동 방식은 하나로 수렴한다.

23. Stevens (2016).

24. Cheney (2012).

25. Hafernik and Saul-Gershenz (2000).

26. Saul-Gershenz and Millar (2006).

27. Kikuchi and Pfennig (2010).

28. Stevens (2016).

29. Kelley et al. (2008).

30. Barber and Conner (2007).

31. Nelson (2012).

32. Nelson and Jackson (2009).

33. Als et al. (2004).

34. Barbero et al. (2009).

35. Akino et al. (1999).

36. Stevens (2016).

37. Allies, Bourke, and Franks (1986).

38. Stevens (2016).

39. Gilbert (1982).

40. Kurup et al. (2013).

41. Bauer et al. (2015).

4장 배신의 자연사, 정직은 어떻게 살아남는가?

1. 샤인은 평생 저축한 돼지 저금통에 있는 77달러로 절반을 갚겠다고 고집하다가 '파산'을 당했다.

2. Ratnieks and Wenseleers (2005).

3. Dugatkin (1992).

4. Dugatkin (1991).

5. Dugatkin (1997).

6. 진핵생물이란 세포에 핵과 세포소기관을 갖춘 생물을 말한다. 원생생물, 조류, 균류, 동식물이 여기에 포함된다. 반면 원핵생물은 세포에 핵과 세포소기관이 없는 생물

이다. 박테리아와 고세균이 이 범주에 들어간다. 박테리아는 유전자의 구성을 다양하게 하는 여러 가지 방법을 가지고 있다. 그중 잘 알려진 것은 접합(conjugation)이다. 작은 관으로 연결된 두 박테리아가 플라스미드라 불리는 DNA 분자를 교환하는 과정이다.

7. 상대적인 크기로 보면 키위의 알이 가장 크다. 키위 알의 질량은 성체 몸무게의 최대 4분의 1이나 나갈 수 있다. 인간의 경우 여성의 일생에 걸쳐 약 400개의 난자가 만들어진다. 한편 한 번 사정될 때 나오는 정자 세포의 수는 수억 개이며 남성의 일생에 걸쳐 약 5조 개에 달한다.

8. "Most Prolific Mother Ever," Guinness World Records (website), https://www.guinnessworldrecords.com/world-records/most-prolific-mother-ever?fb_comment_id=84106.

9. 수컷과 암컷에 대한 이러한 고전적인 고정관념은 생물학적인 실제 현실을 굉장히 단순화한 결과물이며 종종 잘못된 경우가 많다. 이는 훨씬 더 복잡하고 미묘한 문제다. 예컨대 최근 여러 명금류 종의 암컷이 수컷의 번식 전략으로 여겨졌던 울음소리를 내는 것으로 밝혀졌다. Riebel et al. (2019)을 참고하라.

10. Westneat (1987).

11. Griffith, Owens, and Thuman (2002).

12. Gerlach et al. (2012).

13. Arnqvist and Kirkpatrick (2005).

14. 이는 학계의 공식 용어로 '매력적인 아들 가설'로 알려져 있다. 원리는 다음과 같다. 수컷이 둘 이상의 암컷과 짝짓기를 하는 일부다처제 종에서 베이트먼의 규칙을 자세히 살펴보면 매력적인 아들을 낳아야 번식 성공률이 몇 배나 높아진다. 그렇기에 매력적인 아들은 유전적인 홈런인 셈이며 매우 번식력이 높은 딸조차 따라잡을 수 없다.

15. Gerlach et al. (2012).

16. 인간의 경우 아버지는 얼굴의 특징이 자신과 닮은 자식을 선호한다. 한 연구에 따르면 어린이의 디지털 이미지를 조작해서 보여준 결과 남성은 여성에 비해 자신과 닮은 어린이에게 더 많은 시간과 돈을 투자할 의향을 내비쳤다. Platek et al. (2002)을 참고하라.

17. Kempenaers and Schlicht (2010).

18. Watts (1989). Sommer (1994).

19. Bruce (1959).

20. 매몰 비용의 오류란 사람들이 이미 잃은 투자금을 회수하기 위해 더 많은 돈과 노력을 쏟아붓는 경향을 말한다. 이것은 위험을 회피하고자 하는 우리의 정신적 편향성과 관련이 있다.

21. 나보다 비버를 더 많이 잡아본 사람은 없다고 단언할 수 있기에, 나는 식민지 시대

미국의 유명한 비버 사냥꾼이었던 마운틴 맨의 환생이라고 스스로 자랑스럽게 선언할 정도였다. 한편 비버의 카스토레움 주머니는 당시 고급 향수를 만드는 주재료로 여겨졌다.

22. Sun and Müller-Schwarze (1998). Sun (2003).

23. Zhang et al. (2007). Liu et al. (2008).

24. 이것을 '최적 번식'이라고 한다. 이 방법을 통해 동물은 가까운 친척과의 교배와 같은 극단적인 근친교배와 다른 종과의 교배 같은 극단적인 비근친 교배를 피할 수 있다. 이는 둘 다 적합도가 저하되는 결과로 이어진다.

25. Syrůčková et al. (2015).

26. Crawford et al. (2008).

27. 내 연구 기록에 따르면 복잡한 대가족에서 몇몇 성인 남성은 서로 형제처럼 보였다. 즉 그들의 자손은 같은 군집에서 생활하는 사촌일지도 모른다. 이런 기록이 유전학적으로 확인된 것은 아니지만 말이다.

28. Cui, Tang, and Narin (2012).

29. Chen et al. (2019).

30. 1930년 진화생물학자 R. A. 피셔는 공작의 꼬리가 어떻게 진화했는지 설명하는 하나의 가설을 제안했다. 하지만 이 가설은 더욱 포괄적인 패턴을 설명하기에는 지나치게 한정적인 것처럼 보인다. 다음 장에서 피셔의 아이디어에 대해 소개할 예정이다.

31. Zahavi (1975).

32. Hamilton and Zuk (1982).

33. Zhang et al. (2008).

34. Zahavi and Zahavi (1997).

35. Barsh (2016).

36. Mundy et al. (2016). Lopes et al. (2016).

37. Hagelin (2002).

38. Tibbetts and Izzo (2010).

39. Bshary (2002).

40. Fitzgibbon and Fanshawe (1988).

41. Andrews et al. (2017).

42. 그렇기에 오늘날 많은 프로 스포츠에서는 도핑을 엄격하게 금지하고 있다. 사람들은 운동선수가 부정행위를 통해서가 아니라 정직하게 실력을 보여주기를 바란다.

43. Strassmann (2003).

44. Greitemeyer, Kastenmüller, and Fischer (2013).

45. Bird and Smith (2005).

46. Bird and Smith (2005).

47. Veblen (1899).

48. Densley (2012).

49. Cloud and Taylor (2019).

50. Ian Steadman, "'Trillions of Carats' of Diamonds Found under Russian Asteroid Crater," Wired, September 18, 2012, https://www.wired.co.uk/article/russian-diamond-smorgasbord.

51. Barclay and Willer (2006).

52. Lyle, Smith, and Sullivan (2009).

53. Irons (2001).

54. Wood (2016).

55. Iannaccone (1994). Olson and Perl (2005).

56. Wilkinson (1990). Carter and Wilkinson (2013).

5장 혁신의 촉매제, 속임수

1. 다음 유튜브 링크에서 전체 곡을 들을 수 있다. Sonya Spence, "No Charge," July 18, 2013, www.youtube.com/watch?v=N0f7K6CyZ14.

2. 많은 새가 자기 둥지에 있는 알의 수를 셀 수 있는 만큼 알을 바꿔치기하면 숙주의 의심을 피할 수 있다.

3. 웃지 마라. 진짜다. 우리도 비슷한 일을 한다. 사랑하는 사람들의 작고 편평한 사진이나 이미지를 지갑이나 휴대폰에 넣어 마치 진짜인 것처럼 다루는 게 그런 예다.

4. 또한 개개비들은 뻐꾸기가 그들의 둥지를 떠나지 못하도록 무리 짓기 같은 다른 수단을 사용하기도 한다. Davies and Wellbergen (2009)을 참고하라.

5. 행동경제학에서는 이를 기준 금리라고 하는데, 이것을 계산하려면 베이지안 통계학이 필요하다.

6. Davies, Brooks, and Kacelnik (1996).

7. Feeney, Welbergen, and Langmore (2014).

8. Trivers (2011).

9. Soler, Pérez-Contreras, De Neve (2014).

10. 아프리카에 서식하는 벌꿀길잡이새는 벌꿀오소리나 사람과 커뮤니케이션하며 꿀이 어디에 있는지 알려준다. 꿀벌의 둥지를 찾아낸 이 새들은 특별한 울음소리를 내서 모집한 동물들을 안내한다.

11. Tanaka and Ueda. (2005).

12. Colombelli-Négrel et al. (2012).

13. Hoover and Robinson (2007).

14. Hoover and Robinson (2007).

15. Lyon and Eadie (2008).

16. 곤충의 경우 알을 버리는 행위(자신의 종 구성원의 둥지에 알을 몰래 넣는 행위)가 반드시 해로운 것은 아니라는 증거도 존재한다. 따라서 이러한 관계는 기생이라기보다는 상호주의적인 공생일 수 있다.

17. Michener (2000).

18. Cosmides and Tooby(1992). 더 일반적으로 이 주제를 개괄하고 싶다면 다음을 참고하라. Christopher Badcock, "Making Sense of Wason," Psychology Today, May 5, 2012. www.psychologytoday.com/us/blog/the-imprinted-brain/201205/making-sense-wason.

19. 일부 연구자들은 이 특정한 선택적 요소를 '사회적 선택' 또는 '문화적 선택'이라는 용어로 부른다.

20. 벌거숭이두더지쥐 역시 밀접한 유전적 연관성을 가지고 있어 진사회성 시스템을 진화시켰다.

21. DeCasien, Williams, and Higham (2017).

22. Ashton, Thornton, and Ridley (2018).

23. 뇌 크기와 개체 크기의 관계에는 여전히 논란의 여지가 있다. Street et al. (2007) 같은 일부 연구에서는 이를 지지하지만 Powell et al. (2017) 같은 연구에서는 이를 반박한다.

24. Dunbar and Schultz (2007).

25. Lindenfors, Nunn, and Barton (2007).

26. Byrne and Whiten (1992).

27. Byrne and Corp (2004).

28. Krupenye et al. (2016).

29. Gopnik (1993).

30. De Waal (2019).

31. Kiazad et al. (2010).

32. Bereczkei et al. (2015).

33. Wilson, Near, and Miller (1996).

34. Barrett and Henzi (2005).

35. Byrne (2018).

36. Bell and Buchner (2012).

37. Levine (2019).

38. Dunbar (1998).

39. Dunbar (1992).

40. Gonçalves, Nicola, Alessandro (2011). Norwitz (2009).

41. Dunbar (1998). Dunbar (2004).

42. Talwar and Crossman (2011).

43. 정답은 크레디트스위스의 카림 세라겔딘 한 사람이다. 아이슬란드에서는 은행가 25명, 스페인에서는 은행가 11명, 아일랜드에서는 은행가 7명이 처벌을 받았던 것과 비교된다. 미국 은행가와 금융회사의 경영진이 처벌을 피한 주요 이유 중 하나는 미국의 정치 및 형사 사법 시스템의 허점을 발견하고 악용했기 때문일 것이다.

44. Burley (1988).

45. Basolo (1990).

46. 그들이 사용한 방법은 국소적인 제곱 변화량 간결성 분석(squared-change parsimony)과 제곱 변화량 간결성 분석으로, 두 종의 울음소리의 평균치를 구하는 것보다 좀 더 정교한 방식이었다.

47. Ryan and Rand (1999).

48. Rosenthal and Evens (1998).

49. Christy (1995). Proctor (1991).

50. Hughes et al. (2015). Fernandez and Morris (2007).

51. Burley and Symanski (1998).

52. 동물들은 시각적 착시 현상을 이용해 주변 배경에서 눈에 띄기도 하고 섞여들어 눈에 띄지 않기도 한다. 렘브란트가 시각적 대비를 활용해 눈을 속이는 것과 마찬가지로 경고색은 의도적으로 눈에 띄기 위해 사용한다. 반대로 등이 어두운색이고 아랫배가 밝은 반음영(countershading) 색상을 가진 동물은 물과 육지에서, 그리고 위쪽과 아래쪽에서 자신을 발견하기 어렵게 한다.

53. Gasparini, Serena, and Pilastro (2013).

54. 미국인들은 이 덜 매력적인 구피 수컷을 지칭할 때 무미건조한 '포일'이라는 단어 대신 속어 사전에서만 찾아볼 수 있는 '스투트피시(stootfish)'라는 단어를 사용해 이 수법의 진짜 창안자인 물고기의 공로를 엉겁결에 인정했다.

55. Kelley and Endler (2012).

56. Macknik, Martinez-Conde, and Blakeslee (2011).

57. 여기서 추상 미술이란 20세기 초 칸딘스키, 몬드리안, 말레비치로 대표되는 유명한 미술 유파를 지칭하지 않는다. 사물을 우리의 시각적 지각과 근본적으로 다르게 표현하는 시각 예술을 일반적으로 지칭하는 말이다.

58. Singer et al. (2016).

59. Juslin and Västfjäll. (2008).

60. Brattico, Brattico, and Vuust (2017).

61. Brattico et al. (2016).

62. Endler (1992).

63. 피셔의 폭주 과정이 어떻게 과장된 특성을 만들어낼 수 있는지에 대한 더욱 대중적인 설명은 Prum (2017)을 참고하라.

64. Kokko et al. (2002).

65. 몇몇 사람들은 좋은 유전자라는 개념을 사용하려면 유전적 상관관계가 필요하다고 주장하지만, 이 조건이 자하비의 원래 가설에 명시되어 있지는 않다.

66. 최근 연구에 따르면 수컷의 형질과 암컷의 형질 선호도 사이에 유전적인 연결고리가 항상 필요한 것은 아닐 수도 있다. Talor and Ryan (2013)을 참고하라.

67. Schmidt et al. (2017).

68. 2021년 전설적인 투자 회사 펀드매니저 캐시 우드(Cathie Wood)는 비트코인의 개당 가격이 50만 달러에 달할 것으로 예측했다.

69. Alain Sherter, "One Word Explains What Caused the Financial Crisis: Fraud," CBS News (website), May 5, 2010, https://www.cbsnews.com/news/one-word-explains-what-caused-the-financial-crisis-fraud/.

70. 당시 익명의 구매자는 사우디아라비아의 문화부 장관 바드르 빈 압둘라(Badr bin Abdullah) 왕자였다.

71. Travis M. Andrews and Fred Barbash, "Long-lost da Vinci Painting Fetches $450.3 Million: An Auction Record for Art," Washington Post, November 16, 2017, https://www.washingtonpost.com/news/morning-mix/wp/2017/11/15/unimaginable-discovery-long-lost-da-vinci-painting-to-fetch-at-least-100-million-at-auction/.

72. Dutton (2009).

6장 인간이 저지르는 속임수의 패턴

1. 이 영화는 애버그네일의 자서전(New York: Crown, 2000)에서 영감을 받았지만, 책에 실린 세부 사항을 전부 그대로 따르지는 않았다. 이 장에서 애버그네일에 대한 모든 정보와 인용문은 자서전에서 가져온 것이다. 이 책을 자주 인용한 만큼 참조한 페이지 수는 생략했다. 애버그네일 자신이 기록한 내용은 외부에서 독립적으로 검증되지 않았기에 이 책에서는 단지 서사를 발전시키기 위한 문학적 장치로만 사용하고 있다.

2. DePaulo and Kashy (1998).

3. 최근 기사에서 애버그네일은 디지털 시대에 들어서며 신원 도용이 예전보다 4,000배는 더 쉬워졌다고 주장한다. 애버그네일에 따르면 가짜 신분을 생성하려면 날짜와 출생지라는 두 가지 정보만 있으면 된다. 안타깝게도 이 두 가지는 페이스북을 위시한 디지털 소셜 네트워크에서 많은 사람이 자발적으로 제공하는 정보다.

4. Adams (1999).

5. Toma and Hancock (2010).

6. Treas and Giesen (2000). Whisman, Gordon, and Chatav (2007).

7. Wiederman (1997). Atkins, Baucom, and Jacobson (2001).

8. Tyler McCarthy, "Ashley Madison Hack Update," International Business Times, August 25, 2015, https://www.ibtimes.com/ashley-madison-hack-update-all-high-profile-celebrity-names-attached-private-2066211.

9. Petersen and Hyde (2010).

10. 여성들은 혼외 관계에 대한 의지를 공개적으로 드러내거나 일부 남성이 그렇듯 성적인 정복을 과시하기보다는 이런 정보를 숨기는 경향이 있다. 설문조사에 따르면 여성은 남성에 비해 성적 파트너가 현저히 적은 편이다. 이런 성향 때문에 숫자가 맞지 않아 연구자들이 골탕 먹는 경우도 생긴다.

11. Arslan et al. (2018).

12. Jones, Hahn, and DeBruine (2019).

13. Bellis and Baker (1990).

14. Janus and Janus (1993).

15. Walum and Westberg (2011).

16. 이러한 유전자 데이터를 해석할 때 주의해야 할 사항이 있다. 첫째, 어떤 유전자가 특정 행동의 변이에서 40퍼센트를 차지할 때 그 결과는 특정 개인이 아닌 집단의 통계적 패턴을 가리킨다. 둘째, 환경이나 문화적 조건이 바뀌면 유전적 영향력의 가치가 달라진다. 대부분의 유전자는 상황에 따라 다르게 작용하므로 유전자가 형질, 특히 행동학적 형질을 완전히 결정짓는 경우는 드물다.

17. Garcia et al. (2010).

18. Buss and Abrams (2017).

19. Larmuseau, Matthijs, and Wenseleers (2016).

20. Anderson (2006).

21. Scelza (2011).

22. Schmitt and Buss (2001).

23. Jankowiak, Nell, and Buckmaster (2002).

24. Daly and Wilson (1988). Betzig (1989). Goetz and Shackelford (2009).

25. Buss (2002).

26. 적어도 문학작품 속에서는 그렇다. 실제로는 그렇게 하지 않았을 수도 있다.

27. 내 친할머니는 전족을 직접 하던 중국 여성의 마지막 세대였다. 그래서 할머니는 넘어지지 않으려고 걸을 때 벽을 붙잡아야 하는 경우가 많았다. 서양권에서도 신데렐라 이야기에서 알 수 있듯 작은 발은 순결을 암시한다.

28. Tess Sohngen, "11 Ridiculous, Sexist Laws that Still Exist in the US," Global Citizen (website), September 11, 2017, https://www.globalcitizen.org/en/content/sexist-laws-in-the-us-in-2017/.

29. Pazhoohi and Hosseinchari (2014). Pazhoohi (2016).

30. Onyishi et al. (2016).

31. 아첨의 예를 들자면 이런 것이다. 사실은 여러분이 형편없을 때도 "당신은 정말 대단해요!"라고 말하는 것, 사실 조직이 무너지고 있을 때 "우리는 당신의 위대한 리더십 아래 큰 발걸음을 내디뎠습니다!"라고 말하는 것.

32. 우리는 보통 쾌활하고 쉽게 동의하도록 사회적 훈련을 받으며, 사람들은 보통 순응적인 사람을 선호한다. 지나치게 비판적이거나 의심 많은 태도를 보이면 동료나 친구한테서 멀어지기 십상이다. 그렇기에 계산원이나 창구 직원은 대개 고객에게 불편한 질문을 던져 불쾌감을 유발하지 않는다. 같은 이유로 집단 브레인스토밍은 다양한 아이디어를 내는 데 좋지 않다. 사람들은 의견 차이가 나는 것을 피하려고 서로를 바라보며 고개를 끄덕이기 때문이다.

33. 주택저당증권은 1970년대에 루이스 라니에리(Lewis Ranieri)가 만들었다. 그러다 30년이 지나서야 비로소 투자 수단으로 널리 사용되었다.

34. Faiss et al. (2020).

35. 여기 또 다른 사회적 불문율이 있다. 감시 활동은 보통 사람들로부터 환영받지 못한다. 이런 행동을 너무 자주 하다가는 동료나 친구들로부터 소외될 것이다.

36. 버그달은 2017년 군사 법정에서 유죄를 인정했다. 그 결과 계급이 강등되고 불명예제대 처분을 받았으며 1만 달러의 벌금형을 선고받았다. 전체적인 상황을 보면 버그달의 처벌은 관대한 편이었다.

37. "Wells Fargo Account Fraud Scandal," Wikipedia, accessed May 18, 2022, https://en.wikipedia.org/wiki/Wells_Fargo_account_fraud_scandal.

38. Bagus and de Soto (2011).

39. Lynn (2010).

40. Ginsberg (2011).

41. Ginsberg (2011).

42. Toye (2006).

43. Weber (1968/1921). Hodson et al. (2013).

44. Jorgensen (2012).

45. Merton (1957).

46. 특히 공공 부문에서는 채용이 쉽고 해고는 어렵다. 예컨대 미국 연방 기관의 경우 신입 사원은 수습제로 채용된다. 하지만 일단 정규직으로 채용이 완료되면 해고하기가 쉽지 않다. 더 골치 아픈 부분은 이들이 직무에 무능하더라도 직급과 급여가 계속 상승해 맞 좋은 숙주에 기생하는 기생충과 비슷해진다는 점이다.

47. Niskanen (1994). Carnis (2009).

48. Parkinson (1957).

49. Peter and Hull (1969).

50. Yolles (2016).

51. Kawai, Lang, and Li (2018).

52. "United States Intelligence Community," Wikipedia, accessed May 18, 2022, https://en.wikipedia.org/wiki/United_States_Intelligence_Community.

53. Jorgensen (2012).

54. Choi, Wiechman, and Pritchard (2013).

55. 관리자와 당사자 사이의 이해 상충과 정보 비대칭은 일반적으로 본인 대 대리인의 문제(대리인이 위임자보다 자신의 이익을 우선시해서 생기는 문제-옮긴이)로 알려져 있다.

56. Carpenter and Krause (2014).

57. Behn (1997).

58. Meier, O'Toole, and Bohte (2006).

59. 통계에 따르면 정부 인사의 최대 1퍼센트가 대통령의 임명, C 계획 임명(기밀 정책 등을 위해 임명자가 직접 임명하는 방식-옮긴이), 고위직 배정에 의해 그 자리에 올라가 있었다. Toye (2006)를 참고하라.

60. 오스트리아의 경제학자 루트비히 폰 미제스(Ludwig von Mises) 역시 1944년에 출판된 영향력 있는 저서 『관료주의(Bureaucracy)』에서 비슷한 견해를 표했다.

61. See the synthesis by Emily Gee and Topher Spiro, "Excess Administrative Costs Burden the US Health Care System," Center for American Progress (website), April 8, 2019, https://www.americanprogress.org/issues/healthcare/reports/2019/04/08/468302/excess-administrative-costs-burden-u-s-health-care-system/.

62. Lockwood, Nathanson, and Weyl (2017).

63. Hodson et al. (2013).

64. Jacoby (2004).

65. Hodson et al. (2013).

66. 이 영상은 다음 유튜브 링크에서 볼 수 있다. "Chinese Professor," Citizens Against Government Waste, October 20, 2010, YouTube video, 1:02, https://www.youtube.com/watch?v=OTSQozWP-rM.

67. Light (2017).

7장 자기기만, 인간은 어떻게 스스로를 속이는가?

1. '너 자신을 알라'라는 말을 처음 사용한 인물은 그리스 철학자 탈레스로 알려져 있다.

2. Hoorens and Harris (1998).

3. Svenson (1981).

4. Alicke and Govorun (2005).

5. Zuckerman, Ezra, and Jost (2001).

6. Cross (1977). Zuckerman, Ezra, Jost (2001).

7. Neale and Bazerman (1985). Odean (1998).

8. 개인의 정체성은 철학적, 심리학적 문제다. 계몽주의 철학자 존 로크에게 이것은 시간이 지나도 기억과 자각을 통해 연결된 동일한 사람이라는 의식을 의미한다. 따라서 과거를 기억할 수 없거나 과거가 지금과 같다고 생각하지 않는다면 사실상 아예 전과 다른 새로운 개인인 셈이다.

9. Trivers (2011).

10. Epley and Whitchurch (2008).

11. Epley and Whitchurch (2008).

12. 상당수의 비인간 동물에서 자기기만의 사례가 보고되었지만, 동물들이 자신에 대해 알고 있다는 것을 입증하기 어려운 만큼 결정적인 증거는 여전히 많이 부족하다. 그럼에도 최근의 한 연구는 수컷 가재의 자기기만에 대한 긍정적인 증거를 제시했다. Anguilletta, Kubitz, and Wilson (2019)을 참고하라.

13. Kruger and Dunning (1999).

14. 때때로 이 현상은 조금 뻔하기는 해도 '워비곤 호수 효과'라고 불린다.

15. 크루거와 더닝의 논문은 터무니없이 놀랍고 재미있는 발견을 내놓은 연구에 수여되는 다소 익살스러운 상인 이그노벨상을 수상했다. 이 상은 부분적으로는 지나치게 진지한 학문적 삶에 풍미를 더하기 위한 것이며, 동시에 당분간은 우리가 완전히 이해할 수 없을 정도로 깊은 함의를 지닌 발견을 위한 것이기도 하다. 크루거와 더닝이 수상한 연구는 확실히 후자의 범주에 속한다.

16. Dunning (2011).

17. 지나치게 정신노동을 해야 하는 사람들은 의지력이 줄어들고 삶에 관한 결정 자체가 바뀔 수 있다. 이는 심리학자들 사이에서 자아 고갈이라 알려진 현상이다. 예를 들어 힘든 일을 하는 사람들은 이전에 건강한 음식만 먹겠다는 다짐을 저버리고 쿠키를 먹을 가능성이 커진다. 또한 이스라엘의 한 연구에 따르면 판사들은 식사 직후 수감자에게 호의적인 가석방 결정을 내렸지만(65퍼센트), 그로부터 다음 식사 전까지 그 확률은 점차 0퍼센트에 가깝게 떨어졌다. Danziger et al. (2011)을 참고하라.

18. 인터넷을 검색하면 이들에 대한 수많은 동영상 클립이 있다. 다음은 그중 하나다. John Shirek, Hope Ford, Johnathan Raymond, "'She was my baby': Father Spoke in Past Tense of Missing 2-week-old before She Was Found Dead," 11 Alive (website), May 10, 2019, https://www.11alive.com/article/news/father-spoke-of-missing-2-week-old-in-past-tense-while-alone-with-mother-in-interrogation-room/85-70472a8a-c9b5-4a8a-910e-5b0fd62503dc.

19. Alexis Stevens, "Newton County Parents Guilty in 2-week-old's Death," Atlanta Journal Constitution, May 14, 2019, https://www.ajc.com/news/crime--law/breaking-newton-county-parents-guilty-week-old-death/

uJmGfBI0BhSCdWUpKzmigO/.

20. Trivers (2011). Von Hippel and Trivers (2011).

21. Trivers (2011).

22. Kwan et al. (2007).

23. Suls, Lemos, and Stewart (2002).

24. Plassmann et al. (2008).

25. '지구 온난화'와 '기후 변화'라는 용어는 각각 1975년, 1979년에 처음 등장했다. 오늘날에는 '기후 변화'가 더 광범위하게 쓰이는데, 그 부분적인 이유는 조지 W. 부시 행정부가 지구 온난화의 잠재적인 위기를 완화하려는 정치적 노력을 벌였기 때문이다. 동시에 이 용어가 전 세계적으로 따뜻해지는 기후와 그에 따른 국소적이고 변덕스러운 날씨 변화를 아우르는 포괄적인 특성이 있기 때문이다.

26. Ditto and Lopez (2003).

27. Mather and Carstensen (2005).

28. Tavris and Aronson (2015).

29. D'Argembeau and van der Linden (2008).

30. Loftus and Pickrell (1995).

31. Howe and Knott (2015).

32. Schreiber et al. (2006).

33. Trivers (2011).

34. 이것은 Walton (2019)에서 가져온 일부 목록이다.

35. 정치인들은 종종 정직하지 못하다는 선입견과 비난의 대상이 된다. 하지만 유권자들은 이에 대해 전혀 책임이 없을까?

36. 독사와 마주칠 확률은 대개 희박하지만, 아프리카 부족민들처럼 뱀이 들끓는 숲에 산다면 그것은 살면서 거의 확실히 일어나는 일이다.

37. Galperin and Haselton (2012).

38. 심리학이나 정신의학에서는 존재하지 않는 패턴을 인지하는 증상을 파레이돌리아(pareidolia, 변상증이라고도 함)라고 하며, 무작위한 두 사건을 연결하는 증상을 아포페니아(apophenia)라고 한다.

39. 이 약의 실체가 무엇이었는지 정확히 알아보지는 않았지만, 그렇게 독성이 강하지 않아서 다행이다.

40. Bingel et al. (2011).

41. Benedetti, Carlino, and Pollo (2011).

42. Benedetti and Piedimonte (2019).

43. Fournier et al. (2010).

44. Charlesworth et al. (2017).

45. Price, Finniss, and Benedetti (2008). Benedetti (2009).

46. De Craen et al. (1996).

47. Kaptchuk and Miller (2015).

48. Benedetti, Carlino, and Pollo (2011).

49. Wager et al. (2004).

50. Scott et al. (2007).

51. Benedetti (2010).

52. 과학은 반증이라는 강력한 방법을 통해 발전한다. 반증을 통해 진리가 축적되고 거짓은 도태되기 때문이다. 하지만 대체 의학은 이러한 방법론을 따르지 않기에 그 결과 지식 체계가 진짜 과학만큼 발전하지 못한다. 예컨대 중국 의학은 지금으로부터 2,000년 전 『황제내경』이 편찬된 이후로 그다지 큰 이론적 돌파구를 찾지 못했다. 오늘날에도 전통 중국 의학의 임상시험은 상당수 이중 맹검 임상시험을 통한 무작위 배정 같은 표준화된 과학적 절차를 여전히 엄격하게 따르지 않는다.

53. McGeeney (2015).

54. Linde et al. (2005). Linde et al. (2007).

55. Finniss et al. (2010).

56. McGeeney (2015).

57. Kaptchuk and Miller (2015).

58. Kaptchuk and Miller (2015).

59. Finniss et al. (2010).

60. 우울증에 걸린 사람들은 세상에 대해 더 현실적인 시각을 갖는 경향이 있는데, 여기에는 인생의 통제력을 잃는다는 느낌이 포함된다. Alloy and Clements (1992)를 참고하라. 하지만 그럼에도 이들은 진정한 비관론자에 비하면 여전히 낙관적인 편이다.

61. Dufner et al. (2012).

62. Carver, Scheier, and Segerstrom (2010).

63. Bishop, Tuchfarber, and Oldendick (1986). Graeff (2003). Paulhus et al. (2003).

64. Atir, Rosenzweig, and Dunning (2015).

65. Darwin (1871).

66. Paulhus et al. (2003).

67. Rozenblit and Keil (2002).

68. Lusardi and Mitchell (2009).

69. Vnuk, Owen, and Plummer (2006).

70. Trivers (2011).

71. Trivers (2011).

72. Chatterjee and Hambrick (2011).

73. Eisenegger et al. (2017).

74. Kamiya, Kim, and Suh (2016).

75. Dawson, Savitsky, and Dunning (2006).

76. "Cryptoqueen: How this Woman Scammed the World, then Vanished," BBC News, November 24, 2019, https://www.bbc.com/news/stories-50435014.

77. 그의 이름은 이고르 앨버츠(Igor Alberts)이며, 자신의 사업으로 1억 유로의 부를 축적했다고 주장했다. 그런데 피라미드 사기와 그 변종은 여러 국가에서 사실 불법은 아니다. 뉴욕증권거래소에 상장된 기업인 허벌라이프 역시 이 모델을 기반으로 한 사업체로 보인다.

78. Vosoughi, Roy, and Aral (2018).

79. Grinberg et al. (2019).

80. "The Disinformation Dozen," Center for Countering Digital Hate (website), March 21, 2021, https://www.counterhate.com/disinformationdozen.

81. Nyhan and Reifler (2010).

82. Bail et al. (2018).

83. Westen et al. (2006).

84. Greenberg, Solomon, and Pyszczynski (1997).

85. Albarracín and Mitchell (2004). Kumashiro and Sedikides (2005).

86. 답은 다음과 같다. 1. 어니스트 헤밍웨이 2. 간디 3. 랠프 월도 에머슨 4. 알베르트 아인슈타인 5. 노자 6. 알렉산더 포프 7. 벤저민 프랭클린 8. 공자. 곧 살펴보겠지만 자기 과신은 여성보다 남성에게 더 큰 문제가 된다는 점에 유의하라. 그러니 우리가 겸손해지도록 돕는 가장 인상적인 명언들 또한 다 남성들의 말인 것도 전혀 이상하지 않다.

87. Armitage et al. (2008).

88. 확증 편향을 극복하는 한 가지 방법은 심리 상담에서 실시하는 동기 부여 인터뷰다. 마음을 터놓고 질문하다 보면 사람들은 자신의 선입견을 재검토하는 등 자기 모습을 재발견하는 기회를 얻게 된다.

89. Kaufmann (2008).

90. Ehrlinger and Dunning (2003).

91. Hoobler et al. (2016).

92. 연구 결과에 따르면 티베트마카크원숭이의 경우 암컷이 집단 결정에 더 많이 참여할수록 결정의 속도와 정확도가 높아진다고 한다. 암컷들 간의 사회적 연결이 더 잘 이루어질 때 의사 결정 과정을 촉진하는 것으로 보인다. 이에 대해서는 Fratellone et al. (2019)을 참고하라. 하지만 암컷 원숭이가 수컷에 비해 자기 과신에 빠질 가능성이 낮은지 아닌지는 판단하기 어렵다.

93. Hoobler et al. (2016).

8장 속임수와 함께 지혜롭게 살아가는 법

1. Tenbmnsel (1998).
2. 구글은 결국 유튜브를 16만 5,000만 달러에 인수했다. 그리고 유튜브는 2019 회계 연도에만 구글 측에 151억 5,000만 달러의 광고 수익을 안겨주었다.
3. Thaler and Sunstein. 2008.
4. Gneezv (2005).
5. Friedman (1970).
6. Murphey, Laczniak, and Wood (2007). Brenkert (1999).
7. Borgerson and Schroeder (2008).
8. 이는 완전히 새로운 논쟁의 여지를 제공한다. 우리는 사법 제도가 부당할 때도 여전히 정직해야 할까? 빅토르 위고(Victor Hugo)의 소설 『레미제라블』에서 자베르 경감은 자신이 그동안 열성적으로 옹호해온 사법 제도에 대한 믿음을 잃었다는 이유로 센강에 뛰어들어 생을 마감한다.
9. 사회적 관습은 법을 압도할 수 있다. 예를 들어 많은 곳에서 사람들은 제한 속도보다 시속 8~14킬로미터 정도를 더 빨리 운전한다. 무조건 법을 준수하겠다고 고집하다가는 교통 체증을 유발하고 다른 운전자들에게 한 소리 들을 가능성이 높다. 게다가 주변의 교통 흐름에 따르지 않으면 내가 위험해지는 경우도 종종 생긴다.
10. 철학자들은 다음과 같은 질문을 던질 수 있다. 정장을 입은 공적인 나와 티셔츠를 입은 사적인 나 가운데 무엇이 진짜 나의 모습일까? 정답은 한쪽이 외적으로 다른 한쪽보다 나을지라도 양쪽 다 나의 모습이라는 것이다. 이런 이중적 특성은 나 자신의 약점을 덮어 더 나은 공적인 이미지를 내세우는 일이 얼마나 중요하고 또 필요한지를 보여준다.
11. 사람들은 으레 자신의 모습이 더 멋져 보이도록 단장한다. 공적으로 사용할 사진을 고를 때 더 잘 나온 사진을 내미는 것은 비록 그럴 의도가 딱히 없더라도 엄밀히 따지면 정의상 완전히 정직한 것은 아니다. 이는 타인에게 잘 보이려고 에어브러시 따위로 디지털 이미지를 수정하고 미화하는 것과 비슷하다.
12. 사실 글래드웰은 데이터를 골라서 쓰는 것보다 훨씬 나쁜 행동을 했다. 2010년부터 여러 언론 매체로부터 저작 자체를 표절했다는 비난을 받아왔기 때문이다.
13. Malcolm Gladwell, "Christopher Chabris Should Calm Down," Slate, October 10, 2013, https://slate.com/technology/2013/10/malcolm-gladwells-david-and-goliath-he-explains-why-christopher-chabris-criticisms-of-his-book-were-unreasonable.html.
14. Nyberg (1993).
15. Smith (2007). The quote within this quote is from: R. D. Alexander, "The Search for a General Theory of Behavior," Behavioral Science 10 (1975): 96.

16. Taglor (2007).

17. Reddy (2007).

18. Xu et al. (2010).

19. Talwar and Crossman (2011).

20. Lewis (1993).

21. Carlson, Moses, and Hix (1998). Talwar and Lee (2008).

22. Sodian and Frith (1992).

23. Reddy (2007).

24. Dor (2017).

25. Talwar and Crossman (2011).

26. Kant (1797).

27. Weinrib (2008).

28. Kant (1797).

29. Melville (2014).

30. 우리 대부분은 어느 정도 결과주의를 믿기 때문에 친구를 보호하기 위해서라면 거 짓말을 해도 괜찮다고 여긴다. 하지만 칸트에 따르면 결과와 상관없이 올바르게 행 동하는 것에 관심을 가져야 한다. 칸트는 우리에게 거짓말을 하지 말아야 할 도덕적 의무가 있으며, 거짓말의 잘못된 점은 그 결과 때문만은 아니라고 본다. 칸트는 거짓 말이 잘못된 이유로 두 가지 기본적인 논거를 제시한다. 첫째, 우리는 거짓말을 보편 화해서는 안 된다. 모두가 거짓말을 하면 사람들은 내가 실제로 거짓말을 해도 내 말 을 믿지 않을 것이다. 다시 말해 나는 내가 거짓말한 목적을 달성하지 못한다. 거짓 말은 사람들이 타인에게 일반적으로 신뢰를 가질 때 비로소 작동하기 때문이다. 거 짓말을 할 때면 나 자신이 예외가 되어야 한다. 다른 모든 사람이 진실을 말할 때도 나는 거짓말을 한다. 하지만 이는 비합리적이다. 둘째, 거짓말을 할 때 나는 다른 사 람들을 단순히 수단으로만 이용한다. 타인을 조종하거나 강압적으로 대하며, 스스 로 결정을 내리는 개인으로는 인정하지 않는다.

31. Zupancic (2000).

32. Constant (1988).

33. Kant (1797).

34. Carson (2012).

35. "Lie," Wikipedia, https://en.wikipedia.org/wiki/Lie; and based on Augustine' s two books: "On Lying" (De Mendacio) and "Against Lying" (Contra Mendacio).

36. 그렇다고 해서 도덕 원칙이 중요하지 않다는 뜻은 아니다. 오히려 대부분의 사람들 은 현실에서 자신의 원칙과 결과를 조합해 도덕적 결정을 내린다.

37. 민주주의에서 대부분의 정치적·정책적 변화는 일부 사람들, 특히 소수자들에게 피 해를 주어 '다수의 독재'라 불리는 모순적인 상황을 초래하기에 이른다. 이 딜레마

는 순수한 공리주의적인 접근으로는 해결할 수 없다. 그렇기에 소수자 문제를 해결하기 위해서는 몇 가지 의무론적 규칙을 명시적으로 정하는 것이 중요하다.

38. 케이시 스미더먼은 보험 사기 혐의로 기소되었지만 무죄 판결을 받았고, 지역 사회에서 선한 사마리아 사람처럼 행동했던 기록 덕분에 직장도 유지할 수 있었다.

39. 이 같은 경우에 중국 의사들은 환자의 가까운 친척에게 진실한 정보를 공개해야 한다. 그래야 친척들이 후속 치료를 위한 결정을 내리는 데 도움이 된다. 수십 년 전만 해도 미국 의사들 사이에서는 어느 정도 동일한 관행이 존재했지만, 오늘날에는 법적인 문제 때문에 그렇게 하지 않는다.

40. 이 문제는 모든 문화적 측면이 존중되어야 한다고 주장하는 문화 상대주의자들과, 특정 원칙과 가치는 사회적 조건과 상관없이 객관적으로 옳다고 보는 문화 절대주의자들 간의 논쟁을 촉발할 것이다.

41. 당시 약 6만 명의 주민이 거주하던 항구 도시 쾨니히스베르크는 결코 폐쇄적인 도시가 아니었다. 하지만 이 도시에서 벌어졌던 활발한 상거래나 사회적인 역동성은 독신을 유지하며 지극히 개인적인 삶을 살았던 한 철학자와는 관련이 없을 수 있다.

42. Harris (2013).

43. Cohn et al. (2019).

44. Kar and Freitas (2009).

45. Gachter and Schulz (2016).

46. Norris, Brookes, and Dowell (2019).

47. Lixing Sun, "Would Twitter Ruin Bee Democracy?," Nautilus, December 14, 2017, https://nautil.us/issue/55/trust/would-twitter-ruin-bee-democracy.

48. Vilmer et al. (2018).

49. 의회가 마지막으로 대피해야 했던 때는 전쟁 중이던 1812년이었다(당시 미국은 영국과 전쟁을 벌이고 있었다-옮긴이).

50. Frankel (2012).

51. Van der Linden et al. (2017).

52. 2020년 6월 15일 현재 크라우드스트라이크의 기업 가치는 217억 2,000만 달러로 1년 만에 90퍼센트 넘게 상승했다. 다음 해에는 이 숫자가 137퍼센트 더 치솟아, 2021년 6월 15일 기준 이 회사의 가치는 514억 8,000만 달러가 되었다.

53. Steve Morgan, "Global Cybersecurity Spending Predicted to Exceed $1 Trillion from 2017-2021," Cybercrime Magazine, June 10, 2019, https://cybersecurityventures.com/cybersecurity-market-report/.

54. Clarke and Knake (2019).

55. Hegel (1821). 이 문장에 대한 번역은 여럿 존재한다. 그리고 그 진정한 의미는 여전히 논쟁의 대상이다.

참고문헌

Adams, M. (1999). The dead grandmother/exam syndrome. *Annals of Improbable Research* 5: 3-6.

Akino, T., Knapp, J. J., Thomas, J. A., and Elmes, G. W. (1999). Chemical mimicry and host specificity in the butterfly *Maculinea rebeli*, a social parasite of Myrmica ant colonies. *Proceedings of the Royal Society B* 266: 1419-1426.

Albarracín, D., and Mitchell, A. L. (2004). The role of defensive confidence in preference for proattitudinal information: How believing that one is strong can sometimes be a defensive weakness. *Personality and Social Psychology Bulletin* 30: 1565-1584.

Alicke, M. D., and Govorun, O. (2005). The better-than-average effect. In Alicke, M. D., Dunning, D. A., Krueger, J. I., eds., *The Self in Social Judgment* (Studies in Self and Identity), 85-106. New York: Psychology Press.

Allies, A. B., Bourke, A.F.G., and Franks, N. R. (1986). Propaganda substances in the cuckoo ant *Leptothorax kutteri* and the slave-maker *Harpagoxenus sublaevis*. Journal of Chemical Ecology 12: 1285-1293.

Alloy, L. B., and Clements, C. M. (1992). Illusion of control: Invulnerability to negative affect and depressive symptoms after laboratory and natural stressors. *Journal of Abnormal Psychology* 101: 234-245.

Als, T. D., Vila, R., Kandul, N. P., Nash, D. R., Yen, S.-H., Hsu, Y.-F., Mignault, A. A., Boomsma, J. J., and Pierce, N. E. (2004). The evolution of alternative parasitic life histories in large blue butterflies. *Nature* 432: 386-390.

Anderson, J. R., Kuroshima, H., Kuwahata, H., Fujita, K., and Vick, S. (2001). Training squirrel monkeys (*Saimiri sciureus*) to deceive: Acquisition and analysis of behaviour toward cooperative and competitive trainers. *Journal of Comparative Psychology* 115: 282–293.

Anderson, K. G. (2006). How well does paternity confidence match actual paternity? Evidence from worldwide nonpaternity rates. *Current Anthropology* 47: 513–520.

Andrews, T. M., Lukaszewski, A. W., Simmons, Z. L., and Bleske–Rechek, A. (2017). Cue–based estimates of reproductive value explain women's body attractiveness. *Evolution and Human Behavior* 38: 461–467.

Anguilletta Jr., M. J., Kubitz, G., and Wilson, R. S. (2019). Self–deception in nonhuman animals: Weak crayfish escalated aggression as if they were strong. *Behavioral Ecology* 30: 1469–1476.

Armitage, C. J., Harris, P. R., Hepton, G., and Napper, L. (2008). Self–affirmation increases acceptance of health–risk information among UK adult smokers with low socioeconomic status. *Psychology of Addictive Behaviors* 22: 88–95.

Arnqvist, G., and Kirkpatrick, M. (2005). The evolution of infidelity in socially monogamous passerines: The strength of direct and indirect selection on extrapair copulation behavior in females. *American Naturalist* 165: S26–S37.

Arslan, R. C., Schilling, K. M., Gerlach, T. M., and Penke, L. (2021). Using 26,000 diary entries to show ovulatory changes in sexual desire and behavior. *Journal of Personality and Social Psychology* 121: 410–431.

Ashton, B. J., Thornton, A., and Ridley, A. R. (2018). An intraspecific appraisal of the social intelligence hypothesis. *Philosophical Transactions of the Royal Society B* 373: 20170288.

Atir, S., Rosenzweig, E., and Dunning, D. (2015). When knowledge knows no bounds: Self–perceived expertise predicts claims of impossible knowledge. *Psychological Science* 26: 1295–1303.

Atkins, D. C., Baucom, D. H., and Jacobson, N. S. (2001). Understanding infidelity: Correlates in a national random sample. *Journal of Family Psychology* 15: 735–749.

Baglione, V., Canestrari, D., Chiarati, E., Vera, R., and Marcos, J. M. (2010). Lazy group members are substitute helpers in carrion crows. *Proceedings of the Royal Society B* 277: 3275–3282.

Bagus, P., and de Soto, J. H. (2011). *The Tragedy of the Euro.* Auburn, AL: Ludwig von Mises Institute.

Bail, C. A., Argyle, L. P., Brown, T. W., Bumpus, J. P., Chen, H., Hunzaker, M.B.F., Lee, J., Mann, M., Merhout, F., and Volfovsky, A. (2018). Exposure to opposing views on social media can increase political polarization. *Proceedings of the National Academy of Sciences* 115: 9216-9221.

Barber, J. R., and Conner, W. E. (2007). Acoustic mimicry in a predator-prey interaction. *Proceedings of the National Academy of Sciences* 104: 9331-9334.

Barbero, F., Thomas, J. A., Bonelli, S., Balletto, E., and Schonrogge, K. (2009). Queen ants make distinctive sounds that are mimicked by a butterfly social parasite. *Science* 323: 782-785.

Barclay, P., and Willer, R. (2006). Partner choice creates competitive altruism in humans. *Proceedings of the Royal Society B* 274: 749-752.

Barrett, L., and Henzi, P. (2005). Social nature of cognition. *Proceedings of the Royal Society B* 272: 1865-1875.

Barsh, G. (2016). Evolution: Sex, diet and red ketocarotenoids. *Current Biology* R1145-R1147.

Basolo, A. (1990). Female preference predates the evolution of the sword in swordtail fish. *Science* 250: 808-810.

Bass, A. H. (1996). Shaping brain sexuality. *American Scientist* 84: 352-364.

Batzer, M. A., and Deininger, P. L. (2002). Alu repeats and human genome diversity. *Nature Reviews Genetics* 3: 370-329.

Bauer, U., Federle, W., Seidel, H., Grafe, U., and Ioannou, C. (2015). How to catch more prey with less effective traps: Explaining the evolution of temporarily inactive traps in carnivorous pitcher plants. *Proceeding of the Royal Society B* 282: 2675.

Bee, M. A., Perrill, S. A., and Owen, P. C. (2000). Male green frogs lower the pitch of acoustic signals in defense of territories: A possible dishonest signal of size? *Behavioral Ecology* 11: 169-177.

Beekman, M., and Oldroyd, B. P. (2008). When workers disunite: Intraspecific parasitism by eusocial bees. *Annual Review of Entomology* 53: 19-37.

Behn, R. (1997). Linking measurement to motivation. *Advances in Educational Administration* 5: 15-50.

Bell, E., and Buchner, A. (2012). How adaptive is memory for cheaters? *Current Directions in Psychological Science* 21: 403-408.

Bellis, M. A., and Baker, R. R. (1990). Do females promote sperm competition? Data for humans. *Animal Behaviour* 40: 997-999.

Benedetti, F. (2009). *Placebo Effects: Understanding the Mechanisms in Health and Disease*. New York: Oxford University Press.

_____. (2010). No prefrontal control, no placebo response. *Pain* 148: 357–358.

Benedetti, F., Carlino, E., and Pollo, A. (2011). How placebos change the patient's brain. *Neuropsychopharmacology Reviews* 36: 339–354.

Benedetti, F., and Piedimonte, A. (2019). The neurobiological underpinnings of placebo and nocebo effects. *Seminars in Arthritis and Rheumatism* 49: S18–S21.

Bereczkei, T., Papp, P., Kincses, P., Bodrogi, B., Perlaki, G., Orsi, G., and Deak, A. (2015). The neural basis of the Machiavellians' decision making in fair and unfair situations. *Brain and Cognition* 98: 53–64.

Betzig, L. (1989). Causes of conjugal dissolution: A cross-cultural study. *Current Anthropology* 30: 654–676.

Bingel, U., Wanigasekera, V., Wiech, K., Mhuircheartaigh, R. N., Lee, M. C., Ploner, M., and Tracey, I. (2011). The effect of treatment expectation on drug efficacy: Imaging the analgesic benefit of the opioid remifentanil. *Science Translational Medicine* 3: 70ra14.

Bird, R. B., and Smith, E. A. (2005). Signaling theory, strategic interaction, and symbolic capital. *Current Anthropology* 46: 221–248.

Bishop, G. F., Tuchfarber, A. J., and Oldendick, R. W. (1986). Opinions on fictitious issues: The pressure to answer survey questions. *Public Opinion Quarterly* 50: 240–250.

Borgerson, J. L., and Schroeder, J. E. (2008). Building an ethics of visual representation: Contesting epistemic closure in marketing communication. In Morland, M. P., and Werhane, P., eds., *Cutting Edge Issues in Business Ethics*, 87–108. Boston: Springer.

Bourke, A.F.G. (2011). *Principles of Social Evolution*. Oxford: Oxford University Press.

Brattico, E., Bogert, B., Alluri, V., Tervaniemi, M., Eerola, T., and Jacobsen, T. (2016). It's sad but I like it: The neural dissociation between musical emotions and liking in experts and laypersons. *Frontiers in Human Neuroscience* 9: 676.

Brattico, P., Brattico, E., and Vuust, P. (2017). Global sensory qualities and aesthetic experience in music. *Frontiers in Neuroscience* 11: 159.

Brenkert, G. K. (1999). Marketing ethics. In Frederick, R. E., ed., *A Companion to Business Ethics*, 178–197. Malden, MA: Blackwell.

Bruce, H. M. (1959). An exteroceptive block to pregnancy in the mouse. *Nature* 184: 4680.

Bruce, J. B., Cooper, G. A., Chabas, H., West, S. A., and Griffin, A. S. (2017). Cheating and resistance to cheating in natural populations of the bacterium Pseudomonas fluorescens. *Evolution* 71: 2484-2495.

Bshary, R. (2002). Biting cleaner fish use altruism to deceive image-scoring client reef fish. *Proceedings of Royal Society of London B* 269: 2087-2093.

Bugnyar, T., and Kotrschal, K. (2002). Observational learning and the raiding of food caches in ravens, *Corvus corax*: Is it 'tactical' deception? *Animal Behaviour* 64: 185-195.

_____. (2004). Leading a conspecific away from food in ravens (*Corvus corax*)? *Animal Cognition* 7: 69-76.

Burley, N. (1988). Wild zebra finches have band-colour preferences. *Animal Behaviour* 36: 1235-1237.

Burley, N. T., and R. Symanski. (1998). "A taste for the beautiful": Latent aesthetic mate preferences for white crests in two species of Australian grassfinches. *American Naturalist* 152: 792-802.

Burt, A., and Trivers, R. L. (2006). *Genes in Conflict: The Biology of Selfish Genetic Elements*. Cambridge, MA: Belknap Press of Harvard University Press.

Buss, D. (2002). Human mate guarding. *Neuroendocrinology Letters* 23(Suppl.4): 23-29.

Buss, D. M., and Abrams, M. (2017). Jealousy, infidelity, and the difficulty of diagnosing pathology: A CBT approach to coping with sexual betrayal and the green-eyed monster. *Journal of Rational-Emotive and Cognitive-Behavior Therapy* 35: 150-172.

Butaité, E., Baumgartner, M., Wyder, S., and Kümmerli, R. (2016). Siderophore cheating and cheating resistance shape competition for iron in soil and freshwater Pseudomonas communities. *Nature Communications* 8: 414.

Byrne, R. W. (2018). Machiavellian intelligence retrospective. *Journal of Comparative Psychology* 132: 432-436.

Byrne, R. W., and Corp, N. (2004). Neocortex size predicts deception rate in primates. *Proceedings of the Royal Society B* 271: 1693-1699.

Byrne, R. W., and Whiten, A. (1985). Tactical deception of familiar individuals in baboons (*Papio ursinus*). *Animal Behaviour* 33: 669-673.

_____. (1990). Tactical deception in primates: The 1990 database. *Primate Report* 27: 1-101.

_____. (1992). Cognitive evolution in primates: Evidence from tactical deception. *Man* (New Series) 27: 609-627.

Carlson, S. M., Moses, L. J., and Hix, H. R. (1998). The role of inhibitory control in young children's difficulties with deception and false belief. *Child Development* 69: 672–691.

Carnis, L.A.H. (2009). The economic theory of bureaucracy: Insights from the Niskanian model and Misesian approach. *Quarterly Journal of Austrian Economics* 12: 57–78.

Caro, T. (2016). *Zebra Stripes*. Chicago: University of Chicago Press.

Caro, T., Izzo, A., Reiner, R. C., Walker, H., and Stankowich, T. (2014). The function of zebra stripes. *Nature Communications* 5: 3535.

Carpenter, D., and Krause, G. A. (2014). Transactional authority and bureaucratic politics. *Journal of Public Administration Research and Theory* 25: 5–25.

Carson, T. L. (2012). *Lying and Deception: Theory and Practice*. Oxford: Oxford University Press.

Carter, G. G., and Wilkinson, G. S. (2013). Food sharing in vampire bats: Reciprocal help predicts donations more than relatedness or harassment. *Proceedings of the Royal Society B* 280: 20122573.

Carver, C. S., Scheier, M. F., and Segerstrom, S. C. (2010). Optimism. *Clinical Psychology Review* 30: 879–889.

Charlesworth, J. E., Petkovic, G., Kelley, J. M., Hunter, M., Onakpoya, I., Roberts, N., Miller, F. G., and Howick, J. (2017). Effects of placebos without deception compared with no treatment: A systematic review and meta–analysis. *Journal of Evidence-Based Medicine* 10: 97–107.

Chatterjee, A., and Hambrick, D. C. (2011). Executive personality, capability cues, and risk taking: How narcissistic CEOs react to their successes and stumbles. *Administrative Science Quarterly* 56: 202–237.

Chen, J., Zou, Y., Sun, Y.-H., and ten Cate, C. (2019). Problem–solving males become more attractive to female budgerigars. *Science* 363: 166–167.

Cheney, K. L. (2012). Cleaner wrasse mimics inflict higher costs on their models when they are more aggressive towards signal receivers. *Biology Letters* 8: 10–12.

Choi, S. J., Wiechman, A. C., and Pritchard, A. C. (2013). Scandal enforcement at the SEC: The arc of the option backdating investigations. *American Law and Economics Review* 15: 542–577.

Christy, J. H. (1995). Mimicry, mate choice, and the sensory trap hypothesis. *American Naturalist* 146: 171–81.

Clarke, R. A., and Knake, R. K. (2019). *The Fifth Domain*. New York: Penguin.

Cloud, J. M., and Taylor, M. H. (2019). The effect of mate value discrepancy on hypothetical engagement ring purchases. *Evolutionary Psychological Science* 5: 22-28.

Cohn, A., Maréchal, M. A., Tannenbaum, D., and Zünd, C. L. (2019). Civic honesty around the globe. *Science* 362: 70-73.

Colombelli-Négrel, D., Hauber, M. E., Robertson, J., Sulloway, F. J., Hoi, H., Griggio, M., and Kleindorfer, S. (2012). Embryonic learning of vocal passwords in superb fairy-wrens reveals intruder cuckoo nestlings. *Current Biology* 20: 2155-2160.

Constant, B. (1988). Des Réactions Politiques. In Constant, B., ed. De La Force du Gouvernement Actuel de la France. Paris: Flammarion. Cited in Rousseliere, G. (2018). On political responsibility in post-revolutionary times: Kant and Constant's debate on lying. *European Journal of Political Theory* 17: 214-232.

Cosmides, L., and Tooby, J. (1992). Adaptations for social exchange. In Barkow, J. H., Cosmides, L., and Tooby, J., eds, *The Adapted Mind: Evolutionary Psychology and the Generation of Culture*, 163-228. New York: Oxford university Press. (For a more generic introduction, see Christopher Badcock, "Making Sense of Wason," Psychology Today (blog), May 5, 2012, www.psychologytoday.com/us/blog/the-imprinted-brain/201205/making-sense-wason.)

Coussi-Korbel, S. (1994). Learning to outwit a competitor in mangabeys (Cercocebus torquatus torquatus). *Journal of Comparative Psychology* 108: 164-171.

Crawford, J. C., Liu, Z., Nelson, T. A., Nielsen, C. K., and Bloomquist, C. K. (2008). Microsatellite analysis of mating and kinship in beavers (Castor canadensis). *Journal of Mammalogy* 89: 575-581.

Crews, D., and Garstika, W. R. (1982). The ecological physiology of a garter snake. *Scientific American* 11: 159-168.

Cross, K. P. (1977). Not can but will college teachers be improved? *New Directions for Higher Education* 17: 1-15.

Cui, J., Tang, Y., and Narin, P. M. (2012). Real estate ads in Emei music frog vocalizations: Female preference for calls emanating from burrows. *Biology Letters* 8: 337-340.

D'Argembeau, A., and van der Linden, M. (2008). Remembering pride and shame: Self-enhancement and the phenomenology of autobiographical memory. *Memory* 16: 538-547.

Daly, M., and Wilson, M. (1988). Evolutionary social psychology and family homicide. *Science* 242: 519–524.

Danziger, S., Levav, J., and Avnaim-Pesso, L. (2011). Extraneous factors in judicial decisions. *Proceedings of the National Academy of Sciences* 108: 6889–6892.

Darwin, C. (1859). On the Origin of Species. London: J. Murray.

_____. (1871). *The Descent of Man and Selection in Relation to Sex*. New York: Modern Library; printed 1981.

Davies, N. B., and Welbergen, J. A. (2009). Social transmission of a host defense against cuckoo parasitism. *Science* 324: 1318–1320.

Davies, N. B., Brooks, L., and Kacelnik, A. (1996). Recognition errors and probability of parasitism determine whether reed warblers should accept or reject mimic eggs. *Proceedings of the Royal Society B* 263: 925–931.

Dawkins, R., and Krebs, J. (1978). Animal signals: information or manipulation? In Krebs, J., and Davies, N. B., eds., *Behavioural Ecology: An Evolutionary Approach*. 282–309. Oxford: Blackwell.

Dawson, E., Savitsky, K., and Dunning, D. (2006). "Don't tell me, I don't want to know": Understanding people's reluctance to obtain medical diagnostic information. *Journal of Applied Social Psychology* 36: 751–768.

De Craen, A. J. M., Roos, P. J., de Vries, A. L., and Kleijnen, J. (1996). Effect of color of drugs: Systematic review of perceived effect of drugs and of their effectiveness. *British Medical Journal* 313: 1624–1626.

De Waal, F. (1982). Chimpanzee Politics. London: Jonathan Cape.

_____. (2019). *Mama's Last Hug*. New York: Norton.

DeCasien, A. R., Williams, S. A., and Higham, J. P. (2017). Primate brain size is predicted by diet but not sociality. *Nature Ecology and Evolution* 1: 0112.

Densley, J. A. (2012). Street gang recruitment: Signaling, screening, and selection. *Social Problems* 59: 301–321.

DePaulo, B. M., and Kashy, D. A. (1998). Everyday lies in close and casual relationships. *Journal of Personality and Social Psychology* 74: 63–79.

Díaz-Munoz, S. L., Sanjuán, R., and West, S. A. (2017). Sociovirology: Conflict, cooperation, and communication among viruses. *Cell Host & Microbe* 22: 439–441.

Ditto, P. H., and Lopez, D. E. (2003). Spontaneous skepticism: The interplay of motivation and expectation in response to favorable and unfavorable medical diagnoses. *Personality and Social Psychology Bulletin* 29: 1120–1132.

Dor, D. (2017). The role of the lie in the evolution of human language. *Language*

Science 63: 44-59.

Dufner, M., Denissen, J. J. A., van Zalk, M., Matthes, B., Meeus, W. H. J., van Aken, M.A.G., and Sedikides, C. (2012). Positive intelligence illusions: On the relation between intellectual self-enhancement and psychological adjustment. *Journal of Personality* 80: 537-572.

Dugatkin, L. A. (1991). Dynamics of the tit for tat strategy during predator inspection in guppies. *Behavioral Ecology and Sociobiology* 29: 127-132.

_____. (1992). Tendency to inspect predators predicts mortality risk in the guppy, *Poecilia reticulata. Behavioral Ecology* 3: 124-128.

_____. (1997). *Cooperation among Animals: An Evolutionary Perspective.* New York: Oxford University Press.

Dunbar, R. I. M. (1992). Neocortex size as a constraint on group size in primates. *Journal of Human Evolution* 22: 469-493.

_____. (1998). *Grooming, Gossip, and the Evolution of Language.* Cambridge, MA: Harvard University Press.

_____. (2004). Gossip in evolutionary perspective. *Review of General Psychology* 8: 100-110.

Dunbar, R. I. M., and Shultz, S. (2007). Evolution in the social brain. *Science* 217: 1344-1347.

Dunning, D. (2011). The Dunning-Kruger effect: On being ignorant of one's own ignorance. *Advances in Experimental Social Psychology* 44: 247-295.

Dutton, D. (2009). *The Art Instinct: Beauty, Pleasure, and Human Evolution.* New York: Bloomsbury.

Eberhard, W. G. (1977). Aggressive chemical mimicry by a bolas spider. *Science* 198: 1173-1175.

Ehrlinger, J., and Dunning, D. (2003). How chronic self-views influence (and potentially mislead) assessments of performance. *Journal of Personality and Social Psychology* 84: 5-17.

Eisenegger, C., Kumsta, R., Naef, M., Gromoll, J., and Heinrichs, M. (2017). Testosterone and androgen receptor gene polymorphism are associated with confidence and competitiveness in men. *Hormones and Behavior* 92: 93-102.

Endler, J. A. (1992). Signals, signal conditions, and the direction of evolution. *American Naturalist* 139: S125-S153.

Epley, N., and Whitchurch, E. (2008). Mirror, mirror on the wall: Enhancement in self-recognition. *Personality and Social Psychology Bulletin* 34, 1159-1170.

Faiss, R., Saugy, J., Zollinger, A., Robinson, N., Schuetz, F., Saugy, M., and Garnier,

P.-Y. (2020). Prevalence estimate of blood doping in elite track and field athletes during two major international events. *Frontiers in Physiology* 11: 160.

Fan, L. Q., Da, X. W., Luo, J. J., Xian, L. L., Chen, G. L., and Du, B. (2018). Helpers of the giant babax cheat for an immediate reward when they provision the brood. *Journal of Ornithology* 159: 245-253.

Feeney, W. E., Welbergen, J. A., and Langmore, N. E. (2014). Advances in the study of coevolution between avian brood parasites and their hosts. *Annual Review of Ecology, Evolution, and Systematics* 45: 227-46.

Fergus, D. J., and Bass, A. H. (2013). Localization and divergent profiles of estrogen receptors and aromatase in the vocal and auditory networks of a fish with alternative mating tactics. *Journal of Comparative Neurology* 521: 2850-2869.

Fernandez, A. A., and Morris, M. R. (2007). Sexual selection and trichromatic color vision in primates: Statistical support for the preexisting-bias hypothesis. *American Naturalist* 170: 10-20.

Finniss, D. G., Kaptchuk, T. J., Miller, F., and Benedetti, F. (2010). Biological, clinical, and ethical advances of placebo effects. *Lancet* 375: 686-695.

Fitzgibbon, C., and Fanshawe, J. H. (1988). Stotting in Thomson's gazelles: An honest signal of condition. *Behavioral Ecology and Sociobiology* 23: 69-74.

Fournier, J. C., DeRubeis, R. J., Hollon, S. D., Dimidjian, S., Amsterdam, J. D., Shelton, R. C., and Fawcett, J. (2010). Antidepressant drug effects and depression severity. *Journal of the American Medical Association* 303: 47-53.

Frankel, T. (2012). *The Ponzi Scheme Puzzle: A History and Analysis of Con Artists and Victims*. New York: Oxford University Press.

Fratellone, G. P., Li, J. H., Sheeran, L. K., Wagner, R. S., Wang, X., and Sun, L. (2019). Social connectivity among female Tibetan macaques (*Macaca thibetana*) increases the speed of collective movements. *Primates* 60: 183-189.

Friedman, M. (1970). The Social Responsibility of Business is to Increase Its Profits. *New York Times Magazine*, September 13.

Gachter, S., and Schulz, J. F. (2016). Intrinsic honesty and the prevalence of rule violations across societies. *Nature* 531: 496-499.

Galperin, A., and Haselton, M. G. (2012). The evolution of cognitive bias. In Forgas, J., Fiedler, K., and Sedikedes, C., eds., *Social Thinking and*

Interpersonal Behavior, 45-64. New York: Psychology Press.

Garcia, J. R., MacKillop, J., Aller, E. L., Merriwether, A. M., Wilson, D. S., and Lum, J. K. (2010). Associations between dopamine D4 receptor gene variation with both infidelity and sexual promiscuity. *PLoS ONE* 5: e14162.

Gasparini, C., Serena, G., and Pilastro, A. 2013. Do unattractive friends make you look better? Context-dependent male mating preferences in the guppy. *Proceedings of the Royal Society B* 280: 3072.

Gerhardt, H. C., and Huber, F. (2002). *Acoustic Communication in Insects and Anurans*. Chicago: University of Chicago Press.

Gerlach, N. M., McGlothlin, J. W., Parker, P. G., and Ketterson, E. D. (2012). Promiscuous mating produces offspring with higher lifetime fitness. *Proceedings of the Royal Society B* 279: 860-866.

Ghoul, M., Griffin, A. S., and West, S. A. (2014). Toward an evolutionary definition of cheating. *Evolution* 68: 318-331.

Gilbert, L. E. (1982). The co-evolution of a butterfly and a vine. *Scientific American* 247: 110-121.

Gilot, F., and Lake, C. (2019). *Life with Picasso*. New York: NYRB Classics, p. 266.

Ginsberg, B. (2011). *The Fall of the Faculty*. Oxford: Oxford University Press.

Gneezv, U. (2005). Deception: The role of consequences. *The American Economic Review* 95: 384-394.

Goetz, A. T., and Shackelford, T. K. (2009). Sexual coercion in intimate relationships: A comparative analysis of the effects of women's infidelity and men's dominance and control. *Archives of Sexual Behavior* 38: 226-234.

Gonçalves, B., Perra, N., and Vespignani, A. (2011). Modeling users' activity on Twitter networks: Validation of Dunbar's number. *PLoS ONE* 6: e22656.

Goodall, J. (1986). *The Chimpanzees of Gombe*. Cambridge, MA: Belknap Press.

Gopnik, A. (1993). How we know our minds: The illusion of first-person knowledge of intentionality. In Goldman, A. I., ed., *Readings in Philosophy and Cognitive Science*, 315-346. Cambridge, MA: MIT Press.

Graeff, T. R. (2003). Exploring consumers' answers to survey questions: Are uninformed responses truly uninformed? *Psychology and Marketing* 20: 643-667.

Graphodatsky, A. S., Trifonov, V. A., and Stanyon, R. (2011). The genome diversity and karyotype evolution of mammals. *Molecular Cytogenetics* 4: 22.

Greenberg, J., Solomon, S., and Pyszczynski, T. (1997). Terror management theory of self-esteem and cultural worldviews: Empirical assessments and conceptual refinements. *Advances in Experimental Social Psychology* 29: 61–139.

Greitemeyer, T., Kastenmüller, A., and Fischer, P. (2013). Romantic motives and risk-taking: An evolutionary approach. *Journal of Risk Research* 16: 19–38.

Griffin, A. S., West, S. A., and Buckling, A. (2004). Cooperation and competition in pathogenic bacteria. *Nature* 430: 1024–1027.

Griffith, S. C., Owens, I.P.F., and Thuman, K. A. (2002). Extra pair paternity in birds: A review of interspecific variation and adaptive function. *Molecular Ecology* 11: 2195–2212.

Grinberg, N., Joseph, K., Friedland, L., Swire-Thompson, B., and Lazer, D. (2019). Fake news on Twitter during the 2016 U.S. presidential election. *Science* 363: 374–378.

Hafernik, J., and Saul-Gershenz, L. S. (2000). Beetle larvae cooperate to mimic bees. *Nature* 405: 35.

Hagelin, J. C. (2002). The kinds of traits involved in male-male competition: A comparison of plumage, behavior, and body size in quail. *Behavioral Ecology* 13: 32–41.

Hamilton, W. D., and Zuk, M. (1982). Heritable true fitness and bright birds: A role for parasites? *Science* 218: 384–387.

Hancks, D. C., and Kazazian Jr., H. H. (2016). Roles for retrotransposon insertions in human disease. *Mobile DNA* 7: 9.

Hanlon, R. T., Forsythe, J. W., and Joneschild, D. E. (1999). Crypsis, conspicuousness, mimicry, and polyphenism as antipredator defenses of foraging octopuses on Indo-Pacific coral reefs, with a method of quantifying crypsis from video tapes. *Biological Journal of the Linnaean Society* 66: 1–22.

Hanlon, R. T., Naud, M. J., Shaw, P. W., and Havenhand, J. N. (2005). Transient sexual mimicry leads to fertilization. *Nature* 430: 212.

Hare, J. F., and Atkins, B. A. (2001). The squirrel that cried wolf: Reliability detection by juvenile Richardson's ground squirrels (*Spermophilus recharsonii*). *Behavioral Ecology and Sociobiology* 51: 108–112.

Harris, S. (2013). Lying. Cleveland, OH: Four Elephants Press.

Hauser, M. D. (1992). Costs of deception: cheaters are punished in rhesus monkeys (Macaca mulatta). *Proceedings of the National Academy of Sciences* 89: 12137–12139.

Hegel, G.W.F. (1821). The Preface to *Elements of the Philosophy of Right* (*Philosophie als Wissenschaft*). Berlin: De Gruyter. (There are several translated versions of the same statement. Its real meaning is still a subject of debate).

Heinsohn, R., and Packer, C. (1995). Complex cooperative strategies in group-territorial African lions. *Science* 269: 1260-1262.

Hirata, S., and Matsuzawa, T. (2001). Tactics to obtain a hidden food item in chimpanzee pairs (*Pan troglodytes*). *Animal Cognition* 4: 285-295.

Hodson, R., Roscigno, V. J., Martin, A., and Lopez, S. H. (2013). The ascension of Kafkaesque bureaucracy in private sector organization. *Human Relations* 66: 1249-1273.

Hoobler, J. M., Masterson, C. R., Nkomo, S. M., and Michel, E. J. (2018). The business case for women leaders: Meta-analysis, research critique, and path forward. *Journal of Management* 44: 2473-2499.

Hoorens, V., and Harris, P. (1998). Distortions in reports of health behaviours: The time span effect and illusory superiority. *Psychology and Health* 13: 451-466.

Hoover, J. P., and Robinson, K. (2007). Retaliatory mafia behavior by a parasitic cowbird favors host acceptance of parasitic eggs. *Proceedings of the National Academy of Sciences* 104: 4479-4483.

Howe, M. L., and Knott, L. M. (2015). The fallibility of memory in judicial processes: Lessons from the past and their modern consequences. *Memory* 23: 633-656.

Hughes, K. D., Higham, J. P., Allen, W. L., Elliot, A. J., and Hayden, B. Y. (2015). Extraneous red drives female macaques' gaze toward photographs of male conspecifics. E*volution and Human Behavior* 36: 25-31.

Hurst, G. D., and Werren, J. H. (2001). The role of selfish genetic elements in eukaryotic evolution. *Nature Reviews Genetics* 2: 597-606.

Iannaccone, L. R. (1994). Why strict churches are strong. *American Journal of Sociology* 99: 1180-1211.

Igic, B., Cassey, P., Grim, T., Greenwood, D. R., Moskát, C., Rutila, J., and Hauber, M. E. (2012). A shared chemical basis of avian host-parasite egg colour mimicry. *Proceedings of the Royal Society B* 279: 1068-1076.

Irons, W. (2001). Religion as a hard-to-fake sign of commitment. In Nesse, R., ed., *The Evolution of Commitment*, 292-309. New York: Russell Sage Foundation.

Jacoby, S. (2004). *Employing Bureaucracy: Managers, Unions, and the Transformation of Work in the 20th Century*. Mahwah, NJ: Lawrence Erlbaum.

Jankowiak, W., Nell, M. D., and Buckmaster, A. (2002). Managing infidelity: A cross-cultural perspective. *Ethnology* 41: 85-101.

Janus, S., and Janus, C. L. (1993). *The Janus Report on Sexual Behavior*. Hoboken, NJ: John Wiley & Sons.

Jersakova, J., Johnson, S. D., and Kindlmann, P. (2006). Mechanisms and evolution of deceptive pollination in orchids. *Biological Reviews* 81: 219-235.

Jones, B. C., Hahn, A. C., and DeBruine, L. M. (2019.) Ovulation, sex hormones, and women's mating psychology. *Trends in Cognitive Sciences* 23: 51-62.

Jorgensen, T. B. (2012). Weber and Kafka: The rational and the enigmatic bureaucracy. *Public Administration* 90: 194-210.

Juslin, P. N., and Västfjäll, D. (2008). Emotional responses to music: The need to consider underlying mechanisms. *Behavioral and Brain Sciences* 31: 559-621.

Kamiya, S., Han Kim, Y., and Suh, J. (2016). The face of risk: CEO testosterone and risk taking behavior. Working Paper. Singapore: Nanyang Technological University.

Kant, I. (1797). On a Supposed Right to Lie from Altruistic Motives. In Beck, L. W., ed. and trans., *Critique of Practical Reason and Other Writings in Moral Philosophy*. New York: Bobbs-Merrill, 1956.

Kaptchuk, T. J., and Miller, F. G. (2015). Placebo effects in medicine. *New England Journal of Medicine* 373: 8-9.

Kar, D., and Freitas, S. (2011). Illicit Financial Flows from Developing Countries over the Decade Ending 2009. Global Financial Integrity (www.gfip.org).

Kaufmann, A. E. (2008). *Women in Management and Life Cycle: Aspects that Limit or Promote Getting to the Top*. New York: Palgrave Macmillan.

Kawai, K., Lang, R., and Li, H. (2018). Political kludges. *American Economic Journal: Microeconomics* 10: 131-158.

Kelley, L. A., and Endler, J. A. (2012). Illusions promote mating success in great bowerbirds. *Science* 335: 335-338.

Kelley, L. A., Coe, R. L., Madden, J. R., and Healy, S. D. (2008). Vocal mimicry in songbirds. *Animal Behaviour* 76: 521-528.

Kempenaers, B., and Schlicht, E. (2010). Extra-pair behaviour. In Kappeler, P. M., ed., *Animal Behaviour: Evolution and Mechanisms*, 359-412. Berlin: Springer.

Khare, A., and Shaulsky, G. (2010). Cheating by exploitation of developmental prestalk patterning in *Dictyostelium discoideum*. PLoS Genetics 2: e1000854.

Kiazad, K., Restubog, S. D., Zagenczyk, T. J., Kiewitz, C., and Tang, R. L. (2010). In pursuit of power: The role of authoritarian leadership in the relationship between supervisors' Machiavellianism and subordinates' perceptions of abusive supervisory behavior. *Journal of Research in Personality* 44: 512-519.

Kiers, E. T., Rousseau, R. A., West, S. A., and Denison, R. F. (2003). Host sanctions and the legume-rhizobium mutualism. *Nature* 425: 78-81.

Kikuchi, D. W., and Pfennig, D. W. (2010). Predator cognition permits imperfect coral snake mimicry. *American Naturalist* 176: 830-834.

Kojima, T., Oishi, K., Matsubara, Y., Uchiyama, Y., Fukushima, Y., Aoki, N., Sato, S. et al. (2019). Cows painted with zebra-like striping can avoid biting fly attack. *PLoS ONE* 14: e0223447.

Kokko, H., Brooks, R., McNamara, J. M., and Houston, A. I. (2002). The sexual selection continuum. *Proceedings of the Royal Society B* 269: 1331-1340.

Kruger, J., and Dunning, D. (1999). Unskilled and unaware of it: How difficulties in recognizing one's own incompetence lead to inflated self-assessments. *Journal of Personality and Social Psychology* 77: 1121-1134.

Krupenye, C., Kano, F., Hirata, S., Call, J., and Tomasello, M. (2016). Great apes anticipate that other individuals will act according to false beliefs. *Science* 354: 110-114.

Kumashiro, M., and Sedikides, C. (2005). Taking on board liability-focused feedback: Close positive relationships as a self-bolstering resource. *Psychological Science* 16: 732-739.

Kurup, R., Johnson, A. J., Sankar, S., Hussain, A. A., Sathish Kumar, C., and Sabulal, B. (2013). Fluorescent prey traps in carnivorous plants. *Plant Biology* 15: 611-615.

Kwan, V. S. Y., Barrios, V., Ganis, G., Gorman, J., Lange, C., Kumar, M., Shepard, A., and Keenan, J. P. (2007). Assessing the neural correlates of self-enhancement bias: A transcranial magnetic stimulation study. *Experimental Brain Research* 182: 379-385.

Larmuseau, M. H. D., Matthijs, K., and Wenseleers, T. (2016). Cuckolded fathers rare in human populations. *Trends in Ecology and Evolution* 31: 327-329.

Lefevre, C. E., Lewis, G. J., Perrett, D. I., and Penke, L. (2013). Telling facial metrics: Facial width is associated with testosterone levels in men. *Evolution and Human Behavior* 34: 273-279.

Levine, T. R. (2019). *Duped: Truth-default Theory and the Social Science of Lying and Deception*. Tuscaloosa: University of Alabama Press.

Lewis, M. (1993). The development of deception. In Lewis, M., and Saarni, C., eds., *Lying and Deception in Everyday Life*, 90-105. New York: Guilford

Press.

Light, P. C. (2017). *People on People on People: The Continued Thickening of Government*. New York: The Volcker Alliance.

Linde, K., Streng, A., Jürgens, S., Hoppe, A., Brinkhaus, B., Witt, C., Wagenpfeil, S. et al. (2005). Acupuncture for patients with migraine: A randomized controlled trial. *Journal of the American Medical Association* 293: 2118–2125.

Linde, K., Witt, C. M., Streng, A., Weidenhammer, W., Wagenpfeil, S., Brinkhaus, B., Willich, S. N., and Melchart, D. (2007). The impact of patient expectations on outcomes in four randomized controlled trials of acupuncture in patients with chronic pain. *Pain* 128: 264–271.

Lindenfors, P., Nunn, C. L., and Barton, R. A. (2007). Primate brain architecture and selection in relation to sex. *BMC Biology* 5: 20.

Liu, D., Wei, R., Zhang, G., Yuan, H., Wang, Z.-P., Sun, L., Zhang, J.-X., and Zhang, H.-M. (2008). Male panda (Ailuropoda melanoleuca) urine contains kinship information. *Chinese Science Bulletin* 53: 2793–2800.

Lockwood, B. B., Nathanson, C. G., and Weyl, E. G. (2017). Taxation and the allocation of talent. *Journal of Political Economy* 125: 1635–1682.

Loftus, E. F., and Pickrell, J. E. (1995). The formation of false memories. *Psychiatric Annals* 25: 720–725.

Lopes, R. J., Johnson, J. D., Toomey, M. B., Ferreira, M. S., Araujo, P. M., Melo-Ferreira, J., Andersson, L., Hill, G. E., Corbo, J. C., and Carneiro, M. (2016). Genetic basis for red coloration in birds. *Current Biology* 26: 1427–1434.

Lusardi, A., and Mitchell, O. S. (2009). How ordinary consumers make complex economic decisions: Financial literacy and retirement reactions. NBER Working Paper 15350.

Lyle III, H. F., Smith, E. A., and Sullivan, R. J. (2009). Blood donations as costly signals of donor quality. *Journal of Evolutionary Psychology* 7: 263–286.

Lynn, M. (2010). *Bust: Greece, the Euro and the Sovereign Debt Crisis*. Hoboken, NJ: Bloomberg Press.

Lyon, B. E., and Eadie, J. M. (2008). Conspecific brood parasitism in birds: A life-history perspective. *Annual Review of Ecology, Evolution, and Systematics* 39: 343–363.

Macknik, S., Martinez-Conde, S., and Blakeslee, S. (2011). *Sleights of Mind: What the Neuroscience of Magic Reveals about Our Everyday Deceptions*. New York: Picador.

Mank, J. E., and Avise, J. C. (2006). Comparative phylogenetic analysis of male

374

alternative reproductive tactics in ray-finned fishes. *Evolution* 60: 1311–1316.

Mason, R. T., Fales, H. M., Jones, T. H., Pannell, L. K., Chinn, J. W., and Crews, D. (1989). Sex pheromones in snakes. *Science* 245: 290–293.

Mather, M., and Carstensen, L. L. (2005). Aging and motivated cognition: The positivity effect in attention and memory. *Trends in Cognitive Science* 9: 496–502.

Maynard-Smith, J., and Harper, D. (2003). *Animal Signals*. Oxford: Oxford University Press.

McGeeney, B. E. (2015). Acupuncture is all placebo and here is why. *Headache Currents* 55: 465–469.

McLain, D. K., McBrayer, L. D., Pratt, A. E., and Moore, S. (2010). Performance capacity of fiddler crab males with regenerated versus original claws and success by claw type in territorial contests. *Ethology, Ecology, and Evolution* 22: 37–49.

McQuire, B., Olsen, B., Bemis, K. E., and Orantes, D. (2018). Urine marking in male domestic dogs: Honest or dishonest? *Journal of Zoology* 306: 163–170.

Meier, K. J., O'Toole, L., and Bohte, J. (2006). Inside the bureaucracy: Principals, agents, and bureaucratic strategy. In Meier, K., and O'Toole, L., eds., *Bureaucracy in a Democratic State*, 93–120. Baltimore: Johns Hopkins University Press.

Melville, P. (2014). Lying with Godwin and Kant: Truth and duty in *St. Leon*. *Eighteenth Century* 55: 19–37.

Merton, R. K. (1957). *Social Theory and Social Structure*. Glencoe, IL: Free Press.

Meyer, A. (2006). Repeating patterns of mimicry. *PLoS Biology* 4: e341.

Michener, C. D. (2000). *The Bees of the World*. Baltimore: Johns Hopkins University Press.

Moller, A. P. (1990). Deceptive use of alarm calls by male swallows, *Hirundo rustica*: A new paternity guard. *Behavioral Ecology* 1: 1–6.

Müller, F. (1879). *Ituna and Thyridia*; a remarkable case of mimicry in butterflies. (R. Meldola translation). *Proclamations of the Entomological Society of London* 1879: 20–29.

Müller-Schwarze, D. (2006). *Chemical Ecology of Vertebrates*. Cambridge: Cambridge University Press.

Mundy, N. I., Stapley, J., Bennison, C., Tucker, R., Twyman, H., Kim, K.-W., Burke, T., Birkhead, T. R., Andersson, S., and Slate, J. (2016). Red carotenoid coloration in the zebra finch is controlled by a cytochrome P450 gene cluster.

Current Biology 26: 1435-1440.

Murphey, P. E., Laczniak, G. R., and Wood, G. (2007). An ethical basis for relationship marketing: A virtue ethics perspective. *European Journal of Marketing* 41: 37-57.

Myre, M. A. (2012). Clues to γ-secretase, huntingtin and Hirano body normal function using the model organism *Dictyostelium discoideum*. *Journal of Biomedical Sciences* 19: 41.

Neale, M. A., and Bazerman, M. H. (1985). The effects of framing and negotiator overconfidence on bargaining behaviors and outcomes. *Academy of Management Journal* 28: 34-49.

Nelson, X. J. (2012). A predator's perspective of the accuracy of ant mimicry in spiders. *Psyche* 2012: 1-5.

Nelson, X. J., and Jackson, R. R. (2009). Collective Batesian mimicry of ant groups by aggregating spiders. *Animal Behaviour* 78: 123-129.

Niskanen, W. N. (1994). *Bureaucracy and Public Economics*. Fairfax, VA: The Locke Institute.

Nokelainen, O., Scott-Samuel, N. E., Nie, Y., Wei, F., and Caro, T. (2021). The giant panda is cryptic. *Scientific Reports* 11: 21287.

Nonacs, P. (2006). Nepotism and brood reliability in the suppression of worker reproduction in the eusocial Hymenoptera. *Biology Letters* 2: 577-579.

Norman, L. J., and Thaler, L. (2019). Retinotopic-like maps of spatial sound in primary "visual" cortex of blind human echolocators. *Proceedings of the Royal Society B* 286: 20191910.

Norris, G., Brookes, A., and Dowell, D. (2019). The psychology of Internet fraud victimisation: A systematic review. *Journal of Police and Criminal Psychology* 34: 231-245.

Norwitz, J. (2009). *Pirates, Terrorists, and Warlords: The History, Influence, and Future of Armed Groups around the World*. New York: Skyhorse.

Nunn, C. L., and Lewis, R. J. (2001). Cooperation and collective action in animal behavior. In Noë, R., van Hooff, J.A.R.A.M., Hammerstein, P., eds., *Economics in Nature*, 42-46. Cambridge: Cambridge University Press.

Nyberg, D. (1993). *The Varnished Truth: Truth Telling and Deceiving in Ordinary Life*. Chicago: Chicago University Press.

Nyhan, B., and Reifler, J. (2010). When corrections fail: The persistence of political misconceptions. *Political Behavior* 32: 303-330.

Odean, T. (1998). Volume, volatility, price, and profit when all traders are above average. *Journal of Finance* 53: 1887-1934.

Olson, D. V. A., and Perl, P. (2005). Free and cheap riding in strict, conservative churches. *Journal for the Scientific Study of Religion* 44: 123-142.

Onyishi, I. E., Prokop, P., Okafor, C. O., and Pham, M. N. (2016). Female genital cutting restricts sociosexuality among the Igbo people of southeast Nigeria. *Evolutionary Psychology* 14: 1-7.

Palazzo, A. F., and Gregory, T. R. (2014). The case for junk DNA. *PloS Genetics* 10: e1004351.

Parkinson, C. N. (1957). *Parkinson's Law*. Boston: Houghton Mifflin.

Paulhus, D. L., Harms, P. D., Bruce, M. N., and Lysy, D. C. (2003). The over-claiming technique: Measuring self-enhancement independent of ability. *Journal of Personality and Social Psychology* 84: 890-904.

Pazhoohi, F. (2016). On the practice of cultural clothing practices that conceal the eyes: An evolutionary perspective. *Evolution, Mind and Behaviour* 14: 55-64.

Pazhoohi, F., and Hosseinchari, M. (2014). Effects of religious veiling on Muslim men's attractiveness ratings of Muslim women. *Archives of Sexual Behavior* 43: 1083-1086.

Peter, L. J., and Hull, R. (1969). *The Peter Principle: Why Things Always Go Wrong*. New York: William Morrow.

Petersen, J. L., and Hyde, J. S. (2010). A meta-analytic review of research on gender differences in sexuality, 1993-2007. *Psychological Bulletin* 136: 21-38.

Plassmann, H., O'Doherty, J., Shiv, B., and Rangel, A. (2008). Marketing actions can modulate neural representations of experienced pleasantness. *Proceedings of the National Academy of Sciences* 105: 1050-1054.

Platek, S. M., Burch, R. L., Panyavin, I. S., Wasserman, B. H., and Gallup Jr., G. G. (2002). Reactions to children's face resemblance affects males more than females. *Evolution and Human Behavior* 23: 159-166.

Plath, M., Richter, S., Tiedemann, R., and Schlupp, I. (2008). Male fish deceive competitors about mating preferences. *Current Biology* 18: 1138-1141.

Pollard, K. A., and Blumstein, D. T. (2012). Evolving communicative complexity: Insights from rodents and beyond. *Philosophical Transactions of the Royal Society B* 367: 1869-1878.

Porter, S. S., and Simms, E. L. (2014). Selection for cheating across disparate environments in the legume-rhizobium mutualism. *Ecology Letters* 9: 1121-

1129.

Powell, L. E., Isler, K., and Barton, R. A. (2017). Re-evaluating the link between brain size and behavioural ecology in primates. *Proceedings of the Royal Society B* 284: 20171765.

Price, D. D., Finniss, D. G., and Benedetti, F. (2008). A comprehensive review of the placebo effect: Recent advances and current thought. *Annual Review of Psychology* 59: 565–590.

Proctor, H. C. (1991). Courtship in the water mite *Neumartia papillator*: Males capitalize on female adoptions for predation. Animal Behaviour 42: 589–598.

Prum, R. O. (2018). *The Evolution of Beauty*. New York: Anchor.

Ratnieks, F. L. W., and Wenseleers, T. (2005). Policing insect societies. *Science* 307: 54–56.

Reddy, V. (2007). Getting back to the rough ground: Deception and "social living." *Philosophical Transactions of the Royal Society B* 362: 621–637.

Rice, W. R. (2013). Nothing in genetics makes sense except in light of genomic conflict. *Annual Review of Ecology, Evolution and Systematics* 44: 217–237.

Riebel, K., Odom, K. J., Langmore, N. E., and Hall, M. L. (2019). New insights from female bird song: Towards an integrated approach to studying male and female communication roles. *Biology Letters* 15: 20190059.

Riehl, C., and Frederickson, M. E. (2016). Cheating and punishment in cooperative animal societies. *Philosophical Transactions of the Royal Society B* 371: 20150090.

Rojas, B., Burdfield-Steel, E., de Pasqual, D., Gordon, S., Hernández, L., Mappes, J., Nokelainen, O., Rönkä, K., and Lindstedt, C. (2018). Multimodal aposematic signals and their emerging role in mate attraction. *Frontiers in Ecology and Evolution* 6: 93.

Rosenthal, G. G., and Evens, C. S. (1998). Female preference for swords in Xiphophorus helleri reflects a bias for large apparent size. *Proceedings of the National Academy of Sciences* 95: 4431–4436.

Rozenblit, L., and Keil, F. C. (2002). The misunderstood limits of folk science: An illusion of explanatory depth. *Cognitive Science* 26: 521–562.

Ryan, M. J., and A. S. Rand (1999). Phylogenetic influence on mating call preferences in female Túngara frogs, *Physalaemus pustulosus*. *Animal Behaviour* 57: 945–956.

Ryan, M. J., and Cummings, M. E. (2013). Perceptual biases and mate choice. *Annual Review of Ecology, Evolution, and Systematics* 44: 437–459.

Santorelli, L. A., Thompson, C.R.L., Villegas, E., Svetz, J., Dinh, C., Parikh, A., Sucgang, R. et al. (2008). Facultative cheater mutants reveal the genetic complexity of cooperation in social amoebae. *Nature* 451: 1107–1110.

Saul-Gershenz, L. S., and Millar, J. G. (2006). Phoretic nest parasites use sexual deception to obtain transport to their host's nest. *Proceedings of the National Academy of Sciences* 103: 14039–14044.

Scelza, B. A. (2011). Female choice and extra-pair paternity in a traditional human population. *Biology Letters* 7: 889–891.

Schaefer, H. M., and Ruxton, G. D. (2009). Deception in plants: Mimicry or perceptual exploitation? *Trends in Ecology and Evolution* 24: 676–685.

Schmidt, L., Skvortsova, V., Kullen, C., Weber, B., and Plassmann, H. (2017). How context alters value: The brain's valuation and affective regulation system link price cues to experienced taste pleasantness. *Scientific Reports* 7: 8098.

Schmitt, D. P., and Buss, D. M. (2001). Human mate poaching: Tactics and temptations for infiltrating existing relationships. *Journal of Personality and Social Psychology* 80: 894–917.

Schreiber, N., Bellah, L. D., Martinez, Y., McLaurin, K. A., Strok, R., Garven, S., and Wood, J. M. (2006). Suggestive interviewing in the McMartin Preschool and Kelly Michaels daycare abuse cases: A case study. *Social Influence* 1: 16–47.

Scott, D. J., Stohler, C. S., Egnatuk, C. M., Wang, H., Koeppe, R. A., and Zubieta, J. K. (2007). Individual differences in reward responding explain placebo-induced expectations and effects. *Neuron* 55: 325–336.

Scott-Phillips, T. C., Blythe, R. A., Gardner, A., and West, S. A. (2012). How do communication systems emerge? *Proceedings of the Royal Society B* 279: 1943–1949.

Sinervo, B., and Lively, C. M. (1996). The rock-paper-scissors game and evolution of alternative male strategies. *Nature* 380: 240–243.

Singer, N., Jacoby, N., Lin, T., Raz, G., Shpigelman, L., Gilam, G., Granot, R. Y., and Hendler, T. (2016). Common modulation of limbic network activation underlies musical emotions as they unfold. *Neuroimage* 141: 517–529.

Slocombe, K. E., and Zuberbühler, K. (2007). Chimpanzees modify recruitment screams as a function of audience composition. *Proceedings of the National Academy of Sciences* 104: 17228–17233.

Smith, D. L. (2007). *Why We Lie: The Evolutionary Roots of Deception and the Unconscious Mind*. New York: St. Martin's Griffin.

Sodian, B., and Frith, U. (1992). Deception and sabotage in autistic, retarded and normal children. *Journal of Child Psychology and Psychiatry* 33: 591–605.

Soler, M., Pérez-Contreras, T., and de Neve, L. (2014). Great spotted cuckoos frequently lay their eggs while their magpie host is incubating. *Ethology* 120: 965–972.

Sommer, V. (1994). Infanticide among the langurs of Jodhpur: Testing the sexual selection hypothesis with a long-term record. In Parmigiani, S., and vom Saal, F., eds., *Infanticide and Parental Care*, 155–198. Reading, UK: Harwood.

Sosis, R., and Alcorta, C. (2003). Signaling, solidarity, and the sacred: The evolution of religious behavior. *Evolutionary Anthropology* 12: 264–274.

Spottiswoode, C. N., and Koorevaar, J. (2012). A stab in the dark: Chick killing by brood parasitic honeyguides. *Biology Letters* 8: 241–244.

Steele, M. A., Halkin, S. L., Smallwood, P. D., McKenna, T. J., Mitsopoulos, K., and Beam, M. (2008). Cache protection strategies of a scatter-hoarding rodent: Do tree squirrels engage in behavioural deception? *Animal Behaviour* 75: 705–714.

Stegen, J. C., Gienger, C. M., Sun, L. (2004). The control of color change in the Pacific tree frog, *Hyla regilla*. *Canadian Journal of Zoology* 82: 889–896.

Steger, R., and Caldwell, R. L. (1983). Intraspecific deception by bluffing: A defense strategy of newly molted stomatopods (Arthropoda: Crustacea). *Science* 221: 558–560.

Stevens, M. (2016). *Cheats and Deceits: How Animals and Plants Exploit and Mislead*. Oxford: Oxford University Press.

Strassmann, B. I. (2003). Social monogamy in a human society: Marriage and reproductive success among the Dogon. In Reichard, U. H., and Boesch, C., eds., *Monogamy: Mating Strategies and Partnerships in Birds, Humans and Other Mammals*, 177–189. Cambridge: Cambridge University Press.

Strassmann, J. E., Zhu, Y., and Queller, D. C. (2000). Altruism and social cheating in the social amoeba *Dictyostelium discoideum*. *Nature* 408: 965–967.

Street, S. E., Navarrete, A. F., Reader, S. M., and Laland, K. N. (2017). Coevolution of cultural intelligence, extended life history, sociality, and brain size in primates. *Proceedings of the National Academy of Sciences* 114: 7908–7914.

Sullivan-Beckers, L., and Crocroft, R. B. (2010). The importance of female choice, male-male competition, and signal transmission as causes of selection on male mating signals. *Evolution* 64: 3158–3171.

Suls, J., Lemos, K., and Stewart, H. L. (2002). Self-esteem, construal, and comparisons with the self, friends, and peers. *Journal of Personality and*

Social Psychology 82: 252-261.

Sun, C., Shepard, D. B., Chong, R. A., Arriaza, J. L., Hall, K., Castoe, T. A., Feschotte, C., Pollock, D. D., and Mueller, R. L. (2012). LTR retrotransposons contribute to genomic gigantism in plethodontid salamanders. *Genome Biology and Evolution* 4: 168-183.

Sun, L. (2003). Monogamy correlates, socioecological factors, and mating systems in beavers. In Reichard, U. H., and Boesch, C., eds., *Monogamy: Mating Strategies and Partnerships in Birds, Humans and Other Mammals*, 138-146. Cambridge: Cambridge University Press.

Sun, L., and Müller-Schwarze, D. (1998). Anal gland secretion codes for relatedness in the beaver, *Castor canadensis. Ethology* 104: 917-927.

Svenson, O. (1981). Are we all less risky and more skillful than our fellow drivers? *Acta Psychologica* 47: 143-148.

Syrůčková, A., Saveljev, A. P., Frosch, C., Durka, W., Savelyev, A. A., and Munclinge, P. (2015). Genetic relationships within colonies suggest genetic monogamy in the Eurasian beaver (*Castor fiber*). *Mammal Research* 60: 139-147.

Taglor, M. J. (2007). Deception (lying). In Baumeister, R. F., and Vohs, K. D., eds., *Encyclopedia of Social Psychology*, 220-221. Los Angeles: Sage.

Talwar, V., and Crossman, A. (2011). From little white lies to filthy liars: The evolution of honest and deception in young children. In Benson, J. B., ed., *Advances in Child Development and Behavior*, 40: 139-179. London: Academic Press.

Talwar, V., and Lee, K. (2008). Social and cognitive correlates of children's lying behavior. *Child Development* 79: 866-881.

Tamura, N. (1995). Postcopulatory mate guarding by vocalization in the Formosan squirrel. *Behavioral Ecology and Sociobiology* 36: 377-386.

Tanaka, K. D., and Ueda, K. (2005). Horsfield's hawk-cuckoo nestlings simulate multiple gapes for begging. *Science* 308: 653.

Tavris, C., and Aronson, E. (2015). *Mistakes Were Made (But Not by Me): Why We Justify Foolish Beliefs, Bad Decisions, and Hurtful Acts*. New York: Mariner Books.

Taylor, R. C., and Ryan, M. J. (2013). Interactions of multisensory components perceptually rescue Túngara frog mating signals. *Science* 341: 273-274.

Tenbmnsel, A. E. (1998). Misrepresentation and expectations of misrepresentation in an ethical dilemma: The role of incentives and temptation. *Academy of*

Management Journal 41: 330-339.

Thaler, R. H., and Sunstein, C. R. (2008). *Nudge: Improving Decisions about Health, Wealth, and Happiness*. New Haven, CT: Yale University Press.

Tibbetts, E. A., and Izzo, M. (2010). Social punishment of dishonest signalers caused by mismatch between signal and behavior. *Current Biology* 20: 1637-1640.

Toma, C. L., and Hancock, J. T. (2010). Looks and lies: The role of physical attractiveness in online dating self-presentation and deception. *Communication Research* 37: 335-351.

Toye, J. (2006). Modern bureaucracy. WIDER Research Paper, No. 2006/52, United Nations University World Institute for Development Economics Research (UNU-WIDER), Helsinki.

Treas, J., and Giesen, D. (2000). Sexual infidelity among married and cohabitating Americans. *Journal of Marriage and the Family* 62: 48-60.

Trivers, R. (2011). *The Folly of Fools: The Logic of Deceit and Self-Deception in Human Life*. New York: Basic Books.

Turner, P. E. (2005). Cheating viruses and game theory: The theory of games can explain how viruses evolve when they compete against one another in a test of evolutionary fitness. *American Scientist* 93: 428-435.

Vallin, A., Jakobsson, S., Lind, J., and Wiklund, C. (2005). Prey survival by predator intimidation: An experimental study of peacock butterfly defence against blue tits. *Proceedings of the National Academy of Sciences* 272: 1203-1207.

Vallin, A., Jakobsson, S., and Wiklund, C. (2007). "An eye for an eye?": On the generality of the intimidating quality of eyespots in a butterfly and a hawkmoth. *Behavioral Ecology and Sociobiology* 61: 1419-1424.

Van der Linden, S., Leiserowitz, A., Rosenthal, S., and Maibach, E. (2017). Inoculating against misinformation. *Science* 358: 1141-1142.

Veblen, T. (1899). *The Theory of the Leisure Class: An Economic Study of Institutions*. New York: Penguin.

Vilmer, J.-B. J., Escorcia, A., Guillaume, M., and Herrera, J. (2018). Information manipulation: A challenge for our democracies. Report by the Policy Planning Staff (CAPS) of the Ministry for Europe and Foreign Affairs and the Institute for Strategic Research (IRSEM) of the Ministry for the Armed Forces, Paris.

Vnuk, A., Owen, H., and Plummer, J. (2006). Assessing proficiency in adult basic life support: Student and expert assessment and the impact of video recording. *Medical Teacher* 28: 429-434.

Von Hippel, W., and Trivers, R. (2011). The evolution and psychology of self-deception. *Behavioral and Brain Sciences* 34: 1-56.

Vosoughi, S., Roy, D., and Aral, S. (2018). The spread of true and false news online. *Science* 359: 1146-1151.

Wager, T. D., Rilling, J. K., Smith, E. E., Sokolik, A., Casey, K. L., Davidson, R. J., Kosslyn, S.M., Rose, R. M., and Cohen, J. D. (2004). Placebo-induced changes in FMRI in the anticipation and experience of pain. *Science* 303: 1162-1167.

Wallace, A. R. (1867). Mimicry and other protective resemblances among animals. *Westminster Review* 1-43.

Walton, J. P. (2019). *Twelve Lies that Hold America Captive: And the Truth that Sets Us Free*. Downers Grove, IL: IVP Book.

Walum, H., and Westberg, L. (2011). The behavioral genetics of human pair bonding. In Ebstein, R., Shamay-Tsoory, S., and Chew, S. H., eds., *DNA to Social Cognition*, 37-46. Hoboken, NJ: John Wiley & Sons.

Watts, D. P. (1989). Infanticide in mountain gorillas: New cases and a reconsideration of the evidence. *Ethology* 81: 1-18.

Weber, M. (1968/1921). *Economy and Society*. (Roth, G., and Wittich, C., eds.) New York: Bedminster.

Weinrib, J. (2008). The juridical significance of Kant's "Supposed Right to Lie." *Kantian Review* 13: 142-170.

Westen, D., Blagov, P. S., Harenski, K., Kilts, C., and Hamann, S. (2006). Neural bases of motivated reasoning: An fMRI study of emotional constraints on partisan political judgment in the 2004 U.S. presidential election. *Journal of Cognitive Neuroscience* 18: 1947-1958.

Westneat, D. F. (1987). Extra-pair copulations in a predominantly monogamous bird: Observations of behaviour. *Animal Behaviour* 35: 877-884.

Whisman, M. A., Gordon, K. C., and Chatav, Y. (2007). Predicting sexual infidelity in a population-based sample of married individuals. *Journal of Family Psychology* 21: 320-324.

Whiting, M. J., Webb, J. K., and Keogh, J. S. (2009). Flat lizard female mimics use sexual deception in visual but not chemical signals. *Proceedings of the Royal Society B* 276, 1585-1591.

Wickler, W. (1968). *Mimicry in Plants and Animals*. London: World University Library.

Wiederman, M. W. (1997). Extramarital sex: Prevalence and correlates in a national survey. *Journal of Sex Research* 34: 167-174.

Wilkinson, G. S. (1990). Food sharing in vampire bats. *Scientific American* 262: 64–70.

Wilson, D. S., Near, D., and Miller, R. R. (1996). Machiavellianism: A synthesis of the evolutionary and psychological literatures. *Psychological Bulletin* 119: 285–299.

Wood, C. (2016). Ritual well-being: Toward a social signaling model of religion and mental health. Religion, *Brain & Behavior* 7: 258–262.

Xu, F., Boa, X., Fu, G., Talwar, V., and Lee, K. (2010). Lying and truth-telling in children: From concept to action. *Child Development* 81: 581–596.

Yolles, M. (2016). Governance through political bureaucracy: An agency approach. *Kybernetes* 48: 7–34.

Zahavi, A. (1975). Mate selection: A selection for a handicap. *Journal of Theoretical Biology* 53: 205–214.

Zahavi, A., and Zahavi, A. (1997). *The Handicap Principle: A Missing Piece of Darwin's Puzzle.* New York: Oxford University Press.

Zhang, J.-X., Rao, X.-P., Sun, L., Zhao, C.-H., and Qin, X.-W. (2007). Putative chemical signals about sex, individuality, and genetic background in the preputial gland and urine of the house mouse (*Mus musculus*). *Chemical Senses* 32: 293–303.

Zhang, J.-X., Sun, L., Bruce, K. E., and Novotny, N. V. (2008). Chronic exposure of cat odor enhances aggression, urinary attractiveness and sex pheromones of mice. *Journal of Ethology* 26: 279–286.

Zhang, J.-X., Sun, L., and Novotny, M. (2007). Mice respond differently to urine and its major volatile constituents from male and female ferrets. *Journal of Chemical Ecology* 33: 603–612.

Zheng, Y. C., Yuan, T. T., and Liu, T. (2014). Is acupuncture a placebo therapy? *Complementary Therapies in Medicine* 22: 724–730.

Zuckerman, E. W., and Jost, J. T. (2001). What makes you think you're so popular? Self-evaluation maintenance and the subjective side of the "Friendship Paradox." *Social Psychology Quarterly* 64: 207–223.

Zuk, M., Rotenberry, J. T., and Tinghitella, R. M. (2006). Silent night: Adaptive disappearance of a sexual signal in a parasitized population of field crickets. *Biology Letters* 2: 521–524.

Zupancic, A. (2000). Ethics of the Real: Kant, Lacan. London: Verso.